Durchblick Chemie

Über die Autoren:

Der Chemiker Dr. Lassar Cohn (1858 – 1922) war Professor an der Universität Königsberg. Er wurde bekannt durch Fachbeiträge zu den Arbeitsmethoden in organisch-chemischen Laboratorien und seinen populären, praxisorientierten Darstellungen der Chemie.

Der Biochemiker Dr. Walther Löb (1872 – 1916) war Leiter der chemischen Abteilung am Rudolf-Virchow-Krankenhaus in Berlin. Seiner Zeit weit voraus, führte er bereits 1913 Experimente zur chemischen Evolution durch und erzeugte über blitzähnliche Funkenentladung Abkömmlinge lebenswichtiger Aminosäuren. Erst vierzig Jahre später stellte Stanley Miller seine berühmt gewordenen Experimente an, die zu gleichartigen Ergebnissen kamen.

Der Naturwissenschaftler Dipl.-Math. Klaus-Dieter Sedlacek, Jahrgang 1948, studierte in Stuttgart neben Mathematik und Informatik auch Physik. Nach fünfundzwanzig Jahren Berufspraxis in der eigenen Firma widmet er sich nun seinen privaten Forschungsvorhaben und veröffentlicht die Ergebnisse in allgemein verständlicher Form. Darüber hinaus ist er der Herausgeber mehrerer Buchreihen unter anderem der Reihen „Wissenschaftliche Bibliothek" und „Wissenschaft gemeinverständlich".

Prof. Dr. Lassar-Cohn, Prof. Dr. W. Löb
Klaus-Dieter Sedlacek

Durchblick Chemie

Praktische Grundlagen und Einführung in
die anorganische, organische und Biochemie

Neubearbeitung

Toppbook Wissen gemeinverständlich Bd. 8

Bibliografische Information Der Deutschen Bibliothek:
Die Deutsche Bibliothek verzeichnet diese Publikation in der
Deutschen Nationalbibliografie; detaillierte
bibliografische Daten sind im Internet über
http://dnb.ddb.de
abrufbar.

Herstellung und Verlag:
BoD – Books on Demand, Norderstedt
ISBN 978-3-7412-9550-8

Inhaltsverzeichnis

0 Vorwort......7
1 Wesen, Bedeutung und Aufgabe der Chemie......9
2 Die anorganische Chemie......15
   2.1 Wasserstoff H......15
   2.2 Chlor, Brom, Jod, Fluor......20
   2.3 Sauerstoff......32
   2.4 Stickstoff......40
   2.5 Schwefel, Selen, Tellur. Modifikationen von Elementen......44
   2.6 Verbindungen des Stickstoffs......54
   2.7 Phosphor......63
   2.8 Arsen und Antimon......68
   2.9 Kohlenstoff......70
   2.10 Silizium......74
   2.11 Die Wertigkeit der Elemente......75
   2.12 Metalle......76
      2.12.1 Eisen......77
      2.12.2 Verbindungen des Eisens......80
      2.12.3 Mangan......83
      2.12.4 Weitere schwere Metalle......84
      2.12.5 Die leichten Metalle......86
      2.12.6 Kalzium, Strontium, Barium......90
      2.12.7 Radium......91
      2.12.8 Aluminium......93
   2.13 Das periodische System der Elemente......96
3 Organische Chemie......101
   3.1 Das System der Kohlenstoffverbindungen......101
   3.2 Erdöl......104
   3.3 Die Flamme......105
   3.4 Methan......110
   3.5 Alkohole......111
   3.6 Aldehyde......114
   3.7 Organische Säuren......115
   3.8 Seifen und Kerzen......117
   3.9 Margarine......117
   3.10 Oxysäuren......118
   3.11 Harnstoff......119

3.12 Organische Chemie der ringförmigen Atomkomplexe........120

4 BIOCHEMIE...125
4.1 Was ist Biochemie?..125
4.2 Gemeinsamkeiten zwischen Chemie und Biochemie............130
    4.2.1 Darstellungsweisen chemischer Formeln......................131
    4.2.2 Anorganische Verbindungen.....................................132
    4.2.3 Organische Verbindungen..133
4.3 Die Zelle..145
    4.3.1 Die Zelle, ihre chemischen und physikalischen Hilfsmittel..145
    4.3.2 Die Enzyme...146
    4.3.3 Diffusion und osmotischer Druck...............................153
4.4 Die Assimilation der Kohlensäure und des Stickstoffs..........158
    4.4.1 Die Assimilation der Kohlensäure (Fotosynthese).........159
    4.4.2 Die Assimilation des Stickstoffs.................................164
4.5 Die Dissimilationsvorgänge im pflanzlichen Organismus....165
    4.5.1 Die Dissimilation der Kohlenhydrate in den Pflanzen..165
    4.5.2 Die Dissimilation der Eiweißstoffe in den Pflanzen......172
    4.5.3 Die Endprodukte des pflanzlichen Stoffwechsels..........173
4.6 Die Dissimilationsvorgänge im tierischen Organismus........174
    4.6.1 Zusammenhang zwischen Assimilation und Dissimilation..174
    4.6.2 Die Dissimilation der Kohlenhydrate.........................175
    4.6.3 Die Dissimilation der Fette.......................................178
    4.6.4 Die Dissimilation der Eiweißstoffe.............................179
4.7 Die Stoffwechselendprodukte des tierischen Organismus....180
4.8 Blut und Leber..186
    4.8.1 Das Blut...186
    4.8.2 Hämoglobin und Chlorophyll...................................189
    4.8.3 Oxidationen im Blut..191
    4.8.4 Die Biochemie der Leber...194

5 WIE MOLEKÜLBINDUNGEN ENTSTEHEN.............................197
5.1 Der Aufbau der Materie..197
5.2 Bestimmung der chemischen Eigenschaften eines Atoms....198
5.3 Die kovalente chemische Bindung..................................201

6 STICHWORTVERZEICHNIS...203

0 Vorwort

Dieses Buch enthält den verständlich dargestellten Stoff der Chemie und Biochemie in einem Umfang, der ohne besondere Vorkenntnisse noch bequem durchgearbeitet werden kann. Bei dem Reichtum besonders der Biochemie an Einzeltatsachen musste deshalb vielfach auf das Spezielle zugunsten des Allgemeinen verzichtet werden. Die Grundlinien sind aber ausgezogen: einführende Kapitel der allgemeinen, anorganischen und organischen Chemie und die chemische Tätigkeit der Zelle in den Assimilations- und Dissimilationsvorgängen. Ich denke, so ist das riesige Gebiet übersichtlich auch für breitere Leserkreise, die gerne an den Errungenschaften unserer Naturwissenschaft Anteil nehmen wollen, ohne gleich ein ganzes Studium absolvieren zu müssen.

Stuttgart, Sommer 2016

Klaus-Dieter Sedlacek

Tabelle 1: Aktuelles Periodensystem der Elemente.

1 Wesen, Bedeutung und Aufgabe der Chemie

Chemie umfasst jenen Teil der gesamten Naturwissenschaft, welcher alles körperlich Vorhandene untersucht. Der Chemie ist für diese Untersuchung kein Gegenstand zu gering, keiner zu kostbar. Ihre Wissbegier muss selbstverständlich damit beginnen, herausbekommen zu wollen, woraus denn alles körperlich Vorhandene besteht? Sie muss alles Körperliche zu analysieren versuchen, wie man diesen Teil ihrer Tätigkeit bezeichnet.

Die zum Analysieren nötigen Methoden sind bereits auf das Beste ausgebildet, und beim analytischen Arbeiten muss man schließlich auf Spaltungsprodukte des zu untersuchenden Materials stoßen, welche allen weiteren Zerlegungsversuchen widerstehen. Solche unzerlegbaren Bestandteile der Materie nennen die Chemiker Elemente. Das wunderbare Ergebnis aller jemals ausgeführten Analysen ist nun, dass bis heute, obgleich jetzt schon so ziemlich alles, was überhaupt analytisch durchforscht werden kann, durchforscht ist, nur 94 Elemente in der Natur aufgefunden worden sind. Dazu kommen noch ein paar künstlich erzeugte Elemente, sodass insgesamt 118 bekannt sind. Danach hätte die Natur alles körperlich Vorhandene nur aus diesen 94 Bausteinen aufgebaut, ja wir werden uns weiterhin überzeugen, dass die gesamten uns für gewöhnlich umgebenden Dinge einschließlich der biologischen Moleküle des Lebens sich aus kaum mehr als 25 Elementen zusammensetzen, die weiteren also nur den Spürsinn des Chemikers interessieren.

Was nun dem Ruf der Chemie hinsichtlich ihrer Verständlichkeit in der Allgemeinheit so besonders abträglich ist, ist die Gewohnheit der Chemiker, sich nicht allein der gewöhnlichen Schriftsprache zu bedienen, sondern vieles durch Einzelbuchstaben und Formeln auszudrücken. Diese, wie wir später sehen werden, für die Chemiker absolut notwendige Art ihrer Aufzeichnungen kann natürlich nur nach Abgabe der nötigen Erklärung verstanden werden, die aber höchst einfach ist. Ohne diese Vorkenntnis haben, wie nicht zu leugnen ist, die Formeln etwas Fremdartiges, Geheimnisvolles, den Nichtchemiker Abschreckendes.

Doch liegt der heutigen Chemie nichts ferner als Geheimniskrämerei, und die Benutzung der paar Einzelbuchstaben, aus die

WESEN, BEDEUTUNG UND AUFGABE DER CHEMIE

man in Chemiebüchern stößt, ist lange Zeit nichts anderes als eine Bequemlichkeit gewesen. Wenn ich nämlich in einer chemischen Abhandlung z. B. vom Element Brom spreche und dafür nur Br schreibe, so verfahre ich dabei nicht anders, wie wenn ich auf einer Briefadresse Th. Müller statt Theodor Müller schreibe. Bei den häufigen Vornamen, weiß schon jeder, dass Th. hier Theodor bedeutet, und bei den wenigen chemischen Elementen, die es gibt, weiß man auch schon in den Kreisen der Chemiker aus den Anfangsbuchstaben der Namen der Elemente, welches Element mit dieser Abkürzung gemeint ist. Da aber die Chemie schon zu Zeiten ausgebildet wurde, wo das Lateinische noch die Schriftsprache der Gelehrten war, hat man die Anfangsbuchstaben der altbekannten Elemente ihrem lateinischen Namen entlehnt. So kürzt man Eisen nicht Ei, sondern Fe, vom lateinischen Ferrum, ab, und für Blei schreibt man, von Plumbum her, Pb. Brom dagegen, das erst 1826 entdeckt wurde, hat gleich von seinem Entdecker den international angenommenen Namen Brom erhalten, und so ist seine Abkürzung Br. Ebenso geht es mit J als Abkürzung für das 1811 entdeckte Jod und mit Ge als Abkürzung für das 1886 entdeckte Germanium.

Wir kennen nunmehr die Namen der 118 Elemente nebst den für sie eingeführten Abkürzungen. Aber noch gilt für uns: Der Name ist Schall und Rauch. Aufgabe dieses Abschnitts wird deshalb sein, die wichtigsten Elemente und ihre wichtigsten Verbindungen untereinander, die also in ihrer Gesamtheit die uns umgebende Welt repräsentieren, so zu besprechen und klarzustellen, dass wir zu einem Gesamtüberblick gelangen. Dieses wieder wird uns ermöglichen, jene glänzenden Schlüsse von allgemeinstem Wert zu verstehen und uns zu eigen zu machen, die die wissenschaftliche Chemie aus ihrer Tätigkeit zu ziehen vermocht hat und die so vielfach das Staunen der Welt erregen.

Die Aufgabe der Chemie bezeichnen wir hier zu Anfang am besten so, dass wir sagen, ihre Aufgabe ist die Erforschung von Naturerscheinungen, mit welchen wesentliche Substanzänderungen verbunden sind. Das Wort „wesentlich" ist durchaus nötig, wenn ich z. B. Wasser im offenen Gefäß zum Kochen erhitze, so verschwindet es, wie wir das von jeder Küche her kennen. Es muss also etwas anderes geworden sein. Wir wissen, dass es dabei als Dampf in die Luft entwichen und als sog. Feuchtigkeit von der Luft fortgeführt worden ist. Kühle ich jedoch den Dampf ab, so

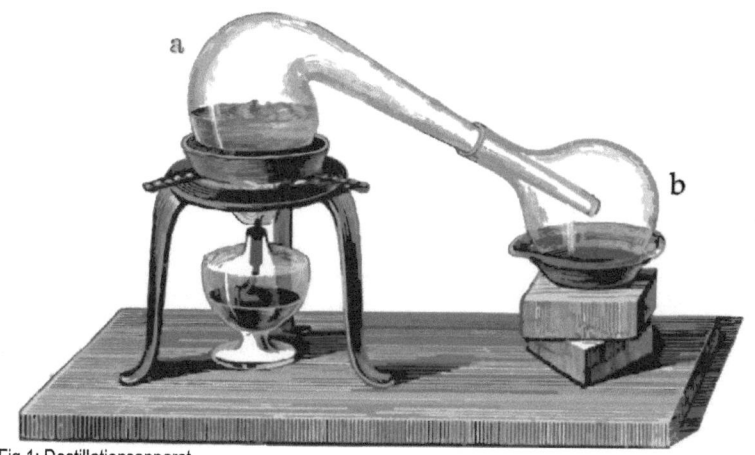

Fig 1: Destillationsapparat

bekomme ich das Wasser wieder. So ist denn bei der Destillation des Wassers keine wesentliche Änderung eingetreten. Das Wasser ist Wasser geblieben.

Als Apparat kann eine Retorte a dienen, die in eine Vorlage b hineinreicht, die ihrerseits teilweise in kaltem Wasser liegt, wie Fig. 1 zeigt, wenn auch das Rohwasser und sein Destillat Wasser sind, ist aber dennoch jener Unterschied zwischen ihnen feststellbar, den bereits der Ausdruck Rohwasser andeutet. Wasser vermag ja vieles auszulösen, denken wir an Salz oder Zucker, und so löst es geringe Mengen von den Gesteinen auf, mit welchen es in Berührung kommt, sei es, dass es Quell- oder Flusswasser ist. Bei der Destillation bleiben die gelösten Substanzen, weil sie mit dem Wasserdampf nicht mit in die Vorlage fliegen können, in der Retorte zurück. Gut hergestelltes destilliertes Wasser ist deshalb chemisch rein.

A. Synthese und Analyse

Jetzt werden wir unser erstes chemisches Experiment ausführen. Dazu wollen wir Schwefel mit Eisenfeilspänen mischen. Eine Einwirkung tritt dabei nicht ein. Wir schütten das Gemisch in ein einseitig zugeschmolzenes Glasrohr von etwa 8 cm Länge. Solche Röhren nennen die Chemiker Reagenzröhren, und sie brauchen dieses billige Gerät zu unzähligen kleinen Versuchen, denn wenn es auch dabei zugrunde geht, so hat das nichts zu bedeuten, wir

WESEN, BEDEUTUNG UND AUFGABE DER CHEMIE

Fig 2: Erhitzen von Schwefel und Eisenspänen im Reagenzglas.

können uns für unseren Versuch, wenn wir nicht über eine Leuchtgaseinrichtung verfügen, der einfachen Einrichtung, wie sie Fig. 2 zeigt, bedienen. Bemerkt sei ein für allemal, dass man beim Experimentieren stets vorsichtig zu verfahren hat. Erhitzen wir unser Gemisch an einer Stelle, so wird es bald an dieser ins Glühen geraten, und plötzlich wird sich das Glühen durch den Gesamtinhalt des Gläschens fortsetzen. Wir sehen eine chemische Reaktion vor sich gehen. Zerschlagen wir nach dem Erkalten das bereits geplatzte Röhrchen vollends, so haben wir einen braunen Körper vor uns, der jetzt weder Schwefel noch Eisen ist, so wird er z. B. vom Magneten nicht angezogen. Die Elemente Schwefel und Eisen haben sich zu Schwefeleisen verbunden.

Eisen und Schwefel geben Schwefeleisen oder:

$$Fe + S = FeS$$

Die abgekürzten Bezeichnungen der Elemente gestatten uns, die chemische Reaktion mit wenigen Buchstaben zu schreiben. Dazu setzt man zwischen die zur Einwirkung aufeinander gebrachten Stoffe ein +_Zeichen, und das bei der Einwirkung Entstandene hinter ein =_Zeichen.

Wir haben hier aus zwei uns bekannten Stoffen einen dritten neuen Körper gebildet. Das nennt man eine Synthese. Sind wir aber in der Beziehung neugierig, dass wir einen Körper aus den ihn zusammensetzenden Bestandteilen prüfen, ihn in diese zerlegen wollen, so nennen wir das, wie wir schon wissen, eine Analyse. Auch für die Ausführung der Analyse, die wir hier als Nächstes zeigen wollen, müssen wir noch kenntnislosen Leute einen Stoff auswählen, dessen Analyse ganz leicht verständlich und ausführbar ist. Dazu wählen wir das in manchen Drogerien oder in Chemikalienhandlungen käufliche rote Quecksilberoxid.

Sauerstoff-Gas führt auch den Fremdnamen Oxygenium, und die Abkürzung Oxid bedeutet daher, dass es sich um eine Verbindung mit Sauerstoff handelt. Also Quecksilberoxid heißt nichts anderes als Quecksilbersauerstoff, und wie Schwefeleisen aus Schwefel und Eisen besteht, besteht Quecksilberoxid aus Quecksilber Hg und Sauerstoff O. Seine chemische Formel ist somit HgO. Unsere Analyse des Quecksilberoxids lässt sich glücklicherweise allein unter Zuhilfenahme höherer Temperatur ausführen. Da bei der Zerlegung unseres Oxids aber Sauerstoff-Gas frei wird, müssen wir vorher kennenlernen, wie man mit gasförmigen Stoffen umgehen kann, zumal fast alle Gase farblos sind, wir sie also ebenso wenig wie Luft sehen können.

Wir müssen die Gase auffangen, und dazu dient folgende sehr einfache Vorrichtung, die auf dem Luftdruck basiert, den dieser auf Flüssigkeiten ausübt. Füllt man eine Flasche mit Wasser und stellt die gefüllte verschlossene Flasche mit dem Hals nach unten ins Wasser, so kann man jetzt ihren Verschluss fortnehmen, und sie wird doch nicht leerlausen, weil eben der auf dem Wasserspiegel des offenen Gefäßes lastende Luftdruck das Leerlaufen hindert. Leitet man aber durch den Hals Luft, die man etwa mit einem Glasröhrchen hineinpustet, oder leitet man ein Gas in die Flasche, so werden die Luft oder das Gas sich in der Flasche oberhalb der Flüssigkeit ansammeln, wir können, also auf diese einfache Art Luftarten auffangen, mit luftförmigen Körpern in Glasgefäßen experimentieren.

Bedienen wir uns des in Fig. 3 abgebildeten Apparates, so schütten wir für unsere Analyse in das Reagenzglas Quecksilberoxid und erhitzen es. Nach kurzer Zeit schon sehen wir Blasen in der Flasche aufsteigen, während am oberen kälteren Teil des Reagenzglases sich Quecksilber als spiegelnder Belag absetzt. Im Quecksilberoxid sind also Quecksilber und ein Gas vorhanden.

Wenn wir jetzt die Flasche unter Wasser schließen, sei es, dass wir dazu unseren Finger oder eine Glasplatte benutzen, sie herausnehmen und aufrecht hinstellen, so haben wir in ihr den zweiten gesuchten Bestandteil. Nehmen wir einen nur noch glimmenden langen Holzspan und tauchen ihn rasch in die eben geöffnete Flasche, so flammt er sogleich wieder auf. Sauerstoff unterhält nämlich jede Verbrennung aufs Beste, worüber wir später Näheres hören, und hier erkennen wir daran seine Gegenwart, dass glimmendes

WESEN, BEDEUTUNG UND AUFGABE DER CHEMIE

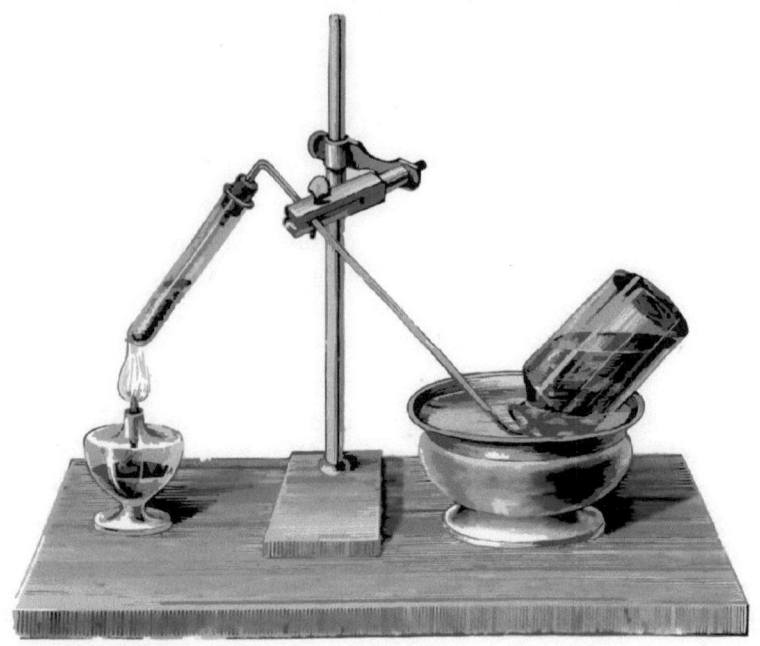

Fig 3: Darstellung von Sauerstoff aus Quecksilberoxid.

Holz sogleich in ihm zu brennen anfängt. Unsere Analyse ist beendet, wir haben das Quecksilberoxid in seine Bestandteile zerlegt.[1] Ihre Fortsetzung würde sie im Weiteranalysieren des Quecksilbers und Sauerstoff-Gases finden. Hier scheitert aber alle analytische Kunst des Chemikers. Quecksilber sowohl wie Sauerstoff erweisen sich als nicht weiter zerlegbar, wir müssen sie deshalb beide als Elemente ansehen.

Nunmehr gehen wir zur Betrachtung einzelner Elemente nebst ihrem Verhalten über. Wir wollen mit dem Wasserstoff-Gas beginnen. Es gehört zu den Halbmetallen, wozu man alle Elemente rechnet, die nicht wie Metalle aussehen und sich nicht wie Metalle verhalten.

---

1 **Wichtiger Hinweis:** Quecksilber ist ein Schadstoff. Schadstoffe dürfen nicht im Hausmüll entsorgt werden. Bei der Entsorgung von Schadstoffen sind deshalb **unbedingt** die gesetzlichen und örtlichen Bestimmungen zu beachten, die man im Internet findet.

2 Die anorganische Chemie

2.1 Wasserstoff H

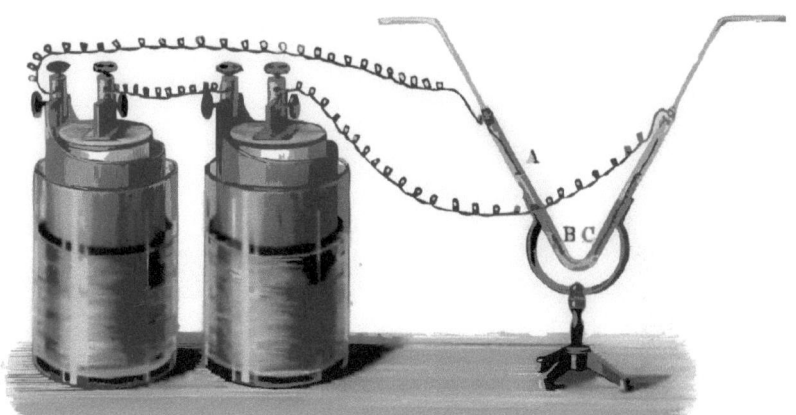

Fig 4: Zerlegung von Wasser durch den galvanischen Strom

Wasserstoff ist 14½-mal leichter als Luft, während ein Liter Luft 1,2928 g wiegt, ist diese Zahl für das Wasserstoff-Gas daher nur 0,09004 g. Schon sein Name deutet auf sein Vorkommen im Wasser hin, und dieses besteht denn auch, wie dessen Analyse ergeben hat, aus Wasserstoff-Gas und Sauerstoff-Gas. Nun gibt es ein Agens, das chemische Verbindungen direkt in die sie zusammensetzenden Elemente zu spalten vermag, dieser mächtigste Herrscher im Reich der Analyse ist die Elektrizität.

Die Zerspaltung des Wassers in seine beiden Bestandteile führt man auf diesem Wege etwa so aus, dass man den von einer galvanischen Batterie gelieferten Strom in das gebogene Glasrohr A leitet, in dem sich die Pole B und C befinden. Nach Stromschluss steigen an ihnen beide Gase aus, und zwar am negativen Pol Wasserstoff, am positiven Sauerstoff, die man mittels der pneumatischen Wanne, so bezeichnet man die bereits beschriebene Vorrichtung, jedes in einer Flasche auffängt.

Zur Darstellung von Wasserstoff-Gas aus Wasser auf rein chemischem Wege, wobei man aber das Sauerstoff-Gas nicht zugleich zu sehen bekommt, gibt es eine Unzahl von Methoden. Eine der ältesten von ihnen ist die Zerlegung von Wasserdampf durch glühendes Eisen. Glühendes Eisen hat nämlich eine solche Luft sich mit Sauerstoff zu verbinden, eine solche Affinität zum Sauerstoff, dass es ihn aus dem Wasserdampf herausholt, sodass dadurch das Wasserstoff-Gas als solches in Freiheit gesetzt wird, freier Wasserstoff entsteht. Die Apparatur hierfür ist eine recht einfache.

Fig 5: Zerlegung des Wassers durch Eisen.

In alter Zeit füllte man einen Ofen von der abgebildeten Form (siehe Fig. 5) mit glühender Holzkohle — heutzutage benutzt man Gasöfen. Durch den Ofen führt ein eisernes Rohr, das man zur Vermehrung der Oberfläche des Eisens mit Eisenspänen gefüllt hat. Ist das Rohr glühend geworden, so bringt man Wasser in der Retorte, unter der sich dieses Mal kein Spiritus-, sondern ein Gasbrenner befindet, zum Kochen. Dem durchströmenden Wasserdampf entzieht jetzt das glühende Eisen den Sauerstoff, mit dem es sich zu Eisensauerstoff, also kürzer Eisenoxid genannt, verbindet, während der gasförmige Wasserstoff weiterwandert und in einem Zylinder aufgefangen wird.

Nun kann man den Wasserstoff mittels Eisen aus dem Wasser aber noch auf weit bequemerem Wege gewinnen. Man braucht nämlich Eisen nur mit Wasser zu übergießen und etwas Säure zuzugießen, dann entwickelt sich schon aus der kalten Flüssigkeit Wasserstoff-Gas. Bevor wir dieses experimentell ausführen, müssen wir aber den Ausdruck Säure erklären.

A. Säuren, Basen und Salze, Kristalle

Fig 6: Bergkristalldruse. CC-BY-SA 4.0 Diedier

Was sauer schmeckt, lehrt uns die Zunge, und so sind für die Chemiker der Essig, die Salzsäure usw. schon immer Säuren. Sind Säuren giftig, so darf man sie nicht schmecken, und wird Essig in viel Wasser gegossen, sodass die Zunge ihn nicht mehr erkennt, so bleibt er natürlich deswegen doch im chemischen Sinne eine Säure, weit empfindlicher als die menschliche Zunge sind nun gewisse Farbstoffe gegenüber Säuren, so z. B. der uralt bekannte Lackmus-farbstoff. Lackmus ist eine in Südfrankreich gedeihende Pflanze. Er ist für gewöhnlich blau, aber jede Spur Säure färbt ihn rot. Was nun Lackmus rot färbt, ist für die Chemiker Säure. Aber es gibt auch Stoffe, welche roten Lackmus wieder blau färben. Sie sind von laugenhaftem Geschmack, und die Chemiker haben für sie höchst überflüssigerweise sogar zwei Namen, sie bezeichnen sie nämlich als Alkalien oder Basen. Gießt man nun Lösungen von Säuren mit Alkalien zusammen, so wird dadurch die Wirksamkeit auf Lackmus

DIE ANORGANISCHE CHEMIE

Fig 7: Kristall von Kochsalz. CC-BY-SA 3-0 Vassia Atanassova - Spiritia

aufgehoben, es entsteht eine Flüssigkeit, die sich dem Lackmus gegenüber neutral verhält, und was jetzt vorhanden ist, ist die Lösung eines neutralen Salzes, was bei der Vereinigung einer Säure und einer Base entsteht, heißt also Salz. Daher kennen die Chemiker nicht nur Kochsalz oder Glaubersalz, sondern die Zahl der Salze, die es für sie geben kann, ist unzählig.

Gewohnheitsmäßig glaubt der Laie, eine Säure müsse eine Flüssigkeit sein. Davon ist ja aber in obiger Auseinandersetzung keine Rede gewesen, und so verstehen wir jetzt, dass der Hauptbestandteil der Stearinkerzen die Stearinsäure sein kann, und weshalb die Chemiker z. B. den Sand Kieselsäure nennen, wenn wir noch erfahren, dass sich Sand mit der Base Kali zu kieselsaurem Kali — im gewöhnlichen Leben Kaliwasserglas genannt — vereinigt, und weshalb sie von Kohlensäure, die doch ein Gas ist, sprechen. Ebenso können Basen feste, flüssige oder gasförmige Körper sein.

Fig 8: Schneekristalle. CC0

Hat man z. B. Essig durch Zusatz von Kali in essigsaures Kali verwandelt, und dampft die Flüssigkeit stark ein, so scheidet sich beim Abkühlen das essigsaure Kali aus, aber nicht in pulvriger Form, sondern in kristallisierter Form, also mit glitzernden Flächen und Kanten. Das kommt daher, dass die Natur den chemischen Verbindungen nicht nur eine bestimmte Zusammensetzung, sondern auch eine bestimmte Kristallform ein für allemal mitgegeben hat. Wir lassen hier die Abbildungen von kristallisierter Kieselsäure, die man Quarz zu nennen pflegt, kristallisiertem Kochsalz und kristallisiertem Wasser, wie es als Schnee herabfällt, folgen.

* * *

Nunmehr kehren wir wieder zum Wasserstoff zurück und haben hinsichtlich der Säuren weiter zu bemerken, dass alle Säuren Wasserstoff enthalten, welcher durch Metall ersetzbar ist. Dieser Ersatz kann so leicht vor sich gehen, dass man, wie schon erwähnt, manche Metalle nur mit verdünnter Säure zu übergießen braucht, damit sie Wasserstoff-Gas austreiben, indem die Metalle in der Säure an seine Stelle treten. Dazu bringen wir in eine Flasche mit 2 Öffnungen (Fig. 9) Eisenspäne, gießen darauf Wasser und sodann durch den Trichter Salzsäure. Sogleich tritt starkes Aufbrausen ein, und durch das in der zweiten Öffnung mittels Kork befestigte Glasrohr entweicht Wasserstoff, während sich in der Flasche salzsaures Eisen bildet. Das Wasserstoff-Gas sehen wir noch durch ein weiteres Rohr strömen. In ihm liegt eine Substanz, die so begierig nach Wasser ist, dass sie selbst aus den Luftarten die Feuchtigkeit an sich zieht. Solcher Substanzen gibt es eine ganze Anzahl, sehr beliebt ist das Chlorkalzium für diesen Zweck. Dieser Apparat liefert also trockenes Wasserstoff-Gas. Lässt man den trocknen Wasserstoff in

Fig 9: Entwicklung von Wasserstoff-Gas

einen Ballon (z. B. Kollodiumballon), wie er im Fachhandel erhältlich ist, strömen, indem man ihn über das Ende des Gasableitungsrohres schiebt, und hernach zubindet, so steigt er als Luftballon an die Decke des Zimmers.

Fig 10: Knallgasgebläse

Die Eigenschaften des Wasserstoff-Gases sind folgende: Es ist brennbar und verbrennt, indem es sich mit dem Sauerstoff der Luft verbindet, wieder zu Wasser. Mischt man Wasserstoff mit Luft, indem man z. B. einen zu einem Drittel etwa mit Wasserstoff gefüllten Zylinder aus der pneumatischen Wanne heraushebt, so entzündet sich das Gemisch mit scharfem Knall. Hat man zu 2 Teilen Wasserstoff statt Luft 1 Teil Sauerstoff-Gas zugemischt, so hat man das Knallgas, weil beim Verbrennen von Wasserstoff und Sauerstoff eine Temperatur entsteht, die höher ist, als man sie durch Verbrennen von Kohle überhaupt herzustellen vermag, findet die Knallgasflamme technische Verwendung. Zur Sicherung vor Explosionen hat das „Knallgasgebläse" folgende einfache Einrichtung:

Durch W strömt das Wasserstoff-Gas, welches beim Austritt an der Spitze entzündet wird. Jetzt lässt man durch S das Sauerstoff-Gas in die Wasserstoffgasflamme treten. Die Verbrennung findet hier somit statt, ohne dass eine vorherige Mischung beider Gasarten, welche die Explosion veranlassen würde, möglich ist, und ist deshalb gefahrlos.

2.2 Chlor, Brom, Jod, Fluor

Der Wasserstoff steht unter den Elementen für sich allein da, während wir bei den anderen Elementen oft bemerken, dass gerade vier von ihnen eine Gruppe bilden, d. h., dass diese Vier hinsichtlich ihres chemischen Verhaltens große Ähnlichkeit untereinander zeigen. Wenn wir jetzt schon eine Gruppe folgen lassen, deren Namen uns recht fremd anmuten, und nicht etwa über Eisen oder Kohle sprechen, so geschieht es, weil wir uns, sobald wir sie außer dem Wasserstoff kennengelernt haben, zu Betrachtungen ausschwingen können, die die Grundlage allen wissenschaftlichen Arbeitens auf dem Gebiet der Chemie bilden, nämlich zur Atom- und Molekulartheorie nebst Feststellung der Gewichte der Atome und Moleküle.

Das Element Chlor ist ein Gas von gelbgrüner Farbe (das griechische Wort chloros bedeutet gelbgrün). Es ist außerordentlich giftig, erzeugt Blutspeien usw., und so kann man mit ihm nur im Freien arbeiten, wenn man kein für Arbeiten mit giftigen Gasen eingerichtetes Laboratorium zur Verfügung hat. Ausgangsmaterial für alle Chlorgewinnung ist Kochsalz, welches die Chemiker Chlornatrium nennen. Man führt es in Salzsäure über, wozu wir die Methode später kennenlernen, und diese besteht aus Chlor und Wasserstoff, heißt deshalb auch Chlorwasserstoff. Nun brauchen wir bloß noch ein Mittel zu suchen, welches dem Chlor den Wasserstoff entreißt, um freies Chlorgas zu haben, wir kennen den Wunsch des Wasserstoffs, sich mit Sauerstoff zu Wasser zu verbinden, und so werden wir auf die Salzsäure nur ein Oxid, welches sehr reich an Sauerstoff ist, wirken lassen zu brauchen, um zum Chlor zu kommen. Solche sehr sauerstoffreichen Oxide nennt man Superoxide. Namentlich ein Superoxid, nämlich das des Metalls Mangan, kommt massenhaft als Mineral vor, ist daher sehr billig, und heißt wegen seiner Farbe Braunstein, wir werden somit, wenn wir Salzsäure mit Braunstein erhitzen, Chlor-Gas bekommen. Nun ist Chlorgas leicht in kaltem Wasser löslich. Folglich bekommen wir, wenn wir es mithilfe des Apparates in Fig. 11 darzustellen versuchen, sogleich gelbliches Chlorwasser, aber kein gasförmiges Chlor, weil das Wasser das Chlorgas verschluckt.

Wollen wir aber Zylinder mit dem Gas füllen und die gelbliche Farbe des Gases sehen, so leiten wir das Chlor, vom Entwicklungsgefäß aus, durch eine Reihe von leeren Flaschen, bevor wir es schließlich in Wasser auffangen (Fig. 12). Der Chlorgasstrom wird in den Flaschen A, B, C die Luft vor sich hertreiben und sie schließlich ganz verdrängen. Öffnen wir eine solche mit Chlorgas gefüllte Flasche einen Moment und werfen eine Rose hinein, so verliert sie ihre Farbe, ebenso ergeht es einem feuchten bunten Stück Baumwollstoff. Chlor wirkt also bleichend nach Art der Sonnenstrahlen, nur besorgt das seine chemische Energie momentan, wozu Sonnenlicht lange Zeit braucht. Daher ist Chlor das Bleichmittel geworden,

DIE ANORGANISCHE CHEMIE

Fig 11: Entwickeln von Chlorgas.

dessen sich alle Fabriken bedienen, die viel zu bleichen haben, um unabhängig vom Sonnenschein zu sein, weil aber gasförmiges Chlor zu gefährlich für den Fabrikbetrieb im Allgemeinen ist, leiten es chemische Fabriken über Kalk und verkaufen den entstehenden Chlorkalk (nicht zu verwechseln mit Chlorkalzium) als Bleichmittel an die Textilindustrie. (Die Gleichung, nach welcher aus Salzsäure und Braunstein Chlor entsteht, lernen wir beim Mangan kennen.)

* * *

Das **Brom** ähnelt dem Chlor außerordentlich, nur ist es kein Gas, sondern eine allerdings schon bei 58° siedende Flüssigkeit von dunkelroter Farbe. Sein Name bedeutet vom griechischen bromos her Gestank, wonach man seinen Geruch ermessen kann. Aufgefunden wurde es im Meerwasser. Um das Mittelmeer herum lässt man nämlich Meerwasser im Sommer in flachen Gruben (Salzgärten) verdunsten, hat die Sonnenwärme es durch lebhafte Verdunstung stark konzentriert, so kristalisiert aus ihm Kochsalz als Verkaufsprodukt aus. Was über Kristallen als Flüssigkeit stehen bleibt, nennt man Mutterlauge. In dieser Mutterlauge ist nun ziemlich reichlich Bromnatrium vorhanden, verwandelt man es in Bromwasserstoff und erhitzt ihn mit Braunstein, so bekommt man das Brom somit in

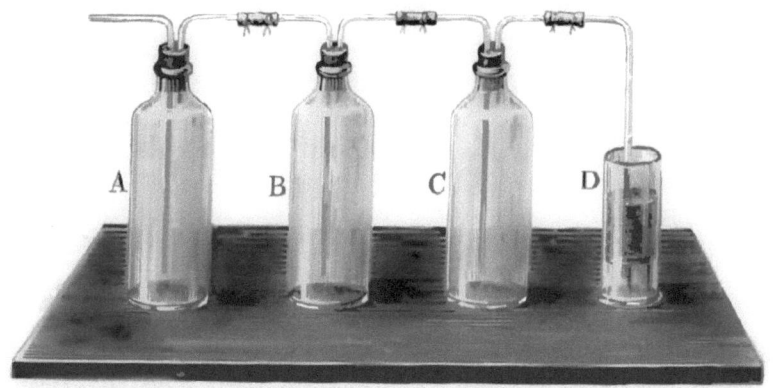

Fig 12: Füllen von Flaschen mit Chlorgas.

der, mit der im Vorangehenden beschriebenen Gewinnung des Chlors, vollständig identischen Art und Weise. In Form von Bromnatrium und Ähnlichem wird es in der Medizin verwendet, und seine außerordentlich lichtempfindliche Silberverbindung bildet die Freude aller Liebhaberfotografen als maßgebender Bestandteil der Bromsilbergelatine-Emulsionsplatten.

* * *

Auch das **Jod** findet sich im Meerwasser, aber in so geringer Menge, dass seine direkte Gewinnung aus ihm nicht möglich ist. Doch müssen manche Meerespflanzen besonderen Bedarf an Jod haben und ziehen es daher an sich. Trocknet und verascht man sie, so ist ihre Asche daher ziemlich reich daran. Aus dem in der Asche vorhandenen Jodnatrium stellt man Jodwasserstoff dar, aus dem durch Erhitzen mit Braunstein nun wieder das Jod in Freiheit gesetzt wird, wie wir es vom Chlor und Brom schon kennen. Jod ist ein fester Körper von schwarzer Farbe. Erhitzt man ihn, so schmilzt er nicht, sondern verwandelt sich sogleich in Dampf von veilchenblauem Aussehen (das griechische Wort jodes bedeutet diese Farbe). Der Dampf schlägt sich beim Abkühlen in Form von glitzernden Kristallen an den Wänden des Kühlgefäßes nieder. Dazu können wir z. B. den Apparat in Fig. 13 benutzen. Das Sublimieren des Jods, so nennt man den Vorgang, vollzieht sich hier so, dass das in die Retorte gegebene Jod beim Erhitzen in die Flasche

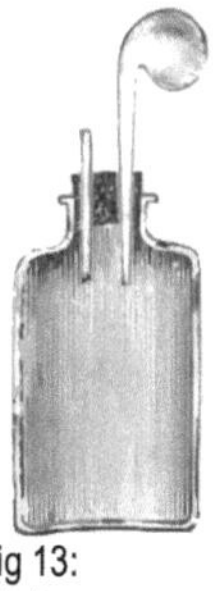

Fig 13: Sublimieren von Jod.

DIE ANORGANISCHE CHEMIE

sublimiert, aus deren durch ein Glasrohr gebildete zweite Öffnung die sich beim Erhitzen ausdehnende Luft entweichen kann.

Das Jod findet in Form von Jodnatrium usw. seine Hauptverwendung in der Medizin. Ab etwa 1820 dient es zur Behandlung der Kropfbildung der am Hals sitzenden Schilddrüse[2]. Auch enthalten die erwähnten fotografischen Trockenplatten außer Bromsilber etwas Jodsilber.

* * *

Das **Fluor** findet sich hauptsächlich in dem Mineral Flussspat, das aus Fluor und Kalzium besteht und deshalb als zweiten Namen Fluorkalzium führt. Fluor ist ein Gas von etwas hellerer Farbe als Chlor. Es greift fast alles sogleich an, d. h., es verbindet sich mit fast allem, mit dem es in Berührung kommt. Nur Gefäße aus Flussspat, sowie die Legierung Platiniridium lässt es in Ruhe. Seine Darstellung in freiem Zustand ist denn auch erst Ende des 19. Jahrhunderts geglückt, als man Fluorwasserstoff in einem kostbaren Platiniridiumapparat mittels des elektrischen Stromes in die beiden es zusammensetzenden Elemente zerspaltete, die getrennt aufgefangen wurden, sodass nun das Fluor nichts vorfand, mit dem es sich hätte gleich wieder verbinden können (Fig. 14).

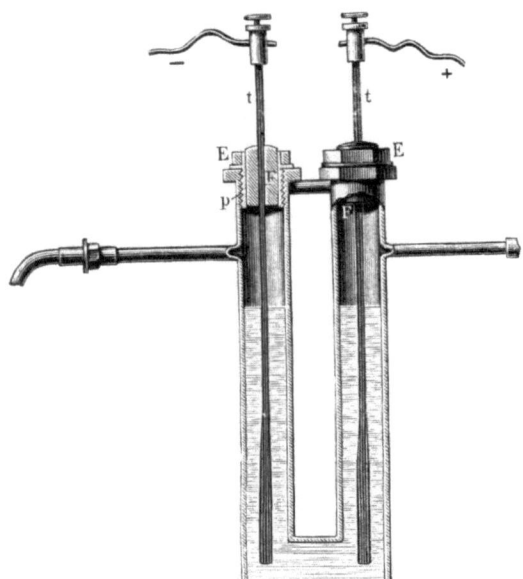

Fig 14: Darstellung von Fluor.

Lange bekannt ist dagegen die Fluorwasserstoffsäure, auch Flusssäure genannt, die man auf dem Weg, den wir bald bei der Darstellung der Chlorwasserstoffsäure

---

2   Siehe Sedlacek, K.-D. u. Wrobel, N.: *Die Lebenskraft*, S. 28.

kennenlernen, leicht aus Flussspat gewinnen kann. Die Flusssäure greift Glas an und wird deshalb in Bleigefäßen, denen sie nichts anzuhaben vermag, dargestellt und erfahrungsgemäß am bequemsten in Kautschukflaschen ausbewahrt, will man mit ihr Glas ätzen, so gießt man sie z. B. in eine Bleischale.

Diese deckt man mit einer Glasplatte zu, die mit Wachs überzogen ist, in welches man eine Zeichnung eingekratzt hat. Schmilzt man nach einiger Zeit den Wachsüberzug ab, so befindet sich die Zeichnung im Glas, indem die aufsteigenden Dämpfe der Fluorwasserstoffsäure die Ätzung vollzogen haben (Fig. 15). Fluor findet sich spurenweise in unseren Zähnen.

Fig 15: Glasätzen mit Fluorwasserstoffsäure.

Die vier Elemente Chlor, Brom, Jod und Fluor bezeichnet man auch im Anschluss an das griechische Wort hals, das Salz bedeutet, als die Gruppe der Halogene, was also die Salzbildner bedeutet.

A. Atome und Moleküle

Versuchte man auf dem Wege des Denkens sich darüber klar zu werden, ob die körperlichen Dinge, wie wir sie um uns sehen, den Raum vollständig erfüllen oder dieses nicht tun, eines von beiden kann doch nur der Fall sein, so führte diese Frage, zu der schon die allgriechischen Philosophen — ohne auch nur das Wort Chemie und die jetzt damit bezeichnete Wissenschaft zu kennen — Stellung genommen haben, bereits vor mehr als 2000 Jahren zur Anschauung, dass der Raum durch die körperlichen Dinge nicht absolut erfüllt wird. Vielmehr befinden sich in jedem Körper eine Unzahl kleinster Teilchen, aus welchen er sich zusammensetzt. Diese kleinsten Teilchen, zwischen welchen also noch Platz vorhanden ist, sind aber so klein, dass sie nicht mehr zerteilt, also z. B. auch nicht mehr zerschnitten werden können. Diese letztere Annahme prägt sich speziell in dem von diesen alten Philosophen überkommenen und von der exakten Naturwissenschaft übernommenen Wort Atom aus, das zu

DIE ANORGANISCHE CHEMIE

deutsch unzerschneidbar bedeutet, wofür unteilbar zu sagen gegenwärtig allgemeiner Brauch ist.

Zum leichteren Verständnis des Folgenden ist es nun wünschenswert, bevor wir fortfahren, noch eine Darstellung des Wasserstoff-Gases, sowie die Darstellung der Chlorwasserstoffsäure kennenzulernen.

dass **Kochsalz** aus Chlor und Natrium besteht, wissen wir bereits. Natrium ist nun ein Metall von ganz besonderen Eigenschaften. Es ist so begierig nach Sauerstoff, dass man es gar nicht an der Luft liegen lassen kann, denn hier wäre es bald in Natriumsauerstoff, also Natriumoxid, übergegangen. Man bewahrt es deshalb unter Flüssigkeiten, die frei von Sauerstoff sind, auf. Dazu gehört z. B. das Erdöl. Kommt Natrium an Wasser, so zersetzt es dieses momentan, indem es sich mit seinem Sauerstoff verbindet, sodass der Wasserstoff frei wird. Man umwickelt dazu Natriumstückchen mit Drahtnetz und hält sie in der pneumatischen Wanne unter den mit Wasserstoff-Gas zu füllenden Zylinder (Fig. 16).

Zur **Chlorwasserstoffsäure** oder kürzer **Salzsäure** genannt, kommen wir durch Übergießen von Kochsalz mit Schwefelsäure. Die Schwefelsäure als die stärkere treibt hier die Salzsäure aus. Und führen wir die Darstellung der Salzsäure wirklich durch, so bemerken wir, dass die Salzsäure ein Gas ist. Aber das salzsaure Gas oder Chlorwasserstoff ist im Wasser außerordentlich löslich, wir können es daher gar nicht über Wasser auffangen, sondern müssen als Sperrflüssigkeit Quecksilber verwenden. Dass wir das Chlorgas nicht auf diese Art aufgefangen haben, liegt daran, dass Chlor sich sogleich mit Quecksilber zu Chlorquecksilber verbindet, während Chlorwasserstoff dem Quecksilber nichts tut.

Das Chlorwasserstoff-Gas ist farblos und so außerordentlich in Wasser löslich, dass 1 l Wasser bei 0° 503 l oder 825 g Chlorwasserstoff aufzulösen vermag. Die Salzsäure des Handels ist denn auch Wasser, in dem so viel Chlorwasserstoff wie möglich aufgelöst ist. Sie raucht an der Luft, weil aus ihr abdunstendes Chlorwasserstoff-Gas sich mit der Feuchtigkeit der Luft zu Bläschen von flüssiger Salzsäure vereinigt.

Bromwasserstoff-Gas, **Jodwasserstoff-Gas** und **Fluorwasserstoff** entsprechen ganz dem Chlorwasserstoff-Gas. Auch diese Drei sind

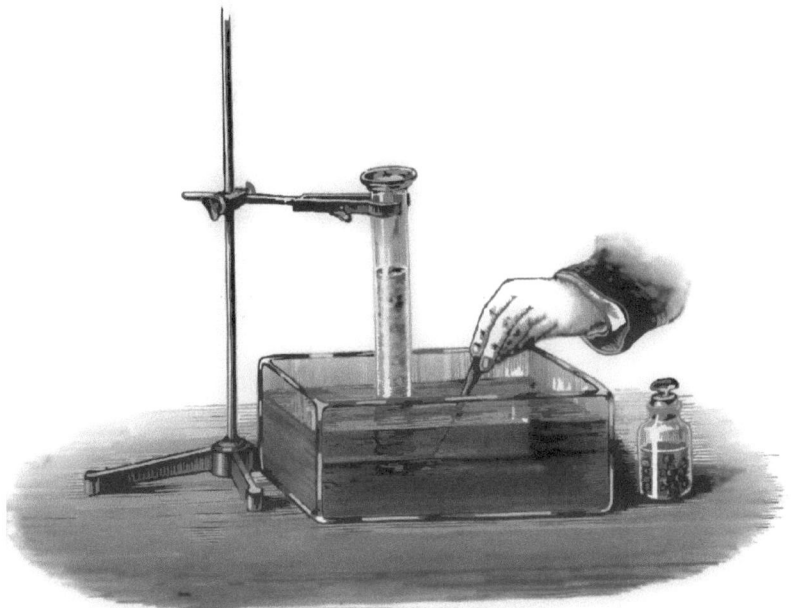

Fig 16: Gewinnung von Wasserstoff mittels Natrium.

Gase, welche in Wasser ganz erstaunlich löslich sind, und ebenso sind Bromnatrium, Jodnatrium und Fluornatrium dem Chlornatrium sehr ähnlich.

* * *

Unsere bisherigen Unterhaltungen über Chemie ragen nicht gerade über das hinaus, mit dem man sich in den beschreibenden Naturwissenschaften zu begnügen pflegt, aber Chemie und

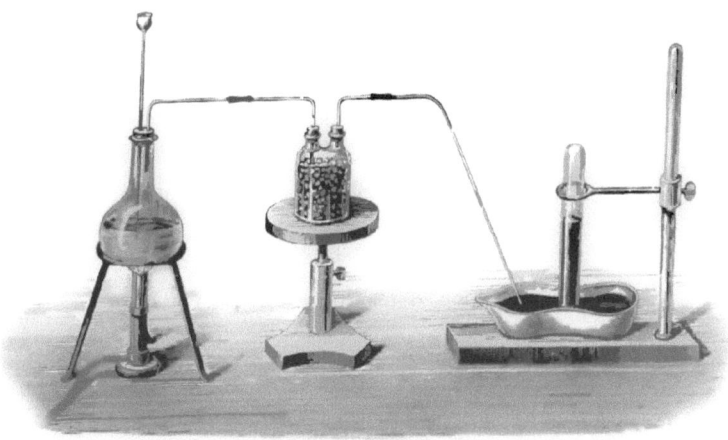

Fig 17: Darstellung von Chlorwasserstoff-Gas.

Namen, abgekürzte Bezeichnungen und Atomgewichte (Atommassen) der Elemente

Element	Symbol	Atommasse	Element	Symbol	Atommasse
Actinium	Ac	227,00	Meitnerium	Mt	268,00
Aluminium	Al	26,98	Mendelevium	Md	258,00
Americium	Am	243,00	Molybdän	Mo	95,94
Antimon	Sb	121,76	Natrium	Na	22,99
Argon	Ar	39,95	Neodym	Nd	144,24
Arsen	As	74,92	Neon	Ne	20,18
Astat	At	210,00	Neptunium	Np	237,00
Barium	Ba	137,33	Nickel	Ni	58,69
Berkelium	Bk	247,00	Niob	Nb	92,91
Beryllium	Be	9,01	Nobelium	No	259,00
Bismut	Bi	208,98	Osmium	Os	190,23
Blei	Pb	207,21	Palladium	Pd	106,42
Bohrium	Bh	264,00	Phosphor	P	30,97
Bor	B	10,81	Platin	Pt	195,08
Brom	Br	79,90	Plutonium	Pu	244,00
Cadmium	Cd	112,41	Polonium	Po	209,00
Caesium	Cs	132,91	Praseodym	Pr	140,91
Calcium	Ca	40,08	Promethium	Pm	145,00
Californium	Cf	251,00	Protactinium	Pa	231,04
Cer	Ce	140,12	Quecksilber	Hg	200,59
Chlor	Cl	35,45	Radium	Ra	226,00
Chrom	Cr	52,00	Radon	Rn	222,00
Cobalt	Co	58,93	Rhenium	Re	186,21
Copernicium	Cn	277,00	Rhodium	Rh	102,91
Curium	Cm	247,00	Roentgenium	Rg	272,00
Darmstadtium	Ds	281,00	Rubidium	Rb	85,47
Dubnium	Db	262,00	Ruthenium	Ru	101,07
Dysprosium	Dy	162,50	Rutherfordium	Rf	261,00
Einsteinium	Es	252,00	Samarium	Sm	150,36
Eisen	Fe	55,85	Sauerstoff	O	16,00
Erbium	Er	167,26	Scandium	Sc	44,96
Europium	Eu	151,96	Schwefel	S	32,07
Fermium	Fm	257,00	Seaborgium	Sg	266,00
Fluor	F	19,00	Selen	Se	78,96
Francium	Fr	223,00	Silber	Ag	107,87
Gadolinium	Gd	157,25	Silicium	Si	28,09
Gallium	Ga	69,72	Stickstoff	N	14,01
Germanium	Ge	72,64	Strontium	Sr	87,62
Gold	Au	196,97	Tantal	Ta	180,95
Hafnium	Hf	178,49	Technetium	Tc	98,00
Hassium	Hs	277,00	Tellur	Te	127,60
Helium	He	4,00	Terbium	Tb	158,93
Holmium	Ho	164,93	Thallium	Tl	204,38
Indium	In	114,82	Thorium	Th	232,04
Iod	I	126,90	Thulium	Tm	168,93
Iridium	Ir	192,22	Titan	Ti	47,87
Kalium	K	39,10	Uran	U	238,03
Kohlenstoff	C	12,01	Vanadium	V	50,94
Krypton	Kr	83,80	Wasserstoff	H	1,01
Kupfer	Cu	63,55	Wolfram	W	183,84
Lanthan	La	138,91	Xenon	Xe	131,29
Lawrencium	Lr	262,00	Ytterbium	Yb	173,04
Lithium	Li	6,94	Yttrium	Y	88,91
Lutetium	Lu	174,97	Zink	Zn	65,41
Magnesium	Mg	24,31	Zinn	Sn	118,71
Mangan	Mn	54,94	Zirconium	Zr	91,22

Atomgewichtstabelle

Physik werden ja im Gegensatz zu ihnen als die exakten Naturwissenschaften bezeichnet.

Wollen wir jedoch exakte Naturwissenschaft treiben, so müssen wir in der Chemie die Waage zu Hilfe nehmen, dürfen uns nicht mehr damit begnügen, wie wir es eingangs getan haben, festzustellen, dass Schwefeleisen aus zwei Elementen besteht, sondern müssen feststellen, wie viel Schwefel und Eisen sich miteinander verbinden, ohne dass von einem Element etwas unverbunden übrig bleibt, aus wie viel Sauerstoff-Gas und Wasserstoff-Gas sich das Wasser zusammensetzt oder, wie man zu sagen pflegt, aus wie viel Prozent Quecksilber und wie viel Prozent Sauerstoff z. B. das ja von uns auch schon in Betracht gezogene Quecksilberoxid besteht.

Wollen wir nun z. B. 1 g Wasserstoff-Gas durch Eintauchen von Natriummetall in Wasser darstellen, so finden wir, dass dazu 23 g Natrium nötig sind. Chlorwasserstoff-Gas besteht natürlich aus Chlor und Wasserstoff, und bestimmen wir in ihm mithilfe der Waage, wie viel Chlor hier mit 1 g Wasserstoff verbunden ist, so finden wir 35,5 g Chlor, im Bromwasserstoff finden wir, dass es 80 g Brom sind, im Jodwasserstoff 127 g Jod. Chlor und Natrium vereinigen sich auch direkt zu Chlornatrium (Kochsalz), und dessen Analyse ergibt, dass hier auf 23 Teile Natrium 35,5 Teile Chlor kommen, ebenso finden wir im Bromnatrium auf 23 Teile Natrium 80 Teile Brom und im Jodnatrium 127 Teile Jod.

Wie wir sehen, kleben an den einzelnen Elementen, sobald wir die Waage zu Hilfe nehmen, sozusagen Zahlen, und das findet sich auch bei allen anderen Elementen, für die wir natürlich den Beweis aus Platzmangel hier nicht führen können, aber auch zu führen wohl nicht nötig haben. Bis jetzt bewegen wir uns ganz und gar auf dem Boden der Wirklichkeit, denn etwas Zuverlässigeres als die Waage, deren Zahlenergebnisse jeder jeden Tag von neuem aus ihre Richtigkeit prüfen kann, kann es ja gar nicht geben. Jetzt fragt es sich nur, ist der menschliche Geist imstande, sich darüber plausible Vorstellungen zu machen, weshalb wohl an jedem Element unter den angeführten Bedingungen sozusagen eine Zahl klebt. Das gelingt ihm nun mithilfe der Vorstellung von Atomen und Molekülen. Die Atom- und Molekulartheorie stellt sich dazu folgendermaßen:

Zwischen Chlor und Wasserstoff gibt es nur eine Verbindung, das Chlorwasserstoff-Gas. Dabei haben die Chemiker gerade hier ihren

DIE ANORGANISCHE CHEMIE

Scharfsinn, noch andere Verbindungen zwischen diesen beiden Elementen, die also nicht der gasförmige Chlorwasserstoff, sondern etwas anderes sind, herzustellen, derart in Tätigkeit gesetzt, dass heute jeder überzeugt ist, dass die Natur nur diese eine Verbindung zwischen diesen beiden Elementen zulässt. Die Verbindung besteht aber aus 1 T. Wasserstoff und 35,5 T. Chlor, wenn wir uns das kleinste Teilchen Chlorwasserstoff vorstellen, das überhaupt denkbar ist, so wird auch in ihm das Gewichtsverhältnis zwischen Wasserstoff und Chlor wie 1 zu 35,5 sein müssen, weiter sind wir Anhänger der Atomtheorie und müssen uns deshalb sagen, dass, wenn die Natur zwischen Wasserstoff und Chlor nur eine Verbindung geschaffen, nur eine Verbindung zugelassen hat, alsdann hier, wenn es überhaupt Atome gibt, sicher auf 1 Atom Wasserstoff 1 Atom Chlor kommt. Gegen diese Annahme spricht absolut nichts, ja man kann umgekehrt sagen, dass die Natur, wenn sie überhaupt mit Atomen operiert, sicher keinen Grund haben kann, in diesem Falle ein komplizierteres Verhältnis wie 1 Atom aus 1 Atom anzuwenden. Besteht aber Chlorwasserstoff aus 1 Atom Wasserstoff und 1 Atom Chlor, so ist das Atom des Chlors 35,5-mal so schwer wie das Atom Wasserstoff. Wir kennen somit aufgrund der vorangegangenen Vorstellungen das Gewicht (bzw. das Massenverhältnis) des Atoms Chlor, wenn wir das des Wasserstoffs gleich 1 setzen. Das Atomgewicht des Chlors ist dann nämlich 35,5, und aus den gleichen Gründen ist das Atomgewicht des Broms 80, das des Jods 127, das des Natriums 23. weiter kann man, wie schon erwähnt, diese Betrachtungen auf die Verbindungen aller Elemente ausdehnen und so das Atomgewicht aller sonstigen Elemente feststellen. Bis Ende des 19. Jahrhunderts hat man dabei den Wasserstoff als Einheit gelten lassen. Unter Voraussetzung dieser Einheit ist das Atomgewicht des Sauerstoffs 15,88, wiegt also das Atom Sauerstoff 15,88. Aus Gründen, deren Klarlegung uns zu weit führen würde, setzt man jetzt aber lieber das Atomgewicht des Sauerstoffs gleich der runden Zahl 16 und berechnet von dieser Grundzahl aus alle weiteren Atomgewichte. Die Umrechnung des Verhältnisses 15,88 : 16 = 1 : x ergibt dann rund die Zahl 1,01 für das Atomgewicht des Wasserstoffs, die wir deshalb in der Atomgewichtstabelle Seite 28 der Elemente finden.

Im Anschluss an die vorangegangenen Mitteilungen verstehen wir nun leicht, dass die abgekürzten Bezeichnungen der Elemente für die Chemiker nicht nur das Element an sich, sondern ein Atom des Elements bedeuten, und damit für sie ein bestimmtes Gewicht repräsentieren. Den praktischen Wert dieser Erkenntnis ersehen wir aus folgendem.

Kochsalz hat die Formel NaCl. Da das Atom Natrium 23, das Atom Chlor abgerundet 35,5 wiegt, ist die Summe 58,5. Wollen wir nun die Prozent-Zusammensetzung des Kochsalzes kennen, so ergibt die Ausrechnung der Proportion 58,5 : 35,5 = 100 : x, dass es aus 60,7 % Chlor und die Proportion 58,5 : 23 = 100 : x, dass es weiter aus 39,3 % Natrium besteht. Die Formeln geben also bei chemischen Verbindungen nicht nur die qualitative, sondern auch die quantitative Zusammensetzung an. Und wenn wir in den Formeln neben den Buchstaben kleine Zahlen sehen, so verstehen wir jetzt leicht, dass sie die Anzahl der Atome bezeichnen, aus denen sich die Verbindung zusammensetzt. So ist die Formel des Wassers H_2O, das heißt also, Wasser besteht aus 2 Atomen Wasserstoff und 1 Atom Sauerstoff; selbst das kleinste Teilchen Wasser setzt sich also noch aus 3 Atomen zusammen. Folglich ist selbst das kleinste Teilchen Wasser kein Atom, denn, weil es eine Verbindung ist, müssen doch selbst im kleinsten Teilchen all die Atome zusammen vorhanden sein, die die Verbindung bilden. Somit können die kleinsten Teilchen der Verbindungen, es handle sich um Wasser oder sonst eine Verbindung, keine Atome sein, man hat deshalb für diese kleinsten Teilchen eine andere Bezeichnung nötig, man nennt sie Moleküle. Das kleinste Teilchen der Elemente heißt Atom, das kleinste Teilchen der Verbindungen heißt Molekül.

Mit den Vorstellungen von Atomen und Molekülen hat die Chemie die glänzendsten Erfolge erzielt, sie ermöglichen die künstliche Herstellung des Indigo-Farbstoffs, die künstliche Herstellung der Rubine und wie all die Tausende von Leistungen heißen, die den Laien immer von Neuem die Chemie anstaunen lassen. Atome und Moleküle erschienen dem Laien als eine so feste Grundlage für alle Weltanschauung, dass wir sie z. B. in Büchners berühmtem Buch „Kraft und Stoff" als eben diese Grundlage angenommen finden.

Aber für den Chemiker sind sie Derartiges nie gewesen, für ihn waren sie immer nur eine Arbeitshypothese, d. h. eine Vorstellungsreihe, die sein Arbeiten möglichst erleichtern soll. Deshalb ist auch die Chemie durchaus nicht aus den Fugen gegangen, als sich das im Jahre 1896 entdeckte Clement Radium mit so seltsamen Eigenschaften begabt erwies, dass mit der bisherigen Atomtheorie nicht auszukommen ist, sie hier Erweiterungen erfahren musste, auf die wir beim Radium zurückkommen (Seite 91). Hervorgehoben sei: Im Allgemeinen genügt die Atom- und Molekulartheorie in den meisten Fällen zur Durchführung auch kompliziertester Arbeiten.

Nunmehr fahren wir in der Sammlung rein chemischer Kenntnisse fort.

2.3 Sauerstoff

Das Sauerstoff-Gas hat seinen Namen von seinem Entdecker Lavoisier erhalten. Er hat ihn recht unglücklich gewählt; das Gas schmeckt weder sauer, noch riecht es so, auch färbt es blauen Lackmusfarbstoff nicht rot, kurzum es ist in diesen Beziehungen so indifferent wie nur irgendein anderes Gas. Lavoisier gab ihm den Namen, weil er der nicht richtigen Ansicht war, dass sich Sauerstoff in allen Säuren findet. Aber Lavoisier gehört trotz der unglücklichen Wahl dieses Namens, die ja an sich etwas ganz Gleichgültiges ist, zu jenen Geistern, die die Menschheit durch ihre genialen Ideen sozusagen ruckweise ein ganzes Stück vorwärtsgebracht haben, und das hängt so zusammen:

Eine der auffallendsten Erscheinungen auf Erden ist das Feuer. In den Sagen aller Völker spielt es eine große Rolle. Denken wir nur an die Sage von Prometheus. Wurde ihm doch, weil er das von Zeus den Menschen vorenthaltene Feuer ihnen brachte, zur Strafe täglich von einem Adler die Leber zerfleischt. In der Bibel fällt ein Feuer des Ewigen vom Himmel und verzehrt ein Opfer usf. Auch heute sagt das Volk noch, das Feuer verzehrt die Stoffe, löst sie sozusagen in nichts auf. Diese Vorstellung wird dadurch unterstützt, dass das Material bis auf geringe Aschenreste beim Brennen verschwindet, indem es in Form von gasförmigen Verbindungen in die Luft entweicht und so unsichtbar wird. Bald nach dem Jahr 1700 fingen die ernstlichen Versuche der Chemiker zur Aufklärung der Vorgänge beim Verbrennen von Stoffen an. Nun benutzte man damals bei chemischen Arbeiten noch nicht die Waage, und die Nichtbeachtung der Gewichtsverhältnisse bei der Verbrennung führte zu einer die

Wirklichkeit geradezu auf den Kopf stellenden Theorie. Man kam nämlich zu der Annahme, dass die Produkte der Verbrennung vor der Verbrennung bereits im brennenden Material vorhanden seien. Deshalb bestünde die Verbrennung darin, dass sie die Bestandteile des verbrennenden Stoffes in Freiheit setze. Es finde also ein Zerfall des Brennmaterials bei seiner Verbrennung statt. So nahm man denn z. B. an, dass das beim Verbrennen von Kohle auftretende Gas, das wir Kohlensäure nennen, in der Kohle schon vor der Verbrennung vorhanden sei und beim Verbrennen sich von dem trenne, mit welchem es zusammen die Kohle bilde. Das brennbare Prinzip, jener weitere Bestandteil aller brennbaren Körper, sollte nun etwas in allen brennbaren Stoffen Gleiches sein; es erhielt den Namen Phlogiston, was „brennlich" bedeutet. Je besser Körper brennen, um so reicher sollten sie an Phlogiston sein, und die Verbrennung bestehe also im Austreten von Phlogiston aus dem verbrennenden Körper. Somit sollte das Verbrennungsprodukt, weil beim Verbrennen Phlogiston davonging, leichter sein als das Brennmaterial, von dem es herstammte.

Hier setzte nun Lavoisiers unsterbliches Verdienst ein. Er nahm die Waage zu Hilfe, zeigte, dass die Verbrennungsprodukte schwerer sind als das Brennmaterial, womit die Phlogistontheorie abgetan war, und zeigte weiter, dass die Verbrennung in der Vereinigung des verbrennenden mit Sauerstoff besteht. Die Verbrennung ist kein Zerfallsprozess, wie die Phlogistontheorie annahm, sondern ein Vereinigungsprozess, wie Lavoisier damit bewiesen hat. Sauerstoff bildet etwa ein Fünftel der Luft, deren weitere vier Fünftel fast nur aus Stickstoff bestehen (siehe später). Luft ist sozusagen mit Stickstoff verdünnter Sauerstoff, und so gehen in der Luft die Verbrennungen weit gemäßigter als in reinem

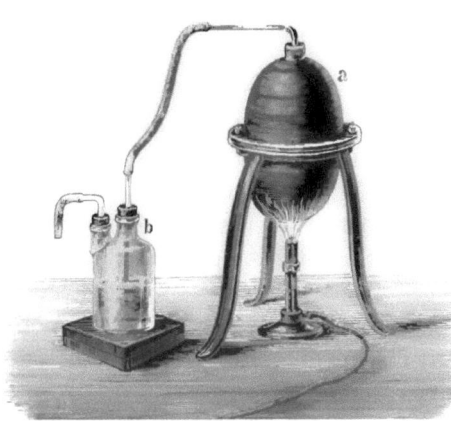

Fig 18: Darstellung größerer Mengen von Sauerstoff-Gas.

DIE ANORGANISCHE CHEMIE

Sauerstoff vor sich, die Stoffe, welche beim Verbrennen entstehen, nennt man Oxide.

* * *

Eine Darstellung von Sauerstoff, nämlich die aus Quecksilberoxid HgO, kennen wir schon. Weil aber das Atom Quecksilber 200, das Atom Sauerstoff 16 wiegt, kommen auf 216 Gewichtsteile Quecksilberoxid nur 16 Teile Sauerstoff-Gas, was nach der Proportion 216:16=100:x nur 7,4 % ausmacht. Nun gibt es ein Salz, 'das chlorsaure Kalium $KClO_3$, welches ganz wie das Quecksilberoxid schon beim einfachen Erhitzen seinen Sauerstoff hergibt, wobei Chlorkalium KCl in der Retorte zurückbleibt. Da das Atomgewicht von K 39, von Cl 35,5 ist, wiegt das Molekül $KClO_3$ 122,5. Daher ergibt die Proportion 122,5:48=100:x, dass im chlorsauren Kalium 39,2 % Sauerstoff-Gas vorhanden ist, dass man also aus dem gleichen Gewicht von ihm durch einfaches Erhitzen mehr als das Fünffache an Sauerstoff wie aus Quecksilberoxid erhält. Zur Darstellung größerer Sauerstoffmengen bedient man sich gern eiserner Retorten, die man aus zwei Stücken zusammenschraubt. Die Waschflasche b enthält dieses Mal als Mittel zum Trocknen des Gases die dafür sehr geeignete konzentrierte Schwefelsäure, weil sie stark Wasser anziehend wirkt. Die Waschflasche ermöglicht auch, im Unterschied von einer mit Chlorkalziumstücken gefüllten Röhre (siehe Seite 19), die Schnelligkeit der Gasentwicklung zu beurteilen, indem man die Gasblasen durch die Flüssigkeit perlen sieht, womit zugleich die Regulierung der erhitzenden Flamme gegeben ist.

* * *

Verbrennungen im Sauerstoff erfolgen viel lebhafter als in der Luft. So verbrennt Schwefel in ihm nicht nur äußerst heftig, sondern auch Eisendrähte tun das unter Funkensprühen, wie es die Fig. 19 und 20 wiederzugeben suchen. Dabei entstehen natürlich Oxide; so verbindet sich der Schwefel mit 2 Atomen Sauerstoff zu SO_2, zum gasförmigen Schwefeldioxid. Beim Eisen vollzieht sich der Vorgang so, dass auf 3 Atome Eisen 4 Atome Sauerstoff kommen, und die Verbindung Fe_3O_4 wird Eisenoxiduloxid genannt. Von den Sauerstoffverbindungen der Elemente sei hier gleich angeführt, dass sie die Grundlagen von Säuren **und** Basen sind, indem sie, wenn sie sich mit Wasser chemisch zu vereinigen vermögen, entweder Säuren oder Basen werden, und zwar liegen die Verhält-

SAUERSTOFF

Fig 19: Brennen von Schwefel in Sauerstoff.   Fig 20: Brennen von Eisen in Sauerstoff.

nisse im großen ganzen so, dass die Oxide der Halbmetalle die Säuren, die Oxide der Metalle die Basen liefern (siehe auch Seite 17).

Als Übergang zur Besprechung der Luft wollen wir hier nun eine Waage abbilden, deren Anordnung uns zu sehen ermöglicht, dass die Verbrennungsprodukte mehr wiegen als das verbrannte Material. Die Einrichtung ist folgende:

Auf der Waage ist eine Kerze ins Gleichgewicht gebracht, über der sich ein kleiner gläserner Schornstein befindet. Im Schornstein befindet sich das Oxid des Metalls Natrium, das in Verbindung mit Wasser als Natriumhydroxid basische Eigenschaft hat. Die verbrennende Kerze, deren Material aus Kohlenstoff, Wasserstoff und Sauerstoff besteht, kann beim Verbrennen nur zwei Gase liefern, nämlich Kohlendioxid CO_2, auch Kohlensäure genannt, und Wasser, das wegen der hohen Temperatur in der Flamme gleich gasförmig auftritt. So ist uns ohne Weiteres klar, dass das Feuer die Kerze zu verzehren scheint, indem sie eben in Form der beiden genannten gasförmigen Verbindungen in die Luft entweicht und so für uns unsichtbar wird. Den nötigen Sauerstoff hierzu liefert zum geringen Teil der Sauerstoffgehalt der Kerze, zum weit größeren Teil die Luft.

In den kleinen Schornstein steigt also Kohlensäure, die vom Natriumhydroxid in Form von kohlensaurem Natrium festgehalten wird, und ebenso verbleibt erstens durch die Abkühlung und zweitens durch die Wasser anziehende Kraft des Natriumhydroxids das Wasser im Schornstein. Nun wollen wir noch die wichtige Berechnung ausführen, um wie viel die Kerzenseite der Waage

DIE ANORGANISCHE CHEMIE

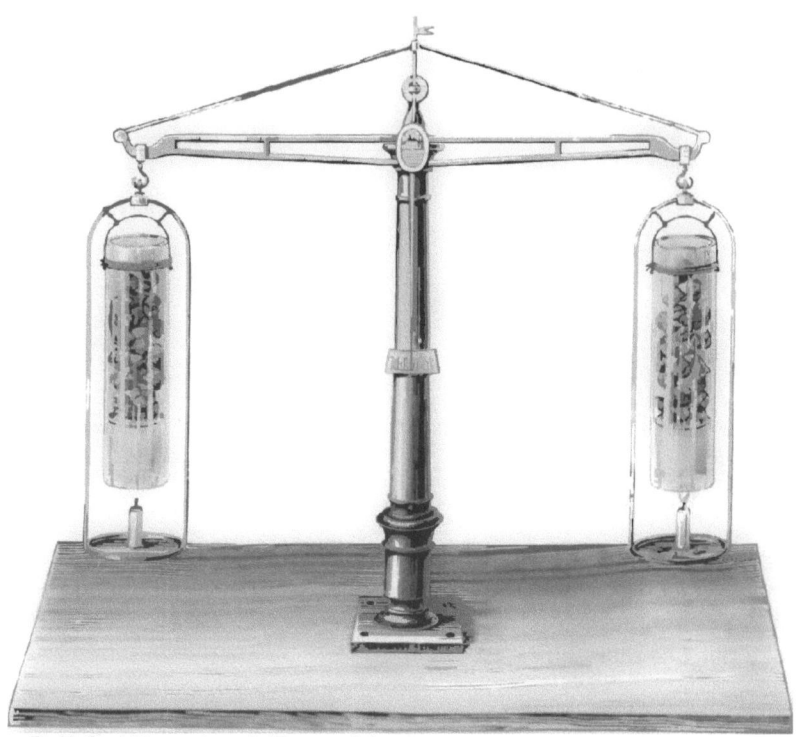

Fig 21: Gewichtsvermehrung bei Feuererscheinungen.

schwerer geworden sein wird, wenn gerade 1 g Stearinsäure verbrannt ist, wobei wir die Annahme machen, dass die Kerze aus reiner Stearinsäure besteht. Die Formel der Stearinsäure ist $C_{12}H_{36}O_2$. Zur vollständigen Verbrennung zu Kohlensäure und Wasser sind entsprechend der Gleichung:

$$C_{18}H_{36}O_2 + 52\ O = 18\ CO_2 + 18\ H_2O$$

52 Atome Sauerstoff nötig. Da nun das Molekulargewicht der Stearinsäure 216+36+32 oder 284 ist, wofür 52 O oder 832 Gewichtsteile Sauerstoff gebraucht werden, erfahren wir aus der Proportion 284 : 832=1 : x, dass für 1 g Kerzenmaterial 2,92 g Sauerstoff zur vollständigen Verbrennung nötig sind. 1 g Kerzenmaterial wiegt also nach dem Verbrennen in Form von Kohlensäure und Wasserdampf 3,92 g, und so ist es klar, dass die empfindliche Waage schon kurze Zeit nach dem Anzünden der Kerze ihre Gleichgewichtsstellung

verlieren und nach der Seite der brennenden Kerze ausschlagen wird.

A. Die atmosphärische Luft

Das über dem Erdboden befindliche Gas nennen wir Luft. Die Untersuchung ergibt, dass die Luft ein Gemenge verschiedener Gasarten, aber keine chemische Verbindung von ihnen ist. Ihre Zusammensetzung ist folgende:

	Gewichtsteile	Raumteile
Stickstoff	75,52%	78,08%
Sauerstoff	23,14%	20,95%
Kohlensäure	0,06%	0,04%
Argon und sonstige geringe Beimengungen	1,28%	0,93%

1 ccm Luft wiegt 0,001293 g, danach ist sie 773-mal leichter als Wasser und 14,4-mal schwerer als Wasserstoff-Gas.

Der Sauerstoffgehalt der Luft ermöglicht das tierische Leben auf Erden, indem die Tiere Luft einatmen. Von den Lungen aus geht der Sauerstoff der Luft ins Blut und in die Gewebe, hier oxidiert er die sich ihm darbietenden Stoffe, und namentlich durch die Oxidation kohlenstoffhaltiger Verbindungen entsteht die zur Erhaltung unseres Lebens nötige Körperwärme. Oxidation ist ja nur ein anderer Ausdruck für Verbrennung, die also im Körper ohne Feuererscheinung vor sich geht. In der ausgeatmeten Luft finden wir daher sehr viel Kohlensäure, das ist oxidierter Kohlenstoff, für den wir durch unsere Nahrungsaufnahme Ersatz schaffen.

Der Kohlensäuregehalt der Luft ermöglicht den Pflanzenwuchs auf Erden. Die grünen Blätter haben nämlich die Begabung, die Kohlensäure sozusagen einatmen zu können. Sie machen sich deren Kohlenstoffgehalt für ihren Aufbau nutzbar, während sie Sauerstoff ausatmen. Daraus ergibt sich, dass z. B. die gesamte Menge Holzkohle, welche ein Wald zu liefern vermag, allmählich von den grünen Teilen der Bäume aus der Kohlensäure der Luft gesammelt worden ist.

DIE ANORGANISCHE CHEMIE

Auch der Stickstoff der Luft ist für den Pflanzenwuchs unumgänglich nötig; sie bilden mit seiner Hilfe stickstoffhaltige, unglaublich kompliziert zusammengesetzte chemische Verbindungen in allerdings ziemlich geringer Menge, die man Pflanzeneiweiß nennt. Dieses ist für die Entwicklung der Pflanze aber gerade so nötig wie das tierische Eiweiß für die Entwicklung der Tiere. Die Pflanzen können jedoch keinen Stickstoff einatmen, können den Luftstickstoff nicht direkt verwerten, hier hat erst die Bakteriologie die Aufklärung der Verhältnisse gebracht, indem sie gezeigt hat, dass in jedem Boden, aus dem Pflanzen wachsen, Bakterien vorhanden sind, die durch ihren Lebensprozess den Stickstoff der Luft in wasserlösliche Verbindungen überführen, die die Pflanzenwurzeln nunmehr aufsaugen.

Erst im Jahre 1892 ist gefunden worden, dass die Luft außer Sauerstoff, Stickstoff, Kohlensäure und Wasserdampf noch eine weitere Reihe Gase von höchst seltsamen Eigenschaften enthält. Ihr Entdecker ist Lord Rayleigh. Er fand, dass 1 l von aus der Luft abgeschiedenem Stickstoff 1,2571 g wiegt, während er, wenn man den Stickstoff aus seinen chemischen Verbindungen, z. B. dem Ammoniak, wieder in Freiheit setzt, nur 1,2507 g wiegt. Die Aufklärung des Gewichtsunterschiedes von 0,0064 g auf einen ganzen Liter Gas ließ ihn im Jahre 1894 in der bis dahin schon so außerordentlich häufig untersuchten Luft ein unentdeckt gebliebenes Gas finden, das schwerer als Stickstoff ist, indem 1 l von ihm 1,782 g wiegt.

Man kommt z. B. so zu ihm, dass man durch von Kohlensäure befreite Luft elektrische Funken schlagen lässt. Dadurch bildet sich aus Stickstoff und Sauerstoff salpetrige Säure, die von der als Sperrflüssigkeit angewendeten Kalilauge sogleich als salpetrig saures Kalium absorbiert wird. Durch Zugabe weiteren Sauerstoffs gelingt es, mittels Fortsetzung des Elektrisierens allen Stickstoff aus der Luft in Form von salpetrig saurem Kalium zu entfernen, und schließlich bleibt ein Rest Gas, der sich nicht mehr mit Sauerstoff verbindet, das ist der neu entdeckte Bestandteil der Luft. Um ihn vom überschüssig zugesetzten Sauerstoff zu befreien, wird das Gemisch durch eine Röhre geleitet, in der Kupfer zum Glühen erhitzt wird. Das Kupfer absorbiert den Sauerstoff, indem es in Kupferoxid übergeht, und was nun noch übrig bleibt, war das Argon. Doch haben weitere Untersuchungen ergeben, dass auch das so aus der Luft gewonnene Argon

SAUERSTOFF

Fig 22: Apparat, um durch Gase den elektrischen Funken schlagen zu lassen, sogenanntes Eudiometer.

noch nicht einheitlich ist, sondern noch weitere Gase beigemischt enthält. Ihre Menge ist so gering, dass man am besten angibt, wie viel Liter von ihnen im Kubikmeter Luft vorhanden sind. In 1000 l Luft sind nämlich enthalten:

7,240000	Liter	Argon
0,015000	„	Neon
0,001500	„	Helium
0,000050	„	Krypton
0,000006	„	Xenon

Hier muss man doch geradezu staunen, wenn man bedenkt, dass es gelungen ist, selbst die Spuren von Krypton und gar Xenon, die in 1000 l Luft vorkommen, in reinem Zustande darzustellen. Die fünf Gase haben nun etwas Gemeinsames, und zwar ist dieses etwas durchaus Negatives, sie verbinden sich nämlich mit absolut nichts, bleiben also, welchen chemischen Foltern man sie auch aussetzt, stets das, was sie vor Einleitung der Versuche gewesen sind. Sie gehören sozusagen einer anderen Welt wie die übrigen Elemente an; denn gäbe es bei den sonstigen Elementen kein Verbindungsbestreben untereinander, so könnte es ja keine Welt von der Art, wie wir sie kennen, geben. Diese Gase nennt man **Edelgase**.

2.4 Stickstoff

Zur Darstellung des Stickstoffs aus der Luft ist es nötig, den Sauerstoff aus ihr zu entfernen. Dazu braucht man in einem abgeschlossenen Luftraum nur etwas brennen zu lassen, das den Sauerstoff bis auf den letzten Rest fortnimmt. Am geeignetsten hierfür erweist sich brennender Phosphor. Gießt man Wasser in einen Teller, zündet Phosphor an, der sich in einem Schälchen mitten im Wasser befindet, und deckt eine Glasglocke darüber, so brennt der Phosphor in einem von der übrigen Luft abgetrennten Raum. Er verwandelt sich in einen weißen Dampf, und wenn er nicht mehr weiterzubrennen vermag, ist aller luftförmige Sauerstoff unter der Glocke verschwunden, was nun noch hier luftförmig vorhanden ist, ist Stickstoff, der aber nicht hundertprozentig, nicht ganz rein ist, wie wir zufolge der Mitteilungen über die Atmosphäre wissen. Wo ist aber der Sauerstoff geblieben?

Fig 23: Brennender Phosphor zur Fortnahme des Sauerstoffs aus der Luft.

Nun, er hat sich mit dem Phosphor zu dem weißen festen Körper verbunden, den wir unter der Glocke als Rauch sahen, der durch seine Schwere bald zu Boden fällt. Der weiße Körper kann natürlich nur ein Oxid des Phosphors sein, und seine Untersuchung ergibt, dass er aus 2 Atomen Phosphor und 5 Atomen Sauerstoff besteht, somit die Formel P_2O_5 hat. Kommen Oxide von Halbmetallen mit Wasser zusammen, so bilden sie Säuren, wie wir wissen (siehe Seite 35), und untersuchen wir das Wasser, das als

Sperrflüssigkeit diente, so finden wir denn auch in ihm Phosphorsäure.

Zu chemisch reinem Stickstoff kommen wir z. B. auf folgendem bequemem Weg: Wir kochen eine Lösung von salpetrig saurem Ammonium, über das wir bald Näheres hören, in einem mit einem Gasableitungsrohr versehenen Kolben, wie wir ihn schon z. B. aus Fig. 17 kennen, und sogleich entweicht reines Stickstoff-Gas

$$NO_2NH_4 = N_2 + 2\ H_2O$$

Aus der Gleichung ersehen wir, weshalb dieses Salz so leicht reinen Stickstoff liefern kann. Der salpetrig saure Ammonium enthält nämlich die Elemente Wasserstoff und Sauerstoff im gleichen Verhältnis wie im Wasser H_2O, und so genügt die Wärme des kochenden Wassers, um diese beiden Elemente zu veranlassen, ihre Lagerung im Molekül des Salzes aufzugeben, um in ihre Lieblingsverbindung überzugehen. Tun sie das aber, so bleibt der Stickstoff übrig, wird er gasförmig frei. Hier haben wir ein Beispiel, bei dem man aus der Gleichung und aus den Formeln geradezu den Verlauf der Reaktion fast vorauswissen kann.

So ganz mit Recht führt auch der Stickstoff seinen Namen ebenso wenig wie der Sauerstoff. Atmen wir ihn doch unverdrossen mit Sauerstoff zusammen ein und aus, ohne dass er uns Schaden bringt. Seine Gefährlichkeit zeigt er erst im reinen Zustand, da erlischt sogar Phosphor, so brennbar er sonst ist, in ihm, erstickt also jedes Feuer in ihm; da erstickt auch jedes Tier, wenn wir es in ihn hineinbringen. Aus letzterem Grund nennen ihn die Franzosen fremdsprachig nicht Nitrogenium wie wir, sondern Azote, eine Bezeichnung, die aus dem Griechischen stammt und etwa „der das Leben unmöglich machende" bedeutet, und sie kürzen seinen Namen nicht wie wir N, sondern Az ab, die einzige Differenz in der Abkürzung der Namen chemischer Elemente, die es im internationalen Verkehr gibt.

Eigenschaften des Stickstoffs: Er hat gerade so wie Sauerstoff weder Farbe noch Geruch. Er ist ein in chemischer Beziehung sehr indifferenter Körper. Im chemischen Laboratorium konnte man nicht viel mit ihm anfangen, so gern man ihn auch hier in wasserlösliche Verbindungen übergeführt hätte, denn diese sind ja, wie wir schon wissen, ganz unentbehrlich für jeden Pflanzenwuchs. Was rein chemische Kunst nicht vermag, vermag aber der elektrische Funke.

DIE ANORGANISCHE CHEMIE

Von der Darstellung des Argons durch Abscheidung aus der Luft wissen wir, dass seine ungeheure Hitze Stickstoff mit Sauerstoff vereinigt. Nun ist ja heutzutage Elektrizität mittels Windkraft oder Wasserkraft billig herzustellen. In Norwegen hat man schon Fabriken gebaut, deren Dynamomaschinen 7 m lange Flammenfunken liefern, und sie ermöglichen die Darstellung des „Norgesalpeters" aus Luft so billig, dass er als künstliches Düngemittel verkauft werden kann. Die Zusammensetzung des Norgesalpeters erfahren wir weiter unten.

A. Verflüssigung der Gase

Länger als die Einwirkung der Elektrizität ist natürlich schon der Einfluss des Drucks und der Temperatur auf Gase untersucht, und heute gibt es kein Gas mehr, das man nicht verflüssigen, also in eine Flüssigkeit verwandeln kann.

Folgender Weg wird uns die Verhältnisse rasch klar machen. Wir haben schon manche Flüssigkeit im Vorangehenden in Gas verwandelt, denken wir z. B. an das Destillieren des Wassers und die Gewinnung des Broms aus dem Wege der Destillation. Also durch Erhitzen werden viele Flüssigkeiten gasförmig. Denken wir uns weiter einen eisernen Kasten durch eine daruntergestellte Lampe auf z. B. 115° erhitzt, so wird Wasser in ihm nicht mehr als Flüssigkeit, sondern als Gas existieren. Wollen wir dieses Gas in eine Flüssigkeit verwandeln, so brauchen wir es sich nur auf unter 100° abkühlen zu lassen, und unser Wunsch ist erfüllt.

Aber so bequem wie in diesem Fall mit dem gasförmigen Wasser geht es nicht mit allen Gasen; bei vielen von ihnen ist die Temperatur, bei der sie sich verflüssigen, so niedrig, dass sie nur auf höchst kunstvolle Weise hergestellt werden kann. So sahen wir im vorangehenden den Schwefel im Sauerstoff-Gas zu schweflig saurem Gas verbrennen. Leiten wir schweflig saures Gas, welches wir auf eine für den vorliegenden Zweck bequemere Art (siehe später) entwickeln, durch ein Glasrohr, welches mit einer Mischung von Schnee und Kochsalz umgeben ist, so geht es in der u-förmigen Röhre in eine Flüssigkeit über, die allerdings schon bei − 8° siedet, wenn wir nun das U-Rohr, ohne es aus der Kältemischung herauszunehmen, auf beiden Seiten zuschmelzen, so wird das schweflig saure Gas in ihm auch flüssig bleiben, wenn wir es im Zimmer stehen lassen, ob-

Fig 24: Verflüssigung von schwefligsaurem Gas

gleich es hier 15−20° warm wird. Somit geht es hier der flüssigen schwefligen Säure wie dem Wasser im Dampfkessel. Wasser wird für gewöhnlich bei 100° gasförmig. Da aber das gasförmig gewordene Wasser aus dem geschlossenen Dampfkessel nicht heraus kann, drückt der Wasserdampf, also das gasförmig gewordene Wasser, auf das noch übrige flüssige Wasser, und dieses kann nun so schwer verdampfen, dass es je nach dem Druck noch bei 150°, bei 200° usw. flüssig bleibt. Kurzum, Flüssigkeiten behalten ihren flüssigen Zustand unter Druck noch bei höheren Temperaturen bei, als es ohne diesen Druck der Fall sein würde. Die schweflige Säure ist also in unserem Glasrohr noch bei +20° eine Flüssigkeit, weil Druck aus ihr lastet. Nun können wir uns diese Verhältnisse auch umgekehrt denken, wir drücken nämlich schweflig saures Gas bei Zimmertemperatur durch eine kräftige Luftkompressionspumpe stark zusammen. Da müssen wir doch schließlich durch den Druck zu einem Punkt kommen, bei dem das Gas nicht mehr gasförmig bleiben kann, sondern zu einer Flüssigkeit wird. Man kann also Gase auch durch Druck verflüssigen. So geschieht es z. B. mit dem kohlensauren Gas, das wir in den Kohlensäurebomben zum Ausschenken z. B. von Bier so oft durch die Straßen fahren sehen, hierbei zeigt sich nun, dass jedes Gas einen oberen kritischen Temperaturpunkt hat, d. h., dass für jedes Gas eine Temperaturgrenze existiert, oberhalb deren auch der stärkste Druck es nicht mehr in eine Flüssigkeit verwandeln kann. So liegt der kritische Punkt des kohlensauren Gases bei -+30,9°. Bei 0° entwickelt flüssige Kohlensäure bereits einen Druck von 36 Atmosphären[3], bei +20° schon von 58 Atmosphären, wonach man den Druck in den Kohlensäureflaschen ermessen kann. Die kritische Temperatur der Luft liegt aber gar bei $-140°$, und nun verstehen wir, welch wunderbare Erfindung es war, die Luft zu verflüssigen, wusste die Maschine doch nicht nur den nötigen Druck zur Verflüssigung liefern, sondern zugleich in sich für eine Temperatur unterhalb $-140°$ sorgen. Es ist sogar gelungen, den Wasserstoff zu verflüssigen, obgleich seine kritische Temperatur bei $-235°$ liegt, und auch beim Helium, dessen kritische Temperatur noch niedriger liegt, ist man mit erstaunlich kunstvollen Apparaten zum gewünschten Ziel gelangt.

Die Verflüssigung der Luft hat auch praktisch für die Chemie einen sehr großen Wert. Die Flüssigkeit besteht hier aus flüssigem Sauerstoff und flüssigem Stickstoff. Nun siedet Stickstoff unter Atmosphärendruck bei $-194°$, Sauerstoff aber schon bei $-181°$, und so gelingt es, die Flüssigkeit durch fraktionierte, d. h. vorsichtig geleitete Destillation in ihre beiden Bestandteile zu zerlegen. Auf diesem Weg ist Sauerstoff-Gas ein billig zu habendes Gas geworden, und ebenso geht es mit dem Stickstoff. Die Luft als Rohmaterial kostet ja nichts, sodass nur die maschinellen und Arbeitskosten in Betracht kommen.

2.5 Schwefel, Selen, Tellur. Modifikationen von Elementen

Im Vorangehenden erfuhren wir, dass 3 dem Chlor in chemischer Beziehung ähnliche Elemente mit ihm eine Gruppe von 4 Elementen bilden. Die Vierzahl findet sich nun auch bei Gruppen anderer Elemente. So sind dem Sauerstoff die 3 Elemente Schwefel, Selen und Tellur in ihrem chemischen Verhalten sehr ähnlich.

---

3   Das Einheitenzeichen ist **atm**. Seit dem 1. Januar 1978 ist die Atmosphäre in Deutschland keine gesetzliche Einheit mehr. Stattdessen wird die physikalische Atmosphäre als 760 Torr definiert. 1 atm = 760 Torr = 760 mm Hg = 1013,25 mbar.

Schwefel, Selen, Tellur. Modifikationen von Elementen

Der **Schwefel** ist ein auf Erden sehr verbreitetes Element. Erstens kommt er gediegen vor, und zwar m besonders großen Mengen in Sizilien und in Louisiana in Nordamerika. Noch größere Mengen finden sich in Form von Schwefeleisen FeS$_2$, dessen Schwefel gleichfalls die Industrie gut brauchen kann, weil es sich ebenso gut wie der Schwefel selbst anzünden lässt. Auch in Verbindung mit anderen Metallen ist er häufig, so als Bleiglanz PbS, Zinkblende ZnS, Zinnober HgS usw. Weiter finden sich auch große Mengen schwefelsaurer Salze, von denen das schwefelsaure Kalzium, das im gewöhnlichen Leben den Namen Gips führt, ganze Hügel bildet.

Schwefel kann in mehreren Modifikationen austreten, was eigentlich mit der Vorstellung, dass er ein Element, ein Ding an sich sein soll, nicht leicht vereinbar erscheint. Doch erklärt sich dieses Verhalten mühelos mithilfe der Atomtheorie. Wir kennen kristallisierten Schwefel, und zwar kristallisiert er bald im rhombischen, bald im monoklinen System. Weiter kennt man amorphen, also gestaltlosen Schwefel und noch einige sonstige Abarten. Das alles erklärt sich so, dass die Moleküle dieser verschiedenen Modifikationen bald aus mehr, bald aus weniger Atomen Schwefel bestehen.

Beim Sauerstoff beobachtet man übrigens Ähnliches, nur ermöglichen die bei ihm weit einfacheren Zustände eine klarere Feststellung der Verhältnisse. Lässt man nämlich durch reines Sauerstoff-Gas elektrische Funken schlagen, so nimmt er einen eigentümlichen Geruch an, er enthält jetzt Ozon, die zweite Modifikation des Sauerstoffs. Das Ozon entsteht dadurch, dass der ungeheure Stoß des elektrischen Funkens einzelne Moleküle des Sauerstoffs, dessen Molekül sonst stets aus 2 Atomen besteht, in diese 2 Atome spaltet, die sich auf benachbarte Moleküle werfen und sich mit ihnen nun zu je einem Molekül aus 3 Atomen Sauerstoff verbinden.

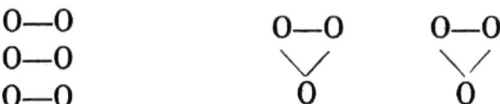

3 Moleküle Sauerstoff ergeben 2 Moleküle Ozon.

Die Nonfiguration der Atome im Molekül des Ozons ist also etwas durch besondere Umstände Erzwungenes, und so hat dieses Molekül das Bestreben, sich unter Wiedergabe des angelagerten dritten Atoms Sauerstoff in das gewöhnliche zweiatomige Sauer-

Fig 25: Sublimation von Schwefel im Großen.

stoffmolekül zurückzuverwandeln. Dadurch wird verständlich, dass Ozon ganz besonders heftig oxidierend wirkt, indem hier ein freies Atom Sauerstoff leicht disponibel ist, woraus sich die zweite Bezeichnung des Ozons als aktiver Sauerstoff erklärt.

Schwefel, zu dessen Betrachtung wir jetzt wieder zurückkehren, ist unzersetzt flüchtig, doch geht es mit ihm wie mit dem Jod, er destilliert nicht über, sondern er sublimiert. So wird man denn zur Reinigung von Schwefel auf dem Wege der Sublimation sich des Apparates, wie ihn Fig. 13 auf Seite 23 wiedergibt, bedienen. Die zur Darstellung von sublimiertem Schwefel in den chemischen Fabriken gebrauchten Apparate unterscheiden sich hiervon nur durch ihre Größe und das Material. An die Stelle der gläsernen Retorte treten solche aus Gusseisen, und die Flasche ersetzt eine gemauerte Kammer (Fig. 25).

A. Schwefelwasserstoff

Die wichtigste Verbindung des Schwefels mit Wasserstoff heißt Schwefelwasserstoff. Sie wird durch Einwirkung einer Säure auf Schwefeleisen erhalten, dessen Darstellung ja unser erstes Experiment gewesen ist. Auch hier sehen wir, wie die Formeln und Gleichungen wieder eine zutreffende Übersicht über den Verlauf des Vorgangs geben. Wasserstoff liefert die Einwirkung von Salzsäure auf Eisen, Schwefelwasserstoff die Einwirkung von Salzsäure auf Schwefeleisen.

$$2\ HCl + Fe = FeCl_2 + H_2\ (Wasserstoff)$$

$$2\ HCl + FeS = FeCl_2 + H_2S\ (Schwefelwasserstoff).$$

Schwefelwasserstoff riecht abscheulich; seinen Geruch kennen wir von faulen Eiern her. Durch die Fäulnis tritt bei diesen nämlich die Vereinigung zwischen dem Schwefel, der im Eiweißmolekül vorhanden ist, und Wasserstoff zu Schwefelwasserstoff ein.

Die Chemiker müssen das Gas öfter riechen, als ihnen lieb ist. Der Schwefelwasserstoff ist nämlich ihr Haupthilfsmittel bei der Analyse von Metallen, also auch von Erzen. Leitet man ihn nämlich in Lösungen, die Metalle enthalten, so fällt er alle Schwermetalle aus

Fig 26: Einleiten von Schwefelwasserstoff in verschiedene Metalllösungen.

diesen Lösungen in Form ihrer Schwefelverbindung aus; einen Teil fällt er sogar, wenn die Lösung sauer ist, einen andern nur, wenn die Lösung alkalisch ist. Schon dieser Generalunterschied ermöglicht die analytische Scheidung aller Metalle in zwei große Gruppen.

Nun zeigen Schwefelmetalle zwar zumeist schwarze, aber doch auch bei einzelnen Metallen andere Farben. Leiten wir deshalb Schwefelwasserstoff-Gas durch eine Reihe Flaschen, die entsprechend gewählte Lösungen enthalten, so veranlasst das Durchleiten von Schwefelwasserstoff-Gas eine Art Farbenspiel. Bringen wir in die Flasche B eine Lösung von salpetersaurem Blei, so erhalten wir schwarzes Schwefelblei, die Flasche B wird weißes Schwefelzink liefern, weil wir in ihr aufgelöstes schwefelsaures Zink haben. D wird rötlich werden, weil sich in ihr gelöstes schwefelsaures Kadmium befindet, und E erscheint kanariengelb, weil sie eine Lösung von Arsen enthält. Das sich anschließende Becherglas enthält kaltes Wasser. In ihm löst sich das Schwefelwasserstoff-Gas so reichlich, das wir nicht gleich von seinem Geruch im Zimmer belästigt werden. Aber die Lösung zeigt natürlich ebenfalls den Geruch des Gases, der sich nur nicht so rasch im Zimmer verbreitet.

Schwefelwasserstoff-Gas ist brennbar, wozu es verbrennt, können wir uns schon selbst sagen. Sahen wir doch den Schwefel im Sauerstoff zu Schwefeldioxid-Gas verbrennen, und der Wasserstoff liefert natürlich Wasser. Also wird seine Verbrennung durch folgende Gleichung wiedergegeben werden, wobei der zur Verbrennung gebrauchte Sauerstoff aus der Luft stammt. Zur Verbrennung eines Moleküls Schwefelwasserstoff sind also 3 Atome Sauerstoff nötig.

$$H_2S + 3\,O = H_2O + SO_2\,.$$

An den Schwefelwasserstoff hätten wir jetzt die Verbindungen des Schwefels mit den von uns ausführlich besprochenen Halogenen zu reihen, sie bieten uns aber kein Interesse, und so gehen wir zu den Verbindungen des Schwefels mit Sauerstoff über. Kein Halbmetall liefert so viele Sauerstoffverbindungen wie der Schwefel. Er ist ein Halbmetall, und so werden seine Oxide, wenn sie sich mit Wasser vereinigen können, Säuren liefern. Es gibt aber auch viele vom Schwefel herstammende Säuren, deren zugehöriges Oxid als wasserfreie Verbindung nicht darzustellen ist, diese Säuren sind deshalb nur auf indirektem Wege gewinnbar. Aufzählen wollen wir sie alle, uns aber fast nur mit der schwefligen Säure und der

Schwefelsäure beschäftigen, weil sie die bei Weitem wichtigsten sind.

Oxide	Säuren	
—	Thioschwefelsäure	$S_2O_3H_2$
—	hydroschweflige Säure	$S_2O_4H_2$
Schwefelsesquioxid S_2O_3	—	
Schwefeldioxid $SO_2 \rightarrow$	Schweflige Säure	SO_3H_2
Schwefeltrioxid $SO_3 \rightarrow$	Schwefelsäure	SO_4H_2
—	Schwefelpersäure	SO_5H_2
—	Dischweflige Säure	$S_2O_5H_2$
—	Pyroschwefelsäure	$S_2O_7H_2$
Schwefelheptoxid $S_2O_7 \rightarrow$	Überschwefelsäure	$S_2O_8H_2$
—	Unterschwefelsäure	$S_2O_6H_2$
—	Trithionsäure	$S_3O_6H_2$
—	Tetrathionsäure	$S_4O_6H_2$
—	Pentathionsäure	$S_5O_6H_2$

B. Schweflige Säure

Beim Verbrennen verschwindet Schwefel geradeso, wie die Kohle verschwindet. Er geht als schweflig saures Gas in die Luft, die Kohle als kohlensaures Gas.

Das schweflig saure Gas wird von alten Zeiten her abgekürzt, schweflige Säure genannt, was heutzutage nicht mehr angängig ist. Sie ist ein Oxid des Schwefels, weiter nichts. Erst wenn sich solche Oxide chemisch mit Wasser vereinigen, werden sie Säuren. Nun hat man aus dem Griechischen ein Wort Anhydrid gebildet, welches „ohne Wasser" bedeutet. Und mit seiner Hilfe hat man für diejenigen Oxide, die mit Wasser eine Säure bilden, noch eine weitere Bezeichnung erfunden, die angibt, dass diese Oxide Säurebildner sind. Man hat es nämlich dadurch ermöglicht, z. B. das Schwefeldioxid auch Schwefligsäureanhydrid zu nennen, um so die Beziehungen des Oxids zur schwefligen Säure anzudeuten. Ich finde es höchst bedauerlich, dass die Chemiker viele Körperklassen mit mehreren Namen bezeichnen, denn, weil z. B. Base und Alkali das gleiche sind, käme man doch ebenso gut mit einem dieser Worte aus, und weshalb für das Schwefeldioxid noch das Wort Schwefligsäureanhydrid erfunden werden musste, um denkfaulen Leuten die Übersicht zu erleichtern, ist auch nicht recht einzusehen. Leider be-

DIE ANORGANISCHE CHEMIE

steht keine Hoffnung, diese aus älterer Zeit stammende üble Gewohnheit der Doppelbezeichnungen auszurotten, so wünschenswert das auch ist. Durch Vereinigung des Schwefligsäureanhydrids mit Wasser entsteht also erst die schweflige Säure.

$$SO_2 + H_2O = H_2SO_3 \ .$$

Auf Seite 40 erwähnten wir schon, dass die Säuren Wasserstoff enthalten, der durch Metall ersetzbar ist. Hier ersehen wir nun den Gehalt an Wasserstoff aus der Formel. Wollen wir z. B. schweflig saures Natrium haben, so lassen wir auf die schweflige Säure die Base Ätznatron wirken:

$$H_2SO_3 + 2\ NaOH = Na_2SO_3 + 2\ H_2O \ .$$

Wir sehen, dabei entsteht außer dem Salz, dem schweflig saurem Natrium, auch Wasser, und so geht es stets bei der Vereinigung von Säuren mit Basen. Neben dem Salz entsteht aus Säure und Base durch die chemische Reaktion stets Wasser. Wir hätten auf die schweflige Säure auch nur ein Molekül Ätznatron wirken lassen können:

$$H_2SO_3 + NaOH = NaHSO_3 + H_2O$$

So hätten wir ein schweflig saures Natrium erhalten, das neben dem Metall Natrium noch ein durch Metall ersetzbares Wasserstoffatom enthält, das in Bezug auf dieses Wasserstoffatom also noch sauer gewesen wäre. Solche Salze nennt man **saure Salze**. Stumpfen wir dieses zweite Wasserstoffatom durch Zugabe z. B. von Ätzkali völlig ab, so bekommen wir:

$$NaHSO_3 + KOH = NaKSO_3 + H_2O \ .$$

Es ist schweflig saures Natrium-Kalium als **Doppelsalz**. In der Fabrikpraxis findet besonders saures schweflig saures Kalzium Verwendung. Kocht man Holz mit seiner Lösung, so löst die Flüssigkeit alles aus, was nicht Zellulose ist, die somit auf diesem Weg aus dem Holz gewonnen wird. Die Zellulose ist heute das Hauptrohmaterial für die Papierfabrikation, und so wird diese Holzkochung im kolossalsten Maßstab ausgeführt.

Der bei Weitem größte Teil aller durch Verbrennen von Schwefel oder Schwefeleisen ...

$$2\ FeS_2 + 11\ O = Fe_2O_3 + 4\ SO_2$$

SCHWEFEL, SELEN, TELLUR. MODIFIKATIONEN VON ELEMENTEN

Fig 27: Schwefelfabrikation in Bleikammern, A Kiesöfen, F Flugstaubkammer, G' Gloverturm, 1, 2, 3 Bleikammern, G" Gay-Lussacturm.

... erzeugten schwefligen Säure wird aber gleich auf Schwefelsäure weiter verarbeitet.

C. Schwefelsäure

Wir erfuhren im Vorangehenden, dass stärkere Säuren schwächere aus ihren Verbindungen austreiben. Da nun die Schwefelsäure eine sehr starke Säure ist, so diente sie uns zur Darstellung der Salzsäure aus Kochsalz und der Flusssäure aus Flussspat. Sie dient aber in der Praxis des Lebens auch zur Darstellung einer Unsumme weiterer Säuren, wie der Phosphorsäure, der Essigsäure, der Stearinsäure usw. aus den Verbindungen dieser Säuren. Denn sie wird ja aus Schwefel hergestellt, zu ihrer Gewinnung bedarf es keiner stärkeren Säure.

Die Schwefelsäure entsteht durch Vereinigung von Schwefeltrioxid SO_3 mit Wasser. SO_3 wird deshalb auch Schwefelsäureanhydrid genannt. Nun wissen wir, dass selbst im reinen Sauerstoff-Gas der Schwefel nur 2 Atome Sauerstoff aufnimmt, also nur zu SO_2 verbrennt. So muss denn das Heranbringen des dritten Atoms Sauerstoff an den Schwefel mithilfe irgendeines Umweges erfolgen. Deren gibt es im Laboratorium sehr viele. Für die Fabrikpraxis sind nur 2 brauchbar.

Bringt man nämlich in großen Kammern das schweflig saure Gas mit Salpetersäure, die in ihnen in offenen Schalen aufgestellt ist, in Berührung, so geht das Gas in Schwefelsäure über, wozu die Salpetersäure den Sauerstoff liefert. Leitet man gleichzeitig durch die Kammern auch Luft und Wasserdampf, so geht das, was aus der Salpetersäure durch Abgabe von Sauerstoff an das Schwefeldioxid, das dadurch in Schwefeltrioxid übergeführt wurde, entstanden ist, durch den Einfluss der Luft wieder in Salpetersäure über. Die Salpetersäure bildet hier also nur den Überträger des Luftsauerstoffs auf das Schwefeldioxid, wird ihrerseits nicht verbraucht. So einfach diese Grundtheorie des Prozesses der Schwefelsäuregewinnung klingt, so außerordentlich schwierig gestaltet sich seine möglichst ökonomische Durchführung im Großen. Zwar sind seit der ersten Darstellung der Schwefelsäure auf diesem Weg im Fabrikbetrieb schon über zweihundert Jahre verflossen, aber noch heute vergeht fast kein Jahr, in dem nicht Erfindungen zur Verbesserung des Verfahrens vorgeschlagen und häufig mit Erfolg eingeführt werden.

Dabei ist seit Anfang des 20. Jahrhunderts ein zweites Verfahren zur Schwefelsäuregewinnung fabriktechnisch brauchbar geworden, dessen Einfachheit etwas so Bestechendes hat, dass man davon die Verdrängung des älteren Verfahrens hätte erwarten können. Aber auch bei ihm ist die technische Durchführung mit so viel Schwierigkeiten verknüpft, dass noch immer beide Verfahren nebeneinander existenzfähig sind, d. h., dass der Preis, zu dem nach den beiden Verfahren Schwefelsäure hergestellt werden kann, kein sehr voneinander abweichender ist.

Dieses zweite Verfahren wird das Kontaktverfahren genannt und beruht auf Folgendem. Es gibt in der Natur Stoffe, die allein durch ihre Anwesenheit chemische Umsetzungen ermöglichen, die also, wenn sie fehlen, nicht eintreten, welche Stoffe sich an den Umsetzungen trotzdem gar nicht beteiligen, sich in keiner Weise verändern. Man nennt sie katalytisch wirkende Substanzen. Einen solchen Stoff haben wir in unserem Magen. Man hat ihn Pepsin genannt, und er sorgt dafür, dass im Magen alle Eiweißstoffe wasserlöslich werden, damit sie später durch die Wand des oberen

Darmes hindurch ins Blut diffundieren und so der Ernährung und Erhaltung unseres Körpers nutzbar gemacht werden können, während das Pepsin also die mit den Nahrungsmitteln in den Magen gelangten Eiweißstoffe wasserlöslich macht, bleibt es aber selbst ganz unverändert; somit kann die sehr kleine Menge Pepsin, die es im Magen gibt, verhältnismäßig enorme Mengen Eiweiß veranlassen, sich zu verändern. In der anorganischen Welt ist es nun namentlich fein verteiltes Platin, welches bei manchen chemischen Reaktionen Ähnliches bewirken kann. Schwefel verbrennt zu SO_2; leitet man aber die SO_2, gemengt mit Luft, über erwärmtes fein verteiltes Platin, so geht die Reaktion weiter, aus SO_2 wird durch Aufnahme von weiterem Sauerstoff SO_3, das Anhydrid der Schwefelsäure, und so braucht man hier das SO_3, nur mit Wasser in Berührung zu bringen, um nach der Gleichung:

$$SO_3 + H_2O = H_2SO_4$$

Schwefelsäure H_2SO_4 zu haben. Der Verfasser sah eine Schwefelsäurefabrik nach diesem Verfahren im Betrieb, deren Anlage nach heutigem Wert 100 Millionen Euro gekostet hat, in welcher die Platinkontaktapparate seit einer Reihe von Jahren ununterbrochen Tag und Nacht die Vereinigung des SO_2, mit dem Sauerstoff der Luft zu SO_3 bewirkt hatten, ohne in ihrer Wirksamkeit nachzulassen. Die Kontaktwirkung des fein verteilten Platins erscheint demnach unbegrenzt, wenn die übergeleiteten Gase keinen Staub und namentlich kein Kontaktgift, wie z. B. Arsen, mit sich führen, welches letztere namentlich sehr schnell die katalytische Wirkung des Platins ruiniert, indem es mit ihm unwirksames Arsenplatin bildet.

D. Unterschwefligsaures Natrium

Die unterschweflige Säure kann man weder selbst noch in Form des zugehörigen Oxids darstellen. Dagegen erhält man ihr Natriumsalz, wenn man eine Lösung von schweflig saurem Natrium mit Schwefel kocht. Er löst sich in der Flüssigkeit, und nach dem nötigen Eindampfen kristallisiert jetzt aus der Lösung die neue Verbindung.

$$Na_2SO_3 + S = Na_2S_2O_3 \, .$$

Dieses Salz führt auch den Namen Antichlor. Es wird nämlich durch die Halogene und ebenso durch Chlorkalk sehr leicht verändert, und zwar bilden sich auch, wenn letzterer infrage steht, aus beiden Ausgangssubstanzen neue Körper, welche Spinnfasern nicht zerstören. Daher wird durch diesen Zusatz jede Gefahr für Gespinste, welche durch Chlorkalk gebleicht sind und nach vollendeter Bleiche selbst von ihm angegriffen werden könnten, vermieden. Die Umsetzungsgleichung ist zu kompliziert, um zur Wiedergabe an dieser Stelle geeignet zu sein.

Unterschwefligsaures Natrium ist auch das Fixiersalz der Fotografen.

* * *

Selen[4] und Tellur[5] gleichen dem Schwefel in ihrem chemischen Verhalten außerordentlich. Sie kommen nur in geringer Menge auf Erden vor und finden kaum praktische Verwendung. Vom Selen ist sogar eine störende Wirkung am bekanntesten, wir erwähnten, dass durch Kochen von Holz mit saurem schweflig sauren Kalk Zellulose hergestellt wird. Enthält nun der Schwefelkies, der zur Herstellung der schwefligen Säure dient, ein wenig Selen, was namentlich bei norwegischen Kiesen vorkommt, so gelangt Selen in die Kochflüssigkeit, hier wirkt es als Kontaktsubstanz, veranlasst durch seine katalytische Wirkung die Bildung von Schwefelsäure aus der schwefligen Säure, und die Schwefelsäure zerstört dann zur schmerzlichen Überraschung für die Fabrikanten beim Kochen die Zellulose.

Selenwasserstoff und Tellurwasserstoff werden nach dem gleichen Verfahren wie Schwefelwasserstoff dargestellt. Ihr Geruch ist aber weit ärger, ja fast unerträglich, auch sind sie sehr viel giftiger. Man kennt auch selenige und Selensäure sowie tellurige und Tellursäure.

2.6 Verbindungen des Stickstoffs

Im Zusammenhang mit der Betrachtung der atmosphärischen Luft lernten wir bereits den Stickstoff und seine wichtigsten Eigenschaften kennen. Nunmehr müssen wir seine theoretisch und praktisch so überaus wichtige Hauptverbindung mit dem Wasserstoff sowie seine Sauerstoffverbindungen, die also Grundlagen für Säuren abgeben, kennenlernen.

---
4   Selene (aus dem Griechischen) der Mond.
5   Tellus (aus dem Lateinischen) die Erde.

Ammoniak ist uralt bekannt. Seine Untersuchung hat vor etwas mehr als 200 Jahren ergeben, dass es eine Verbindung von Stickstoff mit Wasserstoff ist, der, wie wir jetzt wissen, die Formel NH_3 zukommt, wir erwähnten, doch die Pflanzen Pflanzeneiweiß produzieren. Dieses geht im Tierkörper in tierisches Eiweiß über, das hier in Form z. B. von Fleisch massenhaft aufgespeichert wird. Der lebende Tierkörper baut sich aber nicht nur auf, der Lebensprozess zehrt auch dauernd an ihm, und so findet auch ein dauernder Abbau in ihm statt. Dabei geht der Stickstoff des dem Abbau anheimfallenden Eiweißes in den Harn in Form einer vorzüglich kristallisierenden Verbindung über, die sich, nach dem nötigen Eindampfen des Harns, leicht in großen Kristallen abscheidet. Sie führt von alters her den Namen **Harnstoff** und hat die Formel CON_2H_4. Fault Harn, was bei seinem Stehen an der Luft ja sehr bald eintritt, so geht der Harnstoff in Kohlensäure und Ammoniak über, wobei er die Elemente des Wassers aufnimmt.

$$CO\begin{matrix}NH_2\\NH_2\end{matrix} + \begin{matrix}H\\H\end{matrix}O = CO_2 + 2NH_3$$

Harnstoff + Wasser = Kohlensäure+Ammoniak

Daraus erklärt sich der scharfe Geruch des faulenden Harns, denn Ammoniak hat einen sehr scharfen Geruch. Ammoniak ist eine Base und verbindet sich daher mit Salzsäure zu salzsaurem Ammoniak, welches aus Gründen, die wir bald erfahren, auch Chlorammonium heißt, und seit den Zeiten des Mittelalters unter dem Namen **Salmiak**, der aus sal ammoniakum entstanden sein soll, aus dem Orient nach Europa kam. Dort wurde Salmiak so gewonnen, dass man Kamelmist mit Kochsalz in Töpfen erhitzte, an deren Deckel sich der hinaufsublimierende Salmiak absetzte. Seine Bildung erklärt sich hier so, dass der Kamelmist die vom Tier im Überschuss verzehrten Eiweißstoffe enthält, während zugesetztes Kochsalz (Chlornatrium) das Chlor liefert, welches mit dem sich durch die Hitze aus den Eiweißstoffen des Mistes bildenden Ammoniak zu Chlorammonium zusammentritt.

Ammoniak ist gasförmig und außerordentlich in Wasser löslich. Beides entspricht somit dem uns jetzt so wohlbekannten Verhalten des salzsauren Gases. Wir kamen zum salzsauren Gas, indem wir salzsaures Natrium (Kochsalz) mit Schwefelsäure übergossen und

DIE ANORGANISCHE CHEMIE

anwärmten, worauf die stärkere Schwefelsäure das salzsaure Gas austrieb, hier werden wir nun salzsaures Ammoniak mit gelöschtem Kalk übergießen und anwärmen, woraus der gelöschte Kalk als stärkere Base das Ammoniak-Gas austreiben wird. Leiten wir das Gas in Wasser, so löst es sich hierin massenhaft, und wir haben das Ammoniakwasser des Handels, von den Laien meist Salmiakgeist genannt, wollen wir das farblose Gas auffangen, so muss es über Quecksilber geschehen, wie wir das ja auch vom salzsauren Gas her kennen. Den Grund, aus welchem Gaserzeuger den Ammoniakbedarf der Welt nebenbei decken, erfahren wir bei der Gasfabrikation.

Schreiben wir jetzt im Anschluss an die Formel NH_3 des Ammoniaks formelgerecht die Bildung zweier seiner Salze, nämlich die des salzsauren und schwefelsauren Ammoniaks:

$$NH_3 + HCl = NH_4Cl$$

$$2\ NH_3 + H_2SO_4 = (NH_4)_2SO_4,$$

Die Gleichungen entsprechen nicht unserer früher gegebenen Erklärung, wonach bei der Bildung eines Salzes aus Säure und Base nebenbei Wasser entsteht, wenn wir z. B. an das schwefelsaure Kalium denken, wo wir das ohne Weiteres sehen.

$$2\ KOH + H_2SO_4 = K_2SO_4 + 2\ H_2O.$$

Nun, der Grund liegt hier darin, dass wir das Ammoniak NH_3 als Basenanhydrid geschrieben haben. Schreiben wir es $NH_3 + H_2O$ nach Art der Base Kali, also $(NH_4)OH$, so haben wir es nun in der Form, in welcher sich auch das Ammoniak bei der Salzbildung wie jede andere Base verhält:

$$2\ (NH_4)OH + H_2SO_4 = (NH_4)_2SO_4 + 2\ H_2O.$$

Kurzum, die Gruppe NH_4 verhält sich hier ganz wie das Element Kalium, sie wird deshalb auch Ammonium genannt, und jetzt wissen wir, weshalb wir geradeso gut Chlorammonium nennen können, wie wir NaCl Chlornatrium nennen.

Von Interesse für uns ist auch die Verbindung, die Kohlensäure mit dem Ammoniak eingeht. Sie führt von alters her den Namen Hirschhornsalz. Dieser stammt daher, dass man das Salz im Mittelalter durch Erhitzen von Hirschhorn in einem mit Deckel versehenen Topf darstellte, also mit ihm genauso, wie mit Kamelmist, aber unter Fortlassung von Kochsalz verfuhr. Zur Darstellung im Laboratorium wird man z. S. Salmiak, also Chlorammonium, mit Kreide, welche kohlensaures Kalzium ist, mischen und erhitzen, wobei sich Hirschhornsalz neben Chlorkalzium bilden und in die obere Flasche hinaufsublimieren wird.

1882 wurde eine weitere Verbindung des Stickstoffs mit Wasserstoff entdeckt, das Hydrazin N_2H_4 oder ...

$$\begin{array}{c}H\\H\end{array}\!\!>\!\!N\!-\!N\!<\!\!\begin{array}{c}H\\H\end{array}$$

... dem 1890 die erstaunliche Entdeckung der Stickstoffwasserstoffsäure N_3H oder ...

Fig 28: Darstellung von Hirschhornsalz.

$$\begin{array}{c}N\\\|\\N\end{array}\!\!>\!\!N\!-\!H$$

... folgte. Man kann mit fast unbezweifelbarer Sicherheit im Anschluss an die jetzt geltenden Theorien annehmen, dass die Natur sonstige Verbindungen zwischen Stickstoff und Wasserstoff nicht zulässt. Diese „Wertigkeitstheorie" lernen wir bald kennen.

* * *

A. Verbindungen zwischen Stickstoff und Sauerstoff

Oxide		Säuren
N_2O_5 Stickstoffpentoxid	→	NO_3H Salpetersäure
N_2O_4 Stickstofftetroxid		
NO_2 Stickstoffdioxid		
N_2O_3 Stickstofftrioxid	→	NO_2H salpetrige Säure
NO Stickoxid		
N_2O Stickoxidul	→	$(NOH)_2$ untersalpetrige Säure

Wir wollen hiervon die Salpetersäure, die salpetrige Säure und das Stickoxidul kennenlernen.

DIE ANORGANISCHE CHEMIE

Salpetersaures Kalium KNO_3 bildet sich bei der Fäulnis organischer Substanzen und lässt sich aus ihnen durch Wasser auslaugen. Das geschieht seit Urzeiten in Indien namentlich aus gefaultem Vogelmist, von wo aus Kalisalpeter sicher seit dem fünften Jahrhundert nach Europa kommt. Berechnen wir seinen Prozentgehalt an Sauerstoff aus der Formel, so gilt, da K =39, N =14, O=16 ist, die Proportion ...

$$(39 + 14 + 48) : 48 = 100 : x \text{ oder } x = (100 \times 48) / 101,$$

... was über 47 Prozent Sauerstoff ausmacht. Mischt man somit brennbare Substanzen mit Salpeter, so werden sie, da sie nach dem Anzünden jetzt nicht den Sauerstoff der Luft zum Verbrennen brauchen, sondern ihn der Salpeter liefert, auch im von der Luft abgeschlossenen Raum brennen. Solche angezündeten und vor dem Ausbrennen nicht zu löschenden Mischungen warfen die Byzantiner, also die Bewohner von Konstantinopel (dem heutigen Istanbul), als geheimnisvolles griechisches Feuer in Steintöpfen auf feindliche Schiffe oder auf die Kriegshorden, die die Mauern ihrer Stadt bestürmten. Um 1300 war schon bekannt, dass das Gemisch bei passender Zusammensetzung nicht nur abbrennt, sondern so plötzlich verbrennen kann, dass es explodiert, und aus dieser Beobachtung hat sich das Schießpulver entwickelt, das aus Salpeter, Holzkohle und Schwefel besteht, und sei es im Kanonenrohr, sei es im Gewehrlauf zur Explosion gebracht wird, worauf die Explosionskraft die Kugel fortschleudert.

Um das Jahr 1830 fand man, dass es in Chile weite, fast regenlose Landstrecken gibt, deren Sandboden reich an Natronsalpeter ist, ein Salpeter, der statt Kalium Natrium enthält, sodass seine Formel $NaNO_3$ ist. Dieser Sandboden wird seitdem mit Wasser ausgekocht, und die Abkochung kristallisieren gelassen, worauf sich der Chilisalpeter beim Erkalten in Kristallen ausscheidet. Er ist sehr billig und kann deshalb von den Landwirten in größten Mengen als Stickstoffdünger auf die Felder geschüttet werden, was, wie wir ja schon wissen, die Bildung der Eiweißsubstanzen in den Pflanzen und damit ihre Lebenskraft außerordentlich heben, somit die Ernten bedeutend vergrößern muss.

Bevor wir zur Salpetersäure übergehen, haben wir noch das salpetersaure Kalzium $Ca(NO_3)_2$ zu erwähnen. Dieses ist nämlich die wissenschaftliche Bezeichnung für den Mauersalpeter. Auch er entsteht, wie der Salpeter Indiens, infolge von Fäulnis, aber bei uns an den Wänden feuchter Keller. Da wir nun unsere Wände mit Kalkmörtel bauen, bildet sich hier nicht salpetersaures Kalium, sondern salpetersaures Kalzium. Dieses ist aber auch das, was unter dem Seite 42 bereits erwähnten Namen Norgesalpeter als künstliches Düngemittel und damit als Konkurrenz für den Chilisalpeter in den Handel kommt. Namentlich die billigen norwegischen Wasserkräfte dienen, wie erwähnt, zur Vereinigung von Stickstoff und Sauerstoff der Luft zu Stickoxiden. Diese werden in Wasser geleitet, wodurch sie Salpetersäure liefern, und da Kalk das billigste Alkali ist, wird diese Salpetersäure in salpetersaures Kalzium übergeführt, das als Norgesalpeter verkauft wird.

B. Salpetersäure

Zur Darstellung der Salpetersäure übergießt man Salpeter mit Schwefelsäure, die auch hier als die stärkere beim Erwärmen die Salpetersäure austreiben wird. Salpetersäure ist eine fast unzersetzt siedende Flüssigkeit, sie wird sich daher in der Vorlage des Destillationsapparates als Flüssigkeit sammeln. Im reinen Zustand ist sie wasserhell. Doch wirkt schon die Schwefelsäure etwas zersetzend auf sie und veranlasst sogar bei passend gewählter Menge das Entstehen von reichlichem Stickstoffdioxid aus ihr. Dieses ist ein rotes Gas, welches sich in der Salpetersäure löst und beim Vorhandensein in größerer Menge, ganz wie das salzsaure Gas aus sehr

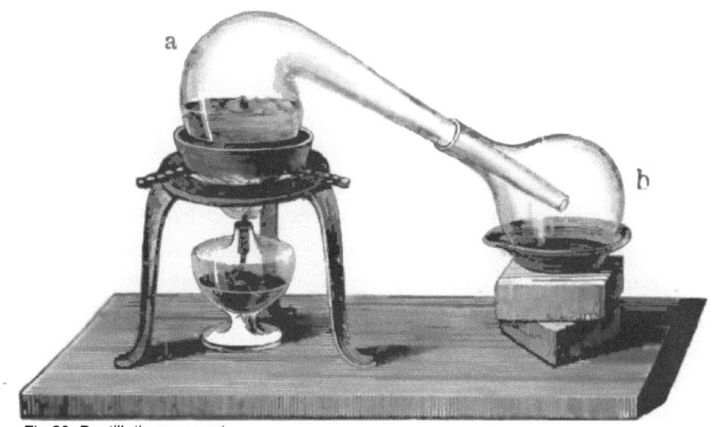

Fig 29: Destillationsapparat.

starker Salzsäure, aus ihr abraucht. Man nennt deshalb solche Säure rote rauchende Salpetersäure.

Die Salpetersäure löst ziemlich alle Metalle mit Leichtigkeit, wirft man ein Stück Kupfer hinein, so entstehen, während das Metall sich löst, die roten Dämpfe des Stickstofftetroxids, ebenso löst sie geradezu spielend Silber. Nicht aber löst sie Gold. So diente sie denn im Mittelalter zum Scheiden beider Metalle, und davon führt sie im Volksmund noch heute den Namen Scheidewasser.

Dampft man die Lösung, welche man durch Auslösen von Silber in Salpetersäure erhält, ein, so bekommt man das feste salpetersaure Silber als ein weißes Salz. Es führt den Namen Höllenstein. Was man nämlich mit seiner Lösung bestreicht, wird bald schwarz, und zwar deshalb, weil die Verbindung im Licht nicht beständig ist, sondern von ihm unter Ausscheidung von Silber zersetzt wird. Das unter dieser Bedingung außerordentlich fein aus der Lösung ausgeschiedene Silber sieht schwarz aus. Weil nun die Ärzte den Höllenstein als Ätzmittel benutzen, und er auch die Stellen der Haut, die mit ihm in Berührung kommen, schwärzt, ist diese Eigenschaft in den weitesten Volkskreisen lange bekannt und erklärt die Verbreitung seines Volksnamens, was beim salpetersauren Silber sehr langsam geschieht, geschieht aber beim Bromsilber augenblicklich und bildet die Grundlage der filmbasierten Fotografie. Bromsilber wird also vom Licht momentan so zersetzt, dass sich schwarzes Silber ausscheidet, und zwar steht diese Zersetzung im genauen Verhältnis zur Stärke des das Bromsilber treffenden Lichtes, was eben die Gewinnung fotografischer Bilder mithilfe der Kamera ermöglicht.

C. Königswasser

Löst die Salpetersäure allein kein Gold, so vermag sie es, nachdem man Kochsalz in sie geworfen hat. Sie ist dadurch zum Königswasser geworden, weil die Alchemisten das Gold den König der Metalle nannten. Die Lösekraft des Königswassers für Gold erklärt sich so. Die Salpetersäure macht aus dem Kochsalz etwas Salzsäure, also Chlorwasserstoff frei. Bei dem Sauerstoffreichtum der Salpetersäure wird aber deren Wasserstoff oxidiert, sodass freies Chlor im Entstehungszustand vorhanden ist. Dieses Chlor ist es nun, welches sich mit dem Gold zu Chlorgold vereinigt, welche Verbindung in der

Flüssigkeit gelöst bleibt. Seitdem man Salzsäure kennt, stellt man deshalb das Königswasser lieber durch Mischen von Salpetersäure mit Salzsäure her. Hat man hierin Gold aufgelöst und dampft die Lösung ein, so erhält man also das Gold als Chlorgold. Der Vorteil der Verwendung von Salzsäure anstelle von Kochsalz besieht natürlich darin, dass das so bereitete Königswasser frei vom Natrium des Kochsalzes bleibt, also vollständig flüchtig ist, während beim alten Verfahren dem nach dem Verdampfen der Flüssigkeit zurückbleibenden Chlorgold Chlornatrium beigemischt war.

D. Salpetrig saures Natrium und salpetrige Säure

Mischt man Salpeter mit leicht brennbaren Substanzen, so hat man eine Art Schießpulver, das Gemisch explodiert nach dem Anzünden, und der Salpeter wird völlig zerstört, indem sein Gesamtsauerstoff als Oxidationsmittel verbraucht wird, was wir bereits erfuhren. Man kann den Sauerstoff aber auch aus dem Salpeter schrittweise herausnehmen. Dieses erreicht man z. B., wenn man ihn mit Blei zusammenschmilzt. Dabei geht das Blei in Bleioxid über, entnimmt dazu dem Salpeter aber nur ein Sauerstoffatom, und so geht das salpetersaure Natrium in eine an Sauerstoff ärmere Verbindung, die salpetrig saures Natrium genannt wird, über; aus $NaNO_3$ wird $NaNO_2$ nach der Gleichung:

$$NaNO_2 + Pb = NaNO_2 + PbO.$$

Durch Übergießen von salpetrig saurem Natrium mit Schwefelsäure sollte man die salpetrige Säure bekommen. Diese Säure ist aber noch weit unbeständiger als die Salpetersäure, und so erhält man sie überhaupt nicht, sondern ein Gemisch verschiedener Oxide des Stickstoffs, in das sie schon im Entstehungsmoment zerfällt.

Sieht man sich aber gezwungen, salpetrige Säure als solche auf andere Körper wirken zu lassen, so muss man deshalb einen vom sonst üblichen Verfahren zur Darstellung freier Säuren abweichenden Weg einschlagen. Man löst dazu den betreffenden Körper in Wasser, setzt salpetrig saures Natrium und nun erst z. B. Schwefelsäure zu. Jetzt wird die salpetrige Säure gar keine Zeit zum Zerfall haben, sondern nach dem Zusatz der Schwefelsäure, der sie in Freiheit setzt, sogleich auf den nebenbei in Lösung vorhandenen Körper wirken, wenn er ihrer Einwirkung mit Leichtigkeit zugängig

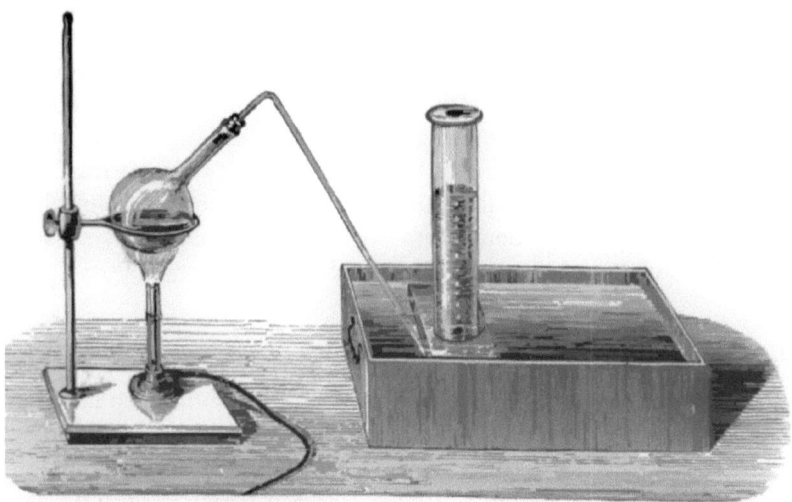

Fig 30: Darstellung von Stickoxidul-Gas.

ist. Dieses Verfahren spielt eine ganz außerordentliche Rolle in den Fabriken zur Herstellung von sogenannten Anilinfarben. Dort werden täglich Zehntausende von Kilo an salpetriger Säure auf diesem indirekten Weg zu sicherer Einwirkung auf zu verarbeitende Substanzen gebracht, die die gegenüber der salpetrigen Säure höchst empfindliche Aminogruppe enthalten und hernach auf die eigentlichen Farben weiter verarbeitet werden.

E. Stickoxidul-Gas

Das Stickoxidul-Gas führt auch die Bezeichnungen Luftgas oder Lachgas. Seine Darstellung ist nicht schwierig, man braucht nur salpetersaures Ammonium zu erhitzen, wodurch dieses Salz in Stickoxidul und Wasser zerfällt.

Der Engländer Davy experimentierte mit dem Gas vor etwa 200 Jahren an sich persönlich herum, und fand, dass es ihn für wenige Minuten unter den angenehmsten Empfindungen einzuschläfern vermochte. Damals kannte man noch nicht die Wirkung des, einen bis zu völliger Unempfindlichkeit tiefen Schlaf herbeiführenden, Chloroforms oder des Morphiums usw., und die zu jener Zeit einzig dastehende Beobachtung der Wirkung des Luftgases begeisterte ihn zu Versen, von denen einige hier in der Übertragung wiedergegeben seien.

> Kein leerer Traum, kein rasendes Verlangen
> Erweckt in mir Gestalten höchster Lust,
> Kein sträflich Feuer lodert in der Brust,
> Und doch färbt Purpur meine Wangen,
> Doch strahlen sprühend Licht die Augen wieder,
> Doch leises Tönen auf den Lippen schwebt,
> Doch rieselt innere Wollust durch die Glieder,
> Die eine nie gefühlte Kraft belebt.

Man sieht, wie Erfolge seltener Art beim chemischen Experimentieren auch zu dichterischer Begeisterung anregen können.

In meiner Jugend bin auch ich noch zwecks Zahnausziehens mit dem Gas aufs Angenehmste eingeschläfert worden; heute ist es durch das keinen Schlaf herbeiführende aber örtlich gegen Schmerz unempfindlich machende Bromäthyl usw. bereits ganz verdrängt.

2.7 Phosphor

Auch der Stickstoff zeigt solche Ähnlichkeit im chemischen Verhalten mit 3 sonstigen Elementen, dass wir daraus wieder eine Gruppe von 4 Elementen bilden müssen, und zwar sind die 3 weiteren Elemente der Gruppe Phosphor, Arsen und Antimon.

Der Phosphor ist vom Alchemisten Brandt um 1670 aufgefunden worden. Seine „Theorie", die zur Entdeckung führte, war etwa folgende. Die durch Goethes Faust so bekannt gebliebenen Ausdrücke Makrokosmos und Mikrokosmos waren ihm als Alchemisten natürlich ganz geläufig, war der Makrokosmos die Welt als Ganzes, so war der Mikrokosmos die wunderbare Maschinerie des Menschen, was diese Maschinerie von sich gab, sollte das Erzeugnis allerfeinster Kräfte und Säfte sein. So experimentierte er denn auf das Wildeste mit dem Harn herum, und als er ihn einer ihm sicher besonders imponierenden chemischen Behandlung unterwarf, nämlich mit Sand und Holzkohle zur Trockne dampfte, und den Rückstand in einer Retorte stark erhitzte, erschien in der Vorlage ein wachsähnlicher Körper, der nachts leuchtete. So kam der Körper zu seinem Namen Phosphor, was etwa Träger des Lichts bedeutet.

DIE ANORGANISCHE CHEMIE

Der Zusammenhang dieser Entdeckung ist folgender. Unsere pflanzlichen Nahrungsmittel, also z. B. Brot, enthalten das, was das Samenkorn an mineralischen Bestandteilen, die die Pflanze aus dem Ackerboden mit aufnimmt, in sich aufgespeichert hat. Dazu gehört das phosphorsaure Kalzium des Ackerbodens, welches bekanntlich auch den Hauptbestandteil der Knochen bildet. Aber auch Eiweiß ist phosphorhaltig, und wie sein Zerfall, wie wir wissen, Ursache des Vorhandenseins von Harnstoff im Harn ist, so ist er auch die Quelle des sich ebenfalls stets im Harn findenden phosphorsauren Kalziums, wird nun phosphorsaures Kalzium mit Sand und Kohle erhitzt, so liefert es Phosphor aus folgendem Grund. In der glühenden Retorte ist Sand, welcher ja Kieselsäure ist, die den phosphorsauren Kalk stark beeinflusst. In der Phosphorsäure steckt aber der Phosphor in Verbindung mit Sauerstoff. In der Glut bemächtigt sich nun weiter die Kohle des Sauerstoffs der Phosphorsäure, auf dessen Kosten sie verbrennt, während der Phosphor frei wird, worauf er, da er leicht flüchtig ist, in die Vorlage überdestilliert.

Nachdem der Phosphor erst einmal bekannt geworden, und wegen seiner merkwürdigen Leuchteigenschaft als Sehenswürdigkeit auf den Jahrmärkten gezeigt wurde, fand man bald in den Knochen das geeignete Rohmaterial zu seiner bequemeren Gewinnung. Er ist überaus entzündlich, und sein Leuchten im Dunkeln beruht auf seiner langsamen unter schwächster Feuererscheinung vor sich gehenden Vereinigung mit dem Luftsauerstoff. Das Leuchten schlägt aber so leicht in wirkliches Verbrennen um, dass man den Phosphor, um dieses zu verhüten, geradezu von der Luft abschließen und deshalb unter Wasser aufbewahren muss, das man dazu in die Ausbewahrungsflasche gießt. Reibt man Phosphor, so brennt er infolge der Erwärmung sogleich auf, aber die Erfindung der Zündhölzer, die hierauf beruht, ist erst um 1830 erfolgt, hat also etwa 160 Jahre auf sich warten lassen. Da sieht man recht, wie viel seltener in älterer Zeit scheinbar naheliegende Erfindungen von größtem wert gemacht wurden. Es gab eben noch keine polytechnischen Bildungsanstalten, und so fehlte die Masse der heute genügend vorgebildeten Durchschnittsgeister, die Erfindungen auf Grundlage rein wissenschaftlicher Vorentdeckungen zu machen verstehen und ins praktische Leben zu übertragen wissen.

Zum Verständnis der Darstellung des Phosphors aus weiß gebrannten, also von allen organischen Bestandteilen befreiten Knochen müssen wir jetzt erst die Phosphorsäuren näher kennenlernen. Die Verbrennung des Phosphors zu Phosphorpentoxid ist uns bekannt. Das Oxid P_2O_5 kann sich nun seinerseits mit einem, zwei und drei Molekülen Wasser zu drei Säuren von bestimmten Eigenschaften vereinigen; man nennt sie:

$P_2O_5 + H_2O = P_2O_6H_2$ oder halbiert PO_3H Metaphosphorsäure,

$P_2O_5 + 2 H_2O = P_2O_7H_4$ nicht halbierbar Pyrophosphorsäure,

$P_2O_5 + 3 H_2O = P_2O_8H_6$ oder halbiert PO_4H_3 gewöhnliche Phosphorsäure.

Man halbiert Formeln, die durch Addition entstehen, um kleinere Zahlen zu haben; für Berechnungszwecke ist ja die halbierte Formel ebenso verwendbar, aber sie ist bequemer wegen der kleineren Zahlen. Die Praxis hat nun ergeben, dass man durch Erhitzen von metaphosphorsaurem Kalzium mit Kohle die beste Ausbeute an Phosphor enthält. Deshalb übergießt man die fein gemahlenen gebrannten Knochen mit so viel Schwefelsäure, dass aus dem gewöhnlichen phosphorsauren Kalzium metaphosphorsaures Kalzium entsteht. Die Reduktion dieses Kalziumsalzes! mittels Kohle zu Phosphor kann dann theoretisch nach der Gleichung ...

$$2 Ca(PO_3)_2 + 10 C = P_4 + 2 CaO + 10 CO$$

... erfolgen.

* * *

Mithilfe des gelben Phosphors hergestellte Zündhölzer lassen an Zweckmäßigkeit nichts zu wünschen übrig, und nur die Giftigkeit des Phosphors hat die Änderung herbeigeführt, welche uns eine andere Sorte Zündhölzer benutzen lässt. Die Arbeiter der Zündholzfabriken zogen sich nämlich durch ihr Umgehen mit dem gelben Phosphor jammervolle Knochenerkrankungen zu, und das Verschlucken einer größeren Anzahl von Zündholzköpfchen führte den Tod durch Vergiftung herbei, sodass damit jedes Haus in den Besitz von Gift gelangte.

Unsere jetzt gebrauchten Zündhölzer verdanken ihre Brauchbarkeit nun nicht mehr dem gelben giftigen, sondern dem roten un-

DIE ANORGANISCHE CHEMIE

giftigen Phosphor. Aber kann es denn 2 Sorten Phosphor geben, wenn Phosphor ein Element sein soll? Es gibt doch keine 2 Arten Gold oder 2 Arten Blei. Nun das ist alles richtig und unrichtig zugleich. Gerade die von uns so ausführlich behandelte Lehre von den Atomen zeigt die von uns schon Spalte 46 erörterte Möglichkeit der Existenz eines Elements in mehreren Modifikationen, wenn sie auch nur bei wenigen Elementen beobachtet wird. Untersuchungen beim Phosphor haben speziell Folgendes ergeben. Das Molekül des gelben Phosphors setzt sich aus 4 Atomen zusammen, während das Molekül des roten Phosphors aus einer weit größeren Anzahl von Atomen besteht. Wenn also auch gelber und roter Phosphor durch die Größen ihrer Moleküle verschieden sind, das Atom Phosphor ist in beiden identisch in seinen Eigenschaften.

Gelber Phosphor verwandelt sich in die rote Modifikation, wenn man ihn im geschlossenen Raum, z. B. in einer Glasröhre, die nach dem Einfüllen von Phosphor auf der zweiten Seite zugeschmolzen ist, wenigstens auf 240° erhitzt. Damit uns bei unserm Versuch das Rohr nicht etwa beim direkten Erhitzen über der Flamme zerspringt und der brennende Phosphor gefährliche Brandwunden beibringt, erhitzen wir das Rohr lieber im Dampf einer Substanz, die gegen 360° siedet, z. B. Anthracen, wobei die Umwandlung in diesem Bad ohne jede Gefahr in allerkürzester Zeit erfolgt (Fig. 31). Die Einrichtung der nach ihrem Erfindungsland schwedische Streichhölzer genannten Zündhölzer ist folgende. Den Kopf des Zündholzes bilden sehr sauerstoffreiche Substanzen, zu denen namentlich das chlorsaure Kalium gehört. Das

Fig 31: Verwandlung von gelbem in roten Phosphor.

PHOSPHOR

Zündholz an sich ist also frei von Phosphor. Die rötliche Reibfläche der Schachtel dagegen enthält den roten Phosphor, und das Zündholz flammt auf, weil bei der Reibung der sauerstoffreichen Mischung seines Kopfes mit dem schwer entzündlichen roten Phosphor eine leichte Flamme entsteht, indem allein der Sauerstoffreichtum des Zündholzköpfchens die Entzündungsmöglichkeit an dem ungiftigen roten Phosphor herbeiführt.

* * *

Außer den schon erwähnten Phosphorsäuren liefert der Phosphor noch:

Oxide	Säuren
	PO_2H_3 unterphosphorige Säure,
P_2O_3 Phosphortrioxid →	PO_3H_3 phosphorige Säure,
P_2O_4 Phosphortetroxid →	PO_3H_2 Unterphosphorsäure,

... deren nähere Betrachtung uns zu weit führen würde.

A. Phosphorwasserstoff

Bringt man in ein Kochfläschchen 10 g gelöschten Kalk und ein kleines Stück Phosphor und füllt es bis an den Rand mit Wasser, so bekommt man beim Erwärmen ein seltsames Gas, nämlich eines, das sich an der Luft von selbst entzündet. Setzt man auf das wassergefüllte Fläschchen ein Gasableitungsrohr, so kann man das Gas in Wasser leiten, aber jede Blase, die aus dem Wasser aufsteigt, entzündet sich an der Luft, wobei ein weißer Rauchring von Phosphorpentoxid entsteht. Das Vollfüllen des Fläschchens mit Wasser ist in diesem Falle nötig, weil sonst die Gasblasen schon mit der Luft im Fläschchen sich entzünden und es durch Explosion zertrümmern würden. Damit das Fläschchen nicht etwa beim Anwärmen zerbricht, erhitzt man es lieber in heißem Wasser, im sog. Wasserbad, statt auf freier Flamme (Fig. 32).

DIE ANORGANISCHE CHEMIE

Fig 32: Darstellung von selbstentzündlichem Phosphorwasserstoff-Gas.

Die Selbstentzündlichkeit des Phosphorwasserstoffs ist seit langen Zeiten als interessantes Experiment in den Laboratorien gezeigt worden. Sie fand aber auch praktische Verwendung als Hilfsmittel im Seekrieg. Acetylen-Gas bekommt man einfach durch Übergießen von Kalziumkarbid mit Wasser (siehe Näheres darüber später). Mischt man dem Kalziumkarbid etwas Phosphorkalzium bei, so wird der entstehende Phosphorwasserstoff das Acetylen-Gas in Brand setzen können. Man füllte nun das Gemisch beider Stoffe in Zylinder und schoss diese von Panzerschiffen aus bis auf 3000 m weit ins Meer, wo sie sich schwimmend erhalten, ihre Gase entwickeln und durch die verbreitete Helle das Nahen von Torpedobooten erkennbar machten. „Wasserlicht" von 300 Lumen Stärke und einer Stunde Brennzeit kostete damals etwa 6½ Mark nach heutigem Wert 250 €. Das Verbrennen des Phosphorwasserstoffs gibt folgende Gleichung wieder ...

$$2\ PH_3 + 8\ O = P_2O_5 + 3\ H_2O,$$

... und die Berechnung $PH_3 : p = 34 : 31$ ergibt den Gehalt des Phosphorwasserstoff-Gases an Phosphor zu 91,2 Prozent.

2.8 Arsen und Antimon

Das Element Arsen hat schon einen metallischen Habitus, aber es muss zu den Halbmetallen gerechnet werden, weil es ihnen in seinen

Verbindungen entspricht. So liefert seine Oxide As_2O_5 und As_2O_3, entsprechend denen des Phosphors, Arsensäure und arsenige Säure und ebenso liefert es den dem Phosphorwasserstoff entsprechenden Arsenwasserstoff von der Formel AsH_3. Schmilzt man Arsen mit Zink zusammen, und lässt auf die Legierung Salzsäure wirken, so bekommt man ihn in reinem Zustand als ein unerhört giftiges Gas, das schon manchen Chemiker das Leben gekostet hat.

$$As_2Zn_3 + 6\ HCl = 2\ AsH_3 + 3\ ZnCl_2.$$

Arsenige Säure wird als Abfall bei metallurgischen Prozessen viel gewonnen, d. h. also, wenn man Metalle aus ihren Erzen abscheidet, erhält man sie, wenn die Erze Arsen enthalten, nebenbei. Unter dem Namen Giftmehl ist sie uralt bekannt und wird gern zu Vergiftungen benutzt. Der Nachweis des Arsens selbst in den geringsten Spuren ist sehr leicht. Man gießt auf das zu untersuchende Material verdünnte Schwefelsäure und gibt Zink hinein. Ist Arsen zugegen, so entsteht jetzt Arsenwasserstoff. Dieser hat die Eigenschaft, aus einer starken Lösung von Silbernitrat gelbes Arsensilber abzuscheiden, und so nimmt der Nachweis folgende einfache Form an. In ein Reagenzglas bringt man ein Stückchen arsenfreies Zink, übergießt es mit verdünnter arsenfreier Schwefelsäure und steckt einen leichten Wattebausch ins Glas, damit nichts bis hinauf spritzen kann, nachdem man das auf Arsen zu prüfende Material zum Gemisch gegeben hat. Auf den Rand des Glases legt man ein Stückchen Filtrierpapier, das in der Mitte mit sehr konzentrierter Höllensteinlösung befeuchtet ist. Ist Arsen zugegen, so wird die Tupfstelle auf der Unterseite des Papiers gelb, und benetzt man sie nachher mit Wasser, so wird sie schwarz, indem das gelbe Arsensilber nur in Gegenwart der konzentrierten Silberlösung beständig ist.

Auch das **Antimon** wird dem Laien mit Recht als Metall erscheinen, weil sein Äußeres dem entspricht; findet es doch auch seine Hauptverwendung als Zusatz zum Blei, das dadurch zu Hartblei wird, und dieses findet infolge seiner weit größeren Härte als reines Blei ausgedehnte Verwendung. Seine Vereinigung mit Blei erscheint also durchaus wie eine Metalllegierung. Der Antimonwasserstoff entspricht aber wieder durchaus dem Arsenwasserstoff oder Phosphorwasserstoff. Jedoch die Oxide zeigen, dass wir mit dem Antimon auf der Grenze zwischen Halbmetall und Metall

DIE ANORGANISCHE CHEMIE

stehen, und dass die Natur auch auf dem Gebiet der Chemie, wie fast überall, schroffe Übergänge vermieden hat.

Wohl verbrennt Antimon an der Luft zu Antimonoxid Sb_2O_3, und durch Addition von Wasser entsteht ...

$$Sb_2O_3 + H_2O = Sb_2O_4H_2 \text{ oder halbiert } SbO_2H.$$

Diese Verbindung soll nun eine Säure sein, weil sie von einem Halbmetall herstammt, und in der Tat vereinigt sich die antimonige Säure mit starken Basen zum betreffenden Salz, aber die antimonige Säure löst sich auch in starker Salzsäure, sodass sie sich dieser Säure gegenüber wie eine Base verhält, indem sie sich auch mit ihr verbindet, wir sehen somit, dass dieses Oxid sowohl Grundlage einer Säure, entsprechend seiner halbmetallischen Natur, sein kann, als sich auch wie das Oxid eines Metalles zu verhalten vermag, indem es nach Art einer Base sich mit starker Salzsäure vereinigt.

Das dem Phosphorsäureanhydrid entsprechende Antimonsäureanhydrid Sb_2O_5 liefert die Antimonsäure, die nur die Eigenschaften einer Säure zeigt, von ihren Salzen hört man öfters das pyroantimonsaure Kalium $K_4Sb_2O_7$ nennen. Die Lösung dieses Salzes liefert mit der Lösung von Natriumsalzen, also z. B. mit einer Lösung von Kochsalz, das in Wasser schwer lösliche saure pyroantimonsaure Natrium von der Formel $H_2Na_2Sb_2O_7$ und das ist etwas Besonderes, weil nämlich fast alle Natriumsalze im Wasser leicht löslich sind.

* * *

Nun haben wir eine weitere Gruppe von 4 Elementen zu besprechen, in welcher jetzt schon Halbmetalle und Metalle vollständig durcheinandergehen. Es sind die Elemente Kohlenstoff, Silizium, Germanium, Zinn.

2.9 Kohlenstoff

Auch das Element Kohlenstoff kann in mehreren, und zwar in 3 Modifikationen austreten. Die wertvollste von ihnen ist die in wasserklaren Kristallen austretende Form, der man wahrlich nicht ansieht, dass sie nur eine Modifikation des für uns mit dem Inbegriff des Schwarzen verbundenen Kohlenstoffs ist. Sie heißt bekanntlich im Leben Diamant. Die zweite kristallisierte Form ist der Grafit.

KOHLENSTOFF

Er färbt stark ab und ist deshalb das Material zur Herstellung der Bleistifte. Die dritte Form zeigt nichts Kristallähnliches, sie ist amorph, wie man das bezeichnet, und uns als Holzkohle, Ruß, Steinkohle usw. bekannt.

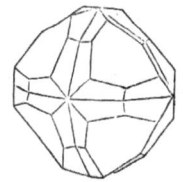

Fig 33: Natürlicher Diamantkristall.

Verbindungen zwischen Kohlenstoff und Sauerstoff sind drei bekannt. Die Verbindungen sind: Kohlenoxid-Gas CO, Kohlendioxid oder Kohlensäureanhydrid CO_2 und das Kohlensuboxid C_3O_2.

Kohlenoxid (Kohlenmonoxid) CO entsteht, wo Kohlenstoff zu wenig Luft zum völligen Verbrennen findet, was ihn eben hindert, sich gleich mit zwei Atomen Sauerstoff zu CO_2 zu verbinden, gleich zu Kohlendioxid zu verbrennen.

Die Darstellung des Kohlenoxid-Gases im Laboratorium durch Verbrennen von Kohlenstoff mit einer ungenügenden Luftmenge ist eine sehr unbequeme Aufgabe. Man kommt aber folgender Art auf das Bequemste zu ihm. Die Oxalsäure hat die Formel $C_2O_4H_2$, und wenn man sie in einem Apparat, wie er gewöhnlich zum Entwickeln von Gas dient, mit starker Schwefelsäure erhitzt, so zerfällt sie in Kohlenoxid-Gas und Kohlendioxid-Gas, die zusammen gasförmig entweichen, indem die stark Wasser anziehende Kraft der Schwefelsäure die Bildung von Wasser aus dem Atomkomplex der Oxalsäure veranlasst, was eben den Zerfall ihres Moleküls herbeiführt.

Fig 34: Entfernen von Kohlensäure durch Waschen mit Kalilauge.

$$\begin{array}{c} \text{COOH} \\ | \\ \text{COOH} \end{array}$$ zerfällt in $CO + CO_2 + H_2O$.

Oxalsäure zerfällt in Kohlenoxid + Kohlendioxid + Wasser. Das Wasser bleibt bei der Schwefelsäure, und das Gasgemisch leitet man durch zwei hintereinander geschaltete Waschflaschen, mit Kalilauge (Fig. 34). In ihnen bildet sich kohlensaures Kalium nach der Gleichung ...

$$CO_2 + 2\,KOH = K_2CO_3 + H_2O,$$

... sodass hier das Kohlendioxid-Gas zurückgehalten wird und nur reines Kohlenoxid-Gas aus ihnen entweichen kann. Das Kohlenoxid-Gas verbrennt, wenn man es anzündet, mit blauer Flamme zu Kohlendioxid-Gas:

$$CO + O = CO_2.$$

Es ist **sehr giftig** und es ist allgemein bekannt, dass Öfen, die so schlecht konstruiert sind, dass Steinkohle aus Mangel an Luft in ihnen nur zu Kohlenoxid verbrennt, zu Todesfällen Veranlassung geben, wenn das Kohlenoxid-Gas ins Zimmer gelangt. Seine tödliche Wirkung beruht darauf, dass es von den Lungen aus geradeso wie Sauerstoff (siehe Seite 32) vom Blut ausgenommen wird. Aber während das frisch mit Sauerstoff gesättigte Blut das Leben erhält, vermag Kohlenoxidblut das in keiner Weise zu leisten, ja, tötet im Gegenteil, wenn seine Menge im Blut zu sehr zunimmt, während gewöhnliches Blut leicht fault, fault Kohlenoxidblut sehr schwer, und so erklärt es sich, dass man Kohlenoxidvergiftungen in Leichen noch ein halbes Jahr und länger nach dem Tod mühelos nachweisen kann.

A. Kohlensäure

Der Nachweis, dass auch Diamant und Grafit nichts anderes als das Element Kohlenstoff sind, ist dadurch geführt worden, dass auch sie, wenn man sie im Sauerstoff-Gas verbrennt, nichts anderes wie Kohlendioxid liefern, verbrennt man z. B. ein Zehntelgramm Diamant, so muss er nach der Proportion ...

$C : CO_2 = 12:44 — 0,1 : x$ oder
$x = 4,4 / 12 = 0,367$

... 0,367 g Kohlensäure, wie wir kurz sagen wollen, liefern. Das ergibt denn auch das quantitativ durchgeführte Experiment der Verbrennung eines Diamanten oder eines Stückchens Grafit.

Im Anschluss hieran lässt sich leicht ausrechnen, wie viel Gewicht an Gas ein Fabrikschornstein in die Höhe schleppt, wenn an ihm täglich z. B. 30 000 kg Steinkohlen verbrannt werden, wobei man berücksichtigen muss, dass die Luft nur zu einem Fünftel aus Sauerstoff besteht und die weiteren vier Fünftel Stickstoff ebenfalls vom Schornstein mit in die Höhe gezogen werden. In Wirklichkeit kommt auch noch hinzu, dass stets ein Überschuss von Luft durch die Feuerung ziehen muss, weil der Kohlenstoff sonst z. T. nur zu Kohlenoxid verbrennen würde, was natürlich Wärmeverlust bedeutet. Die Berechnung wird also nur eine ungefähre werden, sie ergibt aber unerwartet große Zahlen für die Hebekraft eines Schornsteins.

Vom Vorkommen der Kohlensäure in der Luft in Höhe von 0,04 Prozent hörten wir schon. Weiter gibt es viele Quellen, die kohlensäurehaltig sind. Bei der Schwere der Kohlensäure bleibt sie, falls die Quellen aus einem Schacht entspringen, auf dem Grunde des Schachtes liegen, und, da sie nicht atembar ist, sterben in derartigen Schächten Tiere und Menschen, wenn sie aus Unvorsichtigkeit hineingeraten. Da natürliches kohlensaures Wasser angenehm schmeckt, hat man es seit etwa 100 Jahren nachgeahmt, indem man Kohlensäure künstlich mit Maschinen in Wasser hineingedrückt hat. Man nennt solches Wasser Selterswasser nach dem Ort Niederselters, von wo das Wasser einer Quelle, die kohlensäurehaltiges Wasser liefert, seit Jahrhunderten zu Trinkzwecken verschickt wurde.

Die Kohlensäure zur Bereitung von Selterswasser entnahm man aber nicht Feuergasen, weil diese Rauchgeschmack mitgebracht hätten, sondern erhielt sie auf dem für Kohlensäuregewinnung auch im Laboratorium gebräuchlichen Weg. In der Natur finden sich nämlich ganze Gebirgszüge von kohlensauren Salzen, namentlich von kohlensaurem Kalzium, das im Leben Kalkstein genannt wird, und wenn es von sehr schönem Aussehen ist, den Namen Marmor führt. Nun ist die Kohlensäure eine schwache Säure. Übergießt man

DIE ANORGANISCHE CHEMIE

daher Kalkstein mit Salzsäure unter Verwendung eines Gasentwicklungsapparates, so bekommt man einen Strom von kohlensaurem Gas, indem sich außerdem Kalziumchlorid bildet.

$$CaCO_3 + 2\ HCl = CO_2 + CaCl_2 + H_2O.$$

Presst man kohlensaures Gas stark zusammen (siehe Seite 42), so geht es schließlich in eine Flüssigkeit über, die wir auch in starken Stahlflaschen durch die Straßen fahren sehen. Sie dient z. B. zum Bierausschank, aber auch zur Herstellung von Selterswasser, die dadurch höchst einfach geworden ist. lässt man die Kohlensäure aus der Stahlflasche rasch ausströmen, so wird die Verdunstungskälte so stark, dass ein Teil der austretenden Kohlensäure dadurch derart abgekühlt wird, dass er erstarrt und jetzt wie Schnee zu Boden fällt. Die Temperatur dieses Spezialschnees ist $-78°$. Lässt man ihn gar in der Luftleere verdunsten, wodurch die Verdunstung sehr beschleunigt wird, so kann man sogar zu einer Temperatur von 140° unter 0 kommen.

2.10 Silizium

Wie der Kohlenstoff ist auch das Silizium ein vierwertiges Element. Da ihm aber die Eigenschaft abgeht, sich in Molekülen in beliebiger Anzahl gegenseitig festhalten zu können, ist die Anzahl seiner Verbindungen, im Gegensatz zu denen des Kohlenstoffs, nicht größer als die von sonstigen Elementen. Dabei bildet es der Masse nach einen der bedeutendsten Bestandteile der Erde in Form seiner Sauerstoffverbindung SiO_2, die Kieselsäure bei den Chemikern, im gewöhnlichen Leben aber Sand heißt. Ihre dem Kohlensäureanhydrid CO_2 entsprechende Formel zeigt, dass sie eigentlich Kieselsäureanhydrid genannt werden muss. Ihre Salze heißen Silikate und bilden ganze Gebirgszüge. Doppelsalze von ihr sind auch unsere gewöhnlichen Gläser. Schmilzt man z. B. Sand mit Soda (kohlensaurem Natrium) und Kalkstein (kohlensaurem Kalzium) zusammen, so treibt die Kieselsäure in der Glut des Schmelzofens die Kohlensäure aus. Es entsteht kieselsaures Natriumkalzium, welches in Form von Platten unser Fensterglas bildet usw.

Erst im Jahre 1907 ist es, nach dem im Deutschen Reichspatent 189833 angegebenen Verfahren, gelungen, die dem Kohlenoxid CO entsprechende Verbindung SiO, das Siliziumoxid, darzustellen.

Der dem Methan entsprechende Siliciumwasserstoff SiH_4 erhält man durch Einwirkung von Salzsäure auf Siliciummagnesium:

$$SiMg_2 + 4\ HCl = SiH_4 + 2\ MgCl_2$$

Heutzutage stellt Silicium das Grundmaterial der meisten Produkte der Halbleiterindustrie dar. So dient es auch als Basismaterial für viele Sensoren. Für Anwendungen in der Mikroelektronik wird es in hochreiner Form benötigt. Erst in den 50er Jahren des 20. Jahrhunderts konnte Silicium in der für Halbleitereigenschaften notwendigen Reinheit isoliert werden. Silicium ist ebenfalls der elementare Bestandteil der meisten Solarzellen.

2.11 Die Wertigkeit der Elemente

Manchem wird es bei der Lektüre des Vorangehenden aufgefallen sein, mit welcher Vorliebe wir uns gerade den Wasserstoffverbindungen der bisher besprochenen Elemente zugewendet haben, während wir B. ihre Verbindungen mit Chlor oder Jod nicht besprachen, obgleich der Chlorstickstoff ein Körper von unerhörter Explosionskraft ist. Wir wollen hier ja aber die Chemie als Ganzes und nicht irgendwelche an sich sehr interessanten Erscheinungen kennenlernen, und zur Erlangung eines solchen Überblicks sind gerade die Wasserstoffverbindungen der Halbmetalle höchst geeignet.

Die Formeln der Wasserstoffverbindungen der Halogengruppe sind nämlich ...

$$HCl,\ HBr,\ HJ,\ HF,$$

... die der Sauerstoffgruppe sind ...

$$H_2O,\ H_2S,\ H_2Se,\ H_2Te,$$

... die der Stickstoffgruppe sind ...

$$H_3N,\ H_3P,\ H_3As,\ H_3Sb.$$

Wir sehen ohne Weiteres, dass die Elemente der ersten Gruppe je 1 Wasserstoffatom, die der zweiten Gruppe je 2 H, die der dritten

DIE ANORGANISCHE CHEMIE

Gruppe je 3 H festhalten. Die Kraft nun, mit welcher sich Elemente untereinander festhalten, bezeichnen wir als ihre **Wertigkeit** und rechnen die Wertigkeit nach der Anzahl der Wasserstoffatome, die von den sonstigen Elementen festgehalten werden. Wir sehen, die Elemente der ersten Gruppe sind dieser Erklärung zufolge einwertig, die der zweiten zweiwertig, die der dritten dreiwertig. Sichtbar machen wir diese Vorstellung durch Verbindungsstriche und schreiben deshalb zur Sichtbarmachung der Wertigkeit die obigen Verbindungen folgender Art:

$$H-Cl, \quad H-Br, \quad H-J, \quad H-F,$$

$$H-O-H, \quad H-S-H, \quad H-Se-H, \quad H-Te-H,$$

$$\begin{array}{cccc} H & H & H & H \\ | & | & | & | \\ N & P & As & Sb \\ \diagup\diagdown & \diagup\diagdown & \diagup\diagdown & \diagup\diagdown \\ H \quad H & H \quad H & H \quad H & H \quad H \end{array}$$

Als Maßstab für die Wertigkeit dient also das Wasserstoffatom, das wir als einwertig bezeichnen, da nun die Anziehungskraft der Elemente aufeinander nur auf Gegenseitigkeit beruhen kann, vermag ein Wasserstoffatom ein Chloratom geradeso festzuhalten, wie ein Chloratom ein Wasserstoffatom festhält. Folglich sind die 4 Elemente der Halogengruppe also Chlor, Brom, Jod und Fluor einwertige Elemente, sind Sauerstoff, Schwefel, Selen und Tellur zweiwertige Elemente, Stickstoff, Phosphor, Arsen und Antimon dreiwertige Elemente.

Zu dieser Auffassung war man schon um das Jahr 1845 gekommen, wenn es auch damals noch nicht gelang, das in solcher Klarheit zum Ausdruck zu bringen, wie wir es jetzt scheinbar spielend vermögen.

2.12 Metalle

Auch die Metalle lassen sich in durch ihre chemischen Eigenschaften bestimmte Gruppen einteilen. Wir ziehen es aber an dieser Stelle vor, uns lieber mit den wichtigsten von ihnen zu beschäftigen, zumal ihre Gruppeneinteilung uns hier keinen besonderen Nutzen gewähren würde.

2.12.1 Eisen

Das wichtigste Metall ist ohne Zweifel das Eisen, das für den Menschen in seinen Unterformen als Gusseisen, Stahl und Schmiedeeisen 3 Metalle von verschiedenartigster Verwendungsmöglichkeit darstellt.

Abgesehen von Meteorsteinen ist Eisen auf Erden nicht als Metall zu finden. Es kommt vielmehr nur verbunden mit anderen Elementen vor, und man nennt solches Vorkommen bei den Metallen ganz allgemein Erz, wenn die Menge groß genug ist, um daraus die technische Gewinnung des betreffenden Metalles lohnend erscheinen zu lassen.

Das Eisen erscheint aber auch noch in anderer Beziehung für den Menschen besonders wichtig. Ist es doch das einzige Schwermetall, das einen nie fehlenden Bestandteil seines Blutes ausmacht. Wir treffen es auch in den Pflanzen an, und die Pflanzennahrung liefert dem Tierkörper und damit auch dem Menschen die nötige Menge davon, der sonst keine Gelegenheit zu seiner Aufnahme hat.

Als Eisenerze dienen fast ausschließlich die in der Natur vorkommenden Sauerstoffverbindungen des Eisens, also seine Oxide. Die Oxide aller Metalle, also nicht nur die des Eisens, werden technisch auf die Art ins Metall übergeführt, dass man sie mit Kohle stark erhitzt.

$$\text{Metalloxid} + \text{Kohle} = \text{Metall} + \text{Kohlenoxid.}$$

In der hohen Temperatur, die zur Zerlegung des Metalloxids nötig ist, verbrennt nämlich die Kohle nicht mehr zu kohlensaurem Gas CO_2, sondern nur noch zu Kohlenoxid-Gas CO. die „Reduktion" des Eisenoxids zu Eisen geht deshalb entsprechend folgender Gleichung vor sich:

$$Fe_2O_3 + 3\,C = 2\,Fe + 3\,CO.$$

Nun wirkt Kohle aber erst bei so hoher Temperatur auf Eisenoxid ein, dass man, wenn das Oxid einfach mit Kohle gemischt und der Haufen angezündet wird, Eisen überhaupt nicht erhält. Zur Erhöhung der Verbrennungstemperatur muss man vielmehr Luft ins Feuer blasen, muss man einen Blasebalg anwenden, muss man das, was wir gegenwärtig Schmiedefeuer nennen, benutzen. So arbeiten noch heute einzelne abgelegen wohnende Stämme der Schwarzafrikaner.

* * *

Zum Verständnis des Folgenden müssen wir jetzt erst angeben, worin in chemischer Beziehung der Unterschied von Gusseisen, Schmiedeeisen und Stahl besteht. Dieser Unterschied beruht auf dem Gehalt des Eisens an Kohlenstoff, und zwar enthält ...

- Gusseisen 2,3 Prozent Kohlenstoff und mehr.
- Stahl 1,6 Prozent Kohlenstoff und weniger, aber mehr als ...
- Schmiedeeisen, welches etwa 0,5 Prozent Kohlenstoff enthält.

Erhitzt man Eisenerz mit Kohle im gewöhnlichen Schmiedefeuer, so nimmt es niemals 2,3 Prozent Kohlenstoff auf, bleibt ärmer an Kohlenstoff, und deshalb kannten Altertum und Mittelalter nur Schmiedeeisen und Stahl. Es hängt nämlich von der Beschaffenheit der Erze und der Kunst des Arbeiters ab, ob er bei der Verarbeitung im Schmiedefeuer aus dem Erz Schmiedeeisen oder Stahl erhält, woraus sich z. B. der Ruhm der Damaszener und Toledaner Schwerter erklärt. Mit Ausdehnung des Eisengewerbes über immer weitere Länderstrecken trafen Arbeiter auf Eisenerze, die sich im Schmiedefeuer kaum verarbeiten lassen wollten. Sie stellten daher Steine um dasselbe, um die Hitze des Feuers besser zusammenzuhalten. Daraus hat sich seit dem Jahre 1480 etwa der Eisenhochofen entwickelt. In dem mit Steinen umbauten Schmiedefeuer wird die Temperatur so hoch, dass das Eisen über 2,3% Kohlenstoff auflöst, und jetzt flüssig aus dem Ofen läuft, wir bilden eine ältere Hochofenkonstruktion ab, die nur eine Windzuführung zeigt und weiter zeigt, wie oben das Kohlenoxid-Gas an der Luft zu Kohlensäure verbrennt.

Die neueren Hochöfen sind durch verbessernde Einrichtungen aller Art in einer Abbildung lange nicht mehr so übersichtlich wiederzugeben. So lässt man z. B. heute die Öfen nicht mehr oben brennen, sondern leitet mittels einer aufgesetzten Haube das Gemisch aus hineingeblasener Luft und Kohlenoxid-Gas entweder unter Dampfkessel als Heizmaterial, oder verwendet es als Betriebsstoff in Gas-Motoren, die direkt Kraft liefern, sodass der Umweg

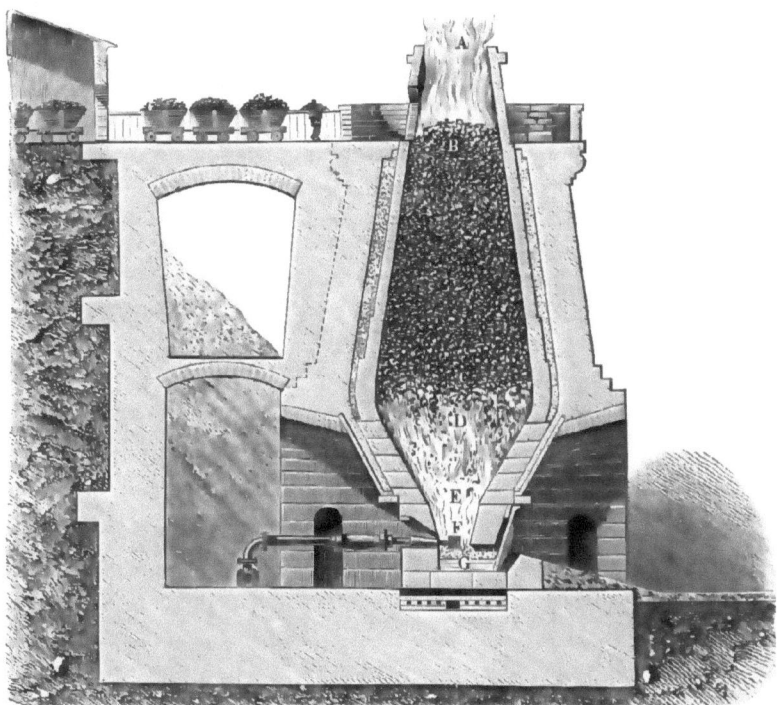

Fig 35: Eisenhochofen frühindustrieller Bauart.

über die „Dampfmaschine" erspart wird. Jetzt gibt es schon 90 m hohe Hochöfen, welche täglich 12.000 t Roheisen liefern, und die Menge Gas, die aus Hochöfen entweicht, repräsentiert natürlich erst recht enorme Zahlen.

Das aus dem Hochofen lausende geschmolzene Eisen wird Roheisen genannt. Denn man hat sehr bald gefunden, dass Gusseisen sich im Hochofen so billig herstellen lässt, dass sich aus ihm billiger als aus den Erzen Schmiedeeisen und Stahl herstellen lassen.

Zur Schmiedeeisenherstellung wird das Roheisen gepuddelt, d. h., es wird im Flammofen erhitzt. In diesem verbrennt der größte Teil des Kohlenstoffs, aber so viel bleibt davon noch übrig, dass der gepuddelte Roheisenblock schließlich die Eigenschaften von Schmiedeeisen zeigt.

Billigen Stahl hat der Welt erst Bessemer im Jahre 1856 verschafft. Seiner Erfindung zufolge bläst man durch geschmolzenes

Roheisen Luft. Dazu lässt man es in ein birnförmiges Gefäß laufen, das man auf die Seite geneigt hat. Beim Aufrichten beginnt man schon mit dem Durchblasen der Luft durch die Bodenöffnungen. Sehr rasch verbrennt der glühende Kohlenstoff im glühenden Eisenbad. Ist er verbrannt, so setzt man wieder so viel Roheisen dazu, dass nunmehr der Kohlenstoffgehalt einem Stahl entspricht, und entleert die Birne durch Umkippen. In 15 Minuten verwandelt man so 15 t Roheisen in Stahl. Lässt man flüssiges Roheisen direkt aus dem Hochofen in die Birne laufen, verwandelt es hier in Stahl und walzt den ausgegossenen Stahl nach genügendem Erkalten zu Schienen aus, so erfordert die Überführung von Eisenerz in die fertige Stahlschiene nur 3 Stunden Zeit. Diese Schienenherstellung erfordert auch nur den Brennmaterialaufwand für den Hochofen, denn die Bessemerbirne wird nicht geheizt. Der in ihr verbrennende Kohlenstoff hält das Bad in der erforderlichen Glut, und der glühende Stahl lässt sich zur fertigen Schiene auswalzen, ohne einer neuen Anwärmung zu bedürfen.

Fig 36: Bessemerbirne.

Die Bessemerbirne wird heute nicht mehr verwendet. Das Verfahren wurde noch im 19. Jahrhundert durch das Thomasverfahren optimiert und später durch andere Verfahren ersetzt. Daneben gibt es heute weitere Methoden zur Stahlgewinnung: in sogenannten Lichtbogenöfen und in Siemens-Martin-Öfen. Auf deren Beschreibung müssen wir hier leider verzichten.

2.12.2 Verbindungen des Eisens

Von Eisenoxiden kennt man das Eisenoxidul FeO, Eisenoxid Fe_2O_3 und Eisenoxiduloxid Fe_3O_4, schon der Name besagt, dass man in letzterem eine Verbindung des Oxiduls mit dem Oxid sieht. Versuchen wir nun die Wertigkeit des Eisens (siehe Seite 75) aus den Formeln des Oxiduls und Oxids abzuleiten, so folgt aus der Formel

FeO, dass in ihr das Eisen zweiwertig auftritt, denn hier kann die Bindung doch nur Fe=O sein. Im Eisenoxid kann dagegen die Bindung nur sein $\begin{matrix} Fe \diagup O \\ \big| \diagdown O \\ Fe \diagdown O \end{matrix}$.

Unter dieser Voraussetzung ist aber das Atom Eisen, wie wir sehen, dreiwertig. Kurzum, es zeigt sich, dass das Atom Eisen zweiwertig und dreiwertig auftreten kann. Solche „wechselnden" Wertigkeiten finden wir vielfach bei den Metallen. Mit Rücksicht auf die Oxide, an welchen wir es hier bewiesen haben, scheint das eine ziemlich überflüssige Betrachtung zu sein. Sie gewinnt jedoch größtes Interesse bei der Betrachtung der Metallsalze. So liefert Eisen 2 Reihen von Salzen, die man ehemals Eisenoxidulsalze und Eisenoxidsalze nannte, und in neuerer Zeit als Ferro- und Ferrisalze unterscheidet. Auch dieses angehängte o und i wird nicht nur beim Eisen, sondern bei allen Metallsalzen, wo es in Betracht kommt, zur Unterscheidung von Oxidul- und Oxidsalzen angewendet.

* * *

Schwefelsaures Eisen heißt von alters her Eisenvitriol. Die Schwefelsäure hat die Formel $SO_2{\diagup OH \atop \diagdown OH}$, folglich ergibt das in zweiwertiger Form in die Schwefelsäure für Wasserstoff eintretende Eisenatom die Verbindung $SO_2{\diagup O \atop \diagdown O}Fe$. Dieses ist denn auch die mühelos verständliche Formel dieses Vitriols, der früher also schwefelsaurer Eisenoxidul hieß, heute Ferrosulfat benannt wird. Die Bezeichnung schwefelsaurer Eisenoxidul ist aber heutzutage unmöglich, da man, wie früher schon auseinandergesetzt wurde, die Salze jetzt nicht mehr als Verbindung von Säure mit Base auffasst, sondern sich vielmehr vorstellt, dass in den Salzen die Wasserstoffatome der Säuren durch Metallatome ersetzt werden. Daher können heutzutage die ehemals unterschiedenen schwefelsaures Eisenoxidul und schwefelsaures Eisenoxid beide nur schwefelsaures Eisen benannt werden, mithilfe der deutschen Sprache also überhaupt nicht mehr zwei Namen erhalten. So hilft man sich denn mit den fremdsprachigen Namen der Metalle und dem o und i inmitten der mit ihrer Hilfe möglichen Bezeichnungen. Natürlich kann also auch das Eisenoxid ein schwefelsaures Salz bilden. Da Eisen in ihm dreiwertig auftritt, wird dessen Existenz nicht anders möglich sein, als dass für

6 Wasserstoffatome der Schwefelsäure 2 Atome Eisen eintreten, was zu folgender Formel führt:

$$SO_2\begin{matrix}O\\O\end{matrix}\!\!\!\!\!\begin{matrix}\\\end{matrix}\!\!\!Fe$$
$$SO_2\begin{matrix}O\\O\end{matrix}$$
$$SO_2\begin{matrix}O\\O\end{matrix}\!\!\!\!\!\begin{matrix}\\\end{matrix}\!\!\!Fe$$

Kürzer, aber nicht ohne Weiteres verständlich, geschrieben wird sie (Fe)$_2$(SO$_4$)$_3$ aussehen. Dieses ist also die Formel des ehemaligen schwefelsauren Eisenoxids oder heutzutage Ferrisulfats. Eisenchlorür oder Ferrichlorid wird die Formel FeCl$_2$, Eisenchlorid oder Ferrichlorid die Formel FeCl$_3$ haben. Nachdem wir nunmehr bei den Eisensalzen gesehen haben, wie sich die Formeln der Oxidul- und Oxidsalze gestalten, sind wir uns über diese Verhältnisse bei allen Metallen klar, können uns die Formeln aller Metallsalze ohne Weiteres aufschreiben, wenn wir die Wertigkeit der Metalle kennen, und das ist der Grund, weshalb wir hier scheinbar etwas zu ausführlich auf die Salze des Eisens, als des ersten von uns besprochenen Metalls, eingegangen sind, denn damit haben wir gleich die ganze Angelegenheit erledigt.

* * *

Wir haben es im Vorangehenden als selbstverständlich hingestellt, dass die Reduktion des Eisenoxids zu Eisen mittels Kohle ausgeführt wird. Im Laboratorium hat man aber noch andere Mittel zur Reduktion der Metalloxide zur Verfügung, die sich für Laboratoriumszwecke oft weit bequemer gestalten. Bei dem Bestreben des Wasserstoffs, sich mit Sauerstoff zu Wasser zu vereinigen, ist, wie zu erwarten z. B. Wasserstoff vortrefflich zu Metallreduktionen, also zur Herausnahme von Sauerstoff aus den Oxiden, geeignet (Fig. 37). hier genügt schon die Hitze einer Spiritusflamme, die wir z. B. unter das in einer Röhre be-

Fig 37: Reduktion von Eisenoxid zu Eisen mittels Wasserstoff-Gas.

findliche Eisenoxid stellen, während wir durch die Röhre Wasserstoff-Gas leiten.

Das Eisen backt hierbei in keiner Weise zusammen und stellt daher ein außerordentlich feines Pulver dar. Lässt man es, nach völligem Erkalten im Wasserstoffstrom, aus der Röhre herausfallen, so verbrennt es gleich wieder an der Luft zu Oxid, indem seine große Oberfläche dem Luftsauerstoff ein genügendes Angriffsobjekt zur Wiedervereinigung bietet. Solches Eisen ist pyrophor, wie man sagt.

2.12.3 Mangan

Ein dem Eisen sehr ähnliches Metall ist das Mangan, von dem man dem geschmolzenen Roheisen in der Bessemerbirne etwas zusetzt, weil es die Erfolge des Bessemerns verbessert aus Gründen, deren Darlegung uns zu weit führen würde. Es kommt in der Natur nicht gerade selten vor, und weil das meistgefundene Erz braun aussieht, heißt es Braunstein. Seine Zusammensetzung ist die eines Superoxids, nämlich MnO_2.

Dieses Erz diente uns einst zur Entwicklung von Chlorgas aus Salzsäure, und so können wir die dort nicht geschriebene Gleichung für den Prozess hier leicht verstehen:

$$MnO_2 + 4\ HCl = 2\ Cl + MnCl_2 + 2\ H_2O.$$

Die Gleichung sollte aber eigentlich aussehen:

$$MnO_2 + 4\ HCl = MnCl_4 + 2\ H_2O.$$

Doch ist das dem Mangansuperoxid entsprechende Mangansuperchlorid nun einmal von Natur aus nicht beständig, dem Mangansuperoxid entsprechende Salze gibt es nicht, und an ihrer statt treten sozusagen 2 Hälften, tröten 2 Zerfallsprodukte auf, nämlich in diesem Fall $MnCl_2$ Manganchlorür (oder Manganochlorid) und Cl_2 also freies Chlorgas.

Die zahlreichen Sauerstoffverbindungen des Mangans bilden ein ganz ausgezeichnetes Lehrmittel auf dem Gebiet der wechselnden Wertigkeit bei Metallen und sollen deshalb hier näher besprochen werden.

DIE ANORGANISCHE CHEMIE

Man kennt erstens das Manganoxidul MnO. hier tritt das Metall zweiwertig auf. Formel des Manganosulfats ist $MnSO_4$.

Man kennt zweitens das Manganoxid Mn_2O_3. Hier tritt das Metall dreiwertig auf. Formel des Manganisulfats $Mn_2(SO_4)_3$.

Man kennt drittens das Mangansuperoxid MnO_2. Hier tritt das Mangan vierwertig aus. O=Mn=O. Es liefert also keine entsprechenden Salze, wie die soeben besprochene Chlordarstellung zeigte.

In Verbindung mit noch mehr Sauerstoff zeigen die Mangansauerstoffverbindungen saure Eigenschaften.

Man kennt nämlich viertens die Mangansäure in Form des mangansauren Kaliums MnO_4K_2. Hier tritt das Mangan sechswertig auf $$\begin{array}{c} O \\ O \end{array}\!\!\!> Mn <\!\!\!\begin{array}{c} OK \\ OK \end{array}.$$

Man kennt fünftens das übermangansaure Kalium MnO_4K. In ihm erscheint das Mangan siebenwertig $$\begin{array}{c} O \\ O \end{array}\!\!\!> Mn <\!\!\!\begin{array}{c} O \\ OK \end{array}.$$

Zum mangansauren Kalium kommt man, indem man Braunstein MnO_2 mit Ätzkali KOH und chlorsaurem Kalium $KClO_3$ zusammenschmilzt, wobei letzteres seinen Sauerstoff als Oxidationsmittel hergibt. Die Lösung des mangansauren Kaliums ist grün. Leitet man in sie Chlorgas, so schlägt die Farbe in Rot um, indem sich übermangansaures Kalium und Chlorkalium bilden.

$$K_2MnO_4 + Cl = KMnO_4 + KCl.$$

2.12.4 Weitere schwere Metalle

Technisch besonders wichtig ist das Kupfer, zumal die elektrotechnische Industrie so sehr auf dasselbe angewiesen ist. Von ihm kennt man das Kupferoxidul Cu_2O und Kupferoxid CuO und dementsprechende Salze. Uralt ist seine Mischung (Legierung) mit Zinn, die den Namen Bronze führt. Aus ihr wurden viele Gerätschaften, z. B. auch Schwerter, gemacht, bevor man den Stahl herzustellen lernte, der sie auf vielen Gebieten verdrängte, und man bezeichnet die Zeit, wo die Bronze das wichtigste Metallmaterial für die Menschen war, geradezu als Bronzezeit. Die zweite sehr bekannte

Legierung des Kupfers heißt Messing. Sie besteht aus Kupfer und Zink und ist noch nicht gar so lange bekannt, was natürlich nur am Zink liegen kann. Und das verhält sich so: Zum Kupfer und zum Zinn kommt man durch Erhitzen ihrer oxidischen Erze mit Kohle, also ganz entsprechend der Gewinnung des Eisens.

* * *

Beim **Zink** ist diese Methode jedoch aus folgendem merkwürdigen Grund nicht anwendbar. Erhitzt man oxidisches Zinkerz mit Kohle, so entstehen auch hier Zink und Kohlenoxid, jedoch geht die Reduktion bei einer für das metallische Zink sozusagen zu hohen Temperatur vor sich. Denn bei dieser Temperatur ist das Zink bereits gasförmig, kann daher in einem gewöhnlichen Ofen nicht gewonnen werden. Zu seiner Gewinnung muss deshalb Zinkoxid mit Kohle in Retorten erhitzt werden, aus welchen es herausdestilliert. Sowohl die Retortenform wie die Art ihrer Erhitzung sind natürlich stark von der Laboratoriumsarbeit in Glasretorten verschieden. Die Retorten werden hier aus feuerfestem Ton gefertigt usw. Die Gewinnung des Zinks durch Destillation ist in Europa vor etwa 300 Jahren eingeführt worden. Zink bildet nur das Oxid ZnO, tritt stets nur zweiwertig auf.

* * *

Auch **Quecksilber** muss durch Destillation gewonnen werden. In der Natur findet sich hauptsächlich Schwefelquecksilber, und so verfährt man so, dass man dieses mit Eisen mischt. Beim Erhitzen bildet sich in der Retorte Schwefeleisen, und das in Freiheit gesetzte Quecksilber destilliert über.

* * *

Die merkwürdigste Darstellung eines Schwermetalls im Großen ist jetzt aber jedenfalls die des **Nickels**, wie sie seit Ende des 19. Jahrhunderts in Aufnahme gekommen ist. Bis dahin hatte man oxidisches Nickelerz mit Kohle bei höchster Temperatur in Tiegeln zu Metall reduziert, weil auch hier große Reduktionsöfen nicht zu brauchen waren. Doch war im Jahre 1890 gefunden worden, dass Nickel sich mit Kohlenoxid-Gas zu $Ni(CO)_4$ zu Nickelkohlenoxid vereinigt. Es ist das eine schon bei 43° siedende Flüssigkeit, deren Dampf sehr leicht wieder in Nickel und Kohlenoxid-Gas zerfällt. Es ist nun gelungen, technisch so zu arbeiten, dass das Nickel der Nickelerze in einem Strom von Kohlenoxid-Gas in Nickelkohlenoxid

DIE ANORGANISCHE CHEMIE

übergeht, welches sich verflüchtigt, während alle Verunreinigungen zurückbleiben. Zerlegung des Nickelkohlenoxids liefert darauf so gut wie chemisch reines Nickel, das seit Aufkommen dieses Prozesses nicht teurer als das auf die ältere Art gewonnene Nickel ist, welches aber ziemlich unrein ausfiel. Nickelmünzen bestehen meist aus 25 % Nickel und 75 % Kupfer. Das Nickel in einem großen Teil von ihnen ist also schon einmal gasförmig durch die Luft geflogen. —

Vom **Gold, Platin** und **Silber** lässt sich hier nichts Besonderes sagen; sie sind Metalle wie die anderen auch.

2.12.5 Die leichten Metalle

A. Kalium und Natrium

Die bisher besprochenen Metalle sind zumeist uralt bekannt und entsprechen in ihrem Aussehen und Verhalten dem Begriff, den man nun einmal mit diesem Ausdruck verbindet. Sie sind an der Luft durchaus beständig, haben eine bedeutende Festigkeit und ihren eigentümlichen Metallglanz.

Nun haben wir häufig die Alkalien Kali und Natron erwähnt, die in Verbindung mit Kohlensäure als kohlensaures Kalium den Namen Pottasche als kohlensaures Natrium den Namen Soda führen. Der Name Pottasche deutet den Ursprung an, woher man dieses Material bezog, wenn man nämlich Holzasche mit Wasser auskocht und den wässerigen Auszug in einem Topf zur Trockne dampft, so hinterbleibt die Pottasche als feste Masse, kochte man die Asche von Seepflanzen aus, so hinterblieb die Soda, letzteres wurde aber nur in sehr geringem Maßstab ausgeführt, weil nicht allzu viel Seepflanzen vom Ufer aus zu haben sind.

Namentlich die Pottasche ist uralt bekannt und sie fand ausgedehnte Verwendung, so war sie bei der Herstellung des Glases (Seite 74) und für die Färberei usw. unentbehrlich. Ihre Menge hing aber von der Menge des verbrannten Holzes ab und war deshalb beschränkt, ja, es musste die Zeit kommen, wo wegen Zunahme der europäischen Bevölkerung hier gar nicht genug von ihr zu beschaffen war. So schrieb denn schon 1775 die französische Akademie einen Preis für die künstliche Herstellung von — Soda aus. Pottasche auf anderem Weg als aus Holzasche herzustellen, schien damals ausgeschlossen, weil man kein sonstiges Kalivorkommen in größeren Mengen kannte. Doch in der Soda steckt Natron, und Kochsalz ist Chlornatrium. Die Preisaufgabe lautete deshalb auf fabrikmäßige Überführung von Kochsalz in Soda.

Gelöst hat diese Aufgabe der Franzose Leblanc.

Er erfand Folgendes: Man erhitzt Kochsalz mit Schwefelsäure, das gibt, wie wir wissen (Seite 27), Salzsäure und schwefelsaurer Natrium. Schmilzt man Letzteres mit Kohle und Kalkstein, also kohlensaurem Kalzium, so bildet sich in der Schmelze kohlensaures Natrium, also Soda, welche durch Wasser ausgelaugt werden kann. Die Sodaindustrie begann um 1824 Großindustrie zu werden, und da sie Schwefelsäure brauchte, Salzsäure als Abfall und noch manches andere lieferte, ist sie, die bis 30.000 Arbeiter beschäftigt hat, die Lehrmeisterin der gesamten heutigen chemischen Industrie geworden. Sie hat in Ruhe, bei andauernden Verbesserungsbestrebungen, bis etwa zum Jahr 1880 existiert. Seitdem ist sie dem billiger arbeitenden Verfahren von Solvay ziemlich rasch erlegen. Dieser Erfinder löst Kochsalz in Wasser und leitet Ammoniak-Gas und darauf Kohlensäure in die Lösung. Es bildet sich hier saures kohlensaures Ammonium, welches sich mit dem Kochsalz sogleich zu saurem kohlensaurem Natrium und Chlorammonium umsetzt. Erhitzt man das aus der Flüssigkeit in fester Form herausfallende saure kohlensaure Natrium, so zerfällt es in einfach kohlensaures Natrium, also Soda nebst Kohlensäure, entsprechend der Gleichung:

$$2\, CO\!\!<\!\!\genfrac{}{}{0pt}{}{ONa}{OH} = Na_2CO_3 + CO_2 + H_2O.$$

Auch dieses Verfahren sieht auf dem Papier einfacher aus, als es sich in Wirklichkeit gestaltet. So muss natürlich das im Verfahren gebrauchte Ammoniak immer wiedergewonnen werden, wozu die Flüssigkeit, aus der das doppeltkohlensaure Natrium sich ausgeschieden hat, mit Kalk gekocht wird (siehe Seite 54f). Auch liefert das Verfahren keine Salzsäure, indem das Chlor des Kochsalzes hier, beim Kochen der Chlorammoniumlösung mit Kalk zur Wiedergewinnung des Ammoniaks, in Chlorkalzium, ein so gut wie wertloses Salz, übergeht. Deshalb ließ man denn auch diese Chlorkalziumlaugen am liebsten in den nächsten Fluss laufen. Aus

DIE ANORGANISCHE CHEMIE

Umweltschutzgründen verzichtet man aber heute auf eine umweltschädliche Entsorgung.

Bei der Gewinnung der Seife (siehe Seite 117) zeigen wir, dass zu ihrer Herstellung Fette mit Ätzkali oder Ätznatron gekocht werden müssen. Zu diesen ätzenden Alkalien kommt man nun, wenn man Pottaschelösung oder Sodalösung mit gelöschtem Kalk, d. i. Ätzkalk, versetzt. Zufolge der Gleichungen ...

$$K_2CO_3 + Ca\begin{matrix}OH\\OH\end{matrix} = 2\ KOH + CaCO_3$$

$$Na_2CO_3 + Ca\begin{matrix}OH\\OH\end{matrix} = 2\ NaOH + CaCO_3$$

... bemächtigt sich der Ätzkalk der Kohlensäure, indem er mit ihr als unlösliches kohlensaures Kalzium aus der Flüssigkeit ausfällt, weshalb wir den gelöschten Kalk $Ca\begin{matrix}OH\\OH\end{matrix}$ geschrieben haben, erfahren wir weiterhin beim Kalzium. In der Flüssigkeit sind jetzt Ätzkali oder Ätznatron vorhanden. Die Flüssigkeit ätzt furchtbar, wie der Name besagt. Dampft man sie zur Trockne, so hinterbleiben Ätzkali oder Ätznatron als weiße feste Körper.

* * *

Diese weißen Körper weiter zu zerlegen, wollte nicht gelingen, wenn wohl auch niemand daran dachte, sie deshalb als Elemente anzusehen. Man war überzeugt, es fehlte nur an der Methode zu ihrer Zerlegung. So war es denn auch in der Tat. Um 1790 hatte Galvani Froschschenkel zucken sehen, wenn sie, die an einem Kupferdraht aufgespießt waren, auf ein eisernes Gitter gehängt wurden. Das führte diesen genialen Mann zur Erfindung der galvanischen Elektrizität. Damit war Elektrizität, die bis dahin Elektrisiermaschinen höchst spärlich lieferten, leichter zugänglich geworden, man konnte jetzt mit dem elektrischen Strom weit bequemer experimentieren. Als nun Davy im Jahre 1806 den elektrischen Strom durch geschmolzenes Ätzkali mit großer Experimentierkunst leitete, bemerkte er eine Zersetzung, des Ätzkalis, und zwar seltsamer Art. Die weiße Masse lieferte ein Metall von höchst merkwürdigen Eigenschaften. Es war zwar im ersten Moment blank wie Silber, wurde aber an der Luft gleich wieder grau. Es war so leicht, dass es auf Wasser schwamm, aber nicht nur das, sondern auf dem Wasser fing es auch gleich zu brennen und zu verbrennen an. Sein Versuch ergab also erstens, dass der elektrische Strom imstande ist, anorganische chemische Verbindungen, welche ihn leiten, bis in ihre Elemente zu zersetzen, und zeigte weiter, dass im Ätzkali ein Metall von erstaunlichem Verhalten steckt. Das Metall hat er Kalium genannt. Es hat solche Verwandtschaft zum Sauerstoff, dass es sich am liebsten sogleich wieder mit ihm verbindet, weshalb es an der Luft ganz unbeständig ist. Man muss es deshalb in Flaschen aufbewahren, die eine Flüssigkeit enthalten, die frei von Sauerstoff ist. Heutzutage benutzt man dazu das dieser Bedingung entsprechende Petroleum, denn Petroleum ist ja (Seite 104) ein Gemisch von Kohlenwasserstoffen.

Infolge seines geringen spezifischen Gewichts schwimmt Kalium auf Wasser, wirft man es aber darauf, so bemächtigt es sich sofort des Sauerstoffs im Wasser. Dadurch wird das Wasserstoff-Gas aus dem H_2O frei. Die Reaktion ist so heftig, dass dieses Wasserstoff-Gas in Brand gerät und seinerseits das Kalium mit in Brand setzt. Man darf deshalb nur ganz kleine Stückchen Kalium auf Wasser in einer offenen Schale werfen, sonst bekommt man eine furchtbare Explosion, und selbst geringe Mengen Kalium in eine Flasche zu werfen, aus deren Boden sich Wasser befindet, kostet leicht das Augenlicht durch die mit ungeheurer Gewalt herumgeschleuderten Stücke der durch die Explosionsgewalt zerspringenden Flasche.

In gleicher Weise wie das Kalium kann man auch das Natrium erhalten. Das Natrium zeigt dem Kalium durchaus entsprechende Eigenschaften, nur in etwas gemilderter Form; aber man hüte sich auch durchaus z. B. ein Natriumstück größer als eine halbe Erbse — Natrium ist heute billig käuflich — auf Wasser zu werfen.

Alle Säuren verbinden sich mit Kalium und mit Natrium in Form von Ätzkali oder Ätznatronlösung zu Salzen; so ist denn die Anzahl der von ihnen bekannten Salze Legion. Sie spielen technisch eine außerordentliche Rolle. So ist salpetersaures Kalium die Grundlage des Schießpulvers (siehe Seite 58), chlorsaures Kalium $KClO_3$ der maßgebende Bestandteil der Zündhölzer. Chlorkalium, welches beispielsweise die um 1860 in Betrieb gekommenen Staßfurter Bergwerke in beliebiger Menge liefern, eines der wichtigsten künstlichen Düngemittel. Die Pottasche erwähnten wir schon, ebenso das Ätzkali in der Seifenfabrikation usw.

Soda, also kohlensaures Natrium, ersetzt heute zumeist die Pottasche. Ätznatron liefert, wie erwähnt, die harten Seifen, kocht man Holz mit ihm, so liefert es die Natronzellulose für die Papierfabrikation. Schwefelsaures Natron wird mit zu Glas verschmolzen als billiger Lieferant für das Natrium im Glas, vom Chlornatrium, dem Kochsalz, ist überflüssig, Weiteres zu sagen, und der aus Chile kommende Natronsalpeter, das salpetersaure Natrium, ist ein künstliches Düngemittel von gleicher oder noch höherer Wirksamkeit als das Chlorkalium usw.

2.12.6 Kalzium, Strontium, Barium

Nachdem erst mal das Kalium entdeckt war, lag es nahe, ein ähnliches Metall im gebrannten Kalk, dessen chemische Weiterzerlegung nicht gelingen wollte, zu vermuten. Auch hier führte schließlich die Anwendung des elektrischen Stromes zum Ziel, und das Metall wurde Kalzium genannt. Es ist von gelber Farbe. Sein Oxid ist der gebrannte Kalk. Man kommt zum gebrannten Kalk, wenn man Kalkstein brennt. In der Hitze des Glühofens (Fig. 38) verliert er die Kohlensäure, kurzum, der gebrannte Kalk ist ein bezwungener Riese, dem die Hitze etwas ihm sehr Liebes fortgenommen hat. So hat er denn das Bestreben, sich, wenn es nicht gerade Kohlensäure sein kann, mit sonst etwas Geeignetem zu verbinden. Schon das kalte Wasser ist ihm dazu recht. Unter gewaltiger Wärmeentwicklung verbindet er sich ihm, wenn man ihn damit übergießt, und das entstandene Produkt nennen wir gelöschten Kalk. Seine einige Seiten früher geschriebene Formel erklärt sich, da die Formel des gebrannten Kalks CaO ist, so:

$$CaO + H_2O = Ca{<}^{OH}_{OH}$$

Wir ersehen aus der Formel zugleich die Zweiwertigkeit des Kalziums. Der gelöschte Kalk liefert den Maurern den Mörtel. Sie mischen ihn dazu mit Sand,

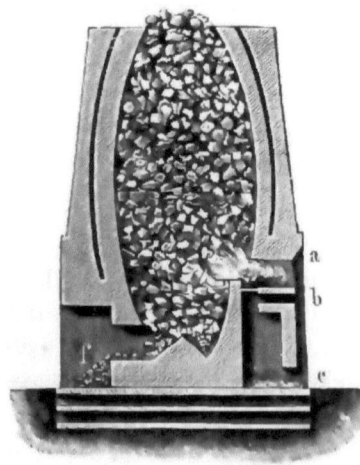

Fig 38: Ofen zum Brennen von Kalkstein.

wodurch er eine leicht zwischen die Ziegel streichbare Masse wird. Mörtel erhärtet, indem die Kohlensäure der Luft wieder kohlensaures Kalzium in ihm bildet, sozusagen künstlichen Kalkstein, also eine sehr feste Masse. Im Laufe der Jahrhunderte wirkt aber der Sand, welcher ja Kieselsäure ist, auf den kohlensauren Kalk. Es bildet sich, wenn auch sehr langsam, kieselsaures Kalzium, und dieses ist weit fester als kohlensaures Kalzium. Die viel bewunderte Festigkeit sehr alten Mauerwerks hat hierin ihren Grund. Nicht die Alten verstanden besonders guten Mörtel zu bereiten, sondern das Alter hat ihn so fest gemacht.

Nicht nur kohlensaures Kalzium, sondern auch schwefelsaurer Kalzium finden wir in Form ganzer Hügel. Letztere Verbindung wird Gips genannt. Seine Formel im kristallisierten Zustand ist $CaSO_4 + 2H_2O$. Erhitzt man Gips, so verliert er die 2 H_2O. Rührt man den gebrannten Gips mit Wasser an und gießt ihn z. B. rasch in Formen, so hat man Gipsabgüsse. Der Brei wird in ihnen bald hart, indem er sein Kristallwasser allmählich wieder aufnimmt und mit den 2 Molekülen H_2O wieder zur festen Masse wird.

2.12.7 Radium

Den Kalziumverbindungen sehr ähnlich verhalten sich die Verbindungen des Strontiums und Bariums.

Wir hätten sie hier nicht besonders zu erwähnen, wenn wir nicht ein als Begleiter der Bariumverbindungen gefundenes Element noch zu erwähnen hätten, dessen seltsame Eigenschaften uns das Wesen der Atome haben besser erkennen lassen, nämlich das Element Radium.

1896 legte sich Becquerel die Frage vor, ob es vielleicht die Umkehrung der Erscheinungen der Röntgenstrahlen gäbe, d. h., ob es, weil Röntgenstrahlen Fluoreszenz erzeugen, möglich sei, mittels fluoreszierender Körper zu Röntgenstrahlen zu kommen. Seine versuche führt er derart aus, dass er eine fotografische Platte in schwarzes Papier hüllte, sodass das Tageslicht nicht auf sie wirken kann, auf das Papier z. B. einen Schlüssel legte, und auf diesen wieder Stoffe mit Fluoreszenzerscheinungen. Entwickelte er später die fotografische Platte, so fand er, dass Uranverbindungen — Uran ist ein Element, von dem wir sonst nichts zu besprechen haben —

eine fotografische Wiedergabe des Schlüssels aus der Platte bewirkt hatten. Uranverbindungen mussten somit Strahlen ausgesendet haben, mit welchen man durch schwarzes Papier hindurch fotografieren kann. Diese Strahlen sind aber, wie hernach beschrieben wurde, keine Röntgenstrahlen, sondern wieder etwas Neues.

Weiteres Suchen zeigte, dass das Uranmineral, welches wegen seines Aussehens Pechblende genannt wird und speziell reichlich zu Joachimsthal in Böhmen vorkommt, besonders für derartiges Fotografieren geeignet ist. Das Mineral ist ein recht unreines Uranerz, denn es enthält noch viele andere Elemente nebenbei. Es wurde nun im Laboratorium in seine chemischen Bestandteile zerlegt, und die einzelnen Bestandteile immer wieder auf ihre fotografische Kraft geprüft, dabei schien diese Kraft am lang bekannten Element Barium zu haften. Weitere Untersuchungen zeigten aber, dass es nicht das Element Barium ist, welches die Strahlen aussendet, sondern ein bis dahin unbekanntes Element, welches das Barium in der Pechblende begleitet. Dieses Element hat vom Strahlen her (Strahl heißt lateinisch radius) den Namen Radium erhalten. Im Jahre 1911 ist es dann als rein silberweißes Metall in außerordentlich geringer Menge dargestellt worden. Es selbst, sowie seine Verbindungen zeigen nun so merkwürdige Eigenschaften, dass viele vorherigen Vorstellungen dadurch einfach auf den Kopf gestellt werden. Befestigt man ein wenig Radiumchlorid an einem Thermometer, so zeigt er höhere Temperatur als die Umgebung an. Das Radium liefert also dauernd Wärme, was doch sonst kein Stoff auf Erden tut. Das Radium strahlt auch dauernd, und zwar ergibt die Untersuchung, dass es mehrere Sorten von Strahlen, die z. B. verschieden brechbar sind, aussendet. Das Wunderbarste ist aber, dass eine Sorte dieser Strahlen gar kein Strahl nach Art eines Lichtstrahles, sondern ein Strahl nach Art eines Wasserstrahles, also ein materieller Strahl ist. Man kann diese „Emanation" in Glas auffangen, und untersucht man den Inhalt des Glases einige Tage später im Spektralapparat, so sieht man, dass die Emanation zu dem Element Helium geworden ist. Hier haben wir also Verwandlung von einem Element in ein anderes vor uns.

Hier scheint der Traum der Alchimisten, einen Stoff in einen anderen z. B. in Gold zu verwandeln, erfüllt. Es scheint aber auch nur so. Denn was der Alchimist mittels Laboratoriumsarbeit ausführen wollte, besorgt hier die Natur aus sich selbst. Wir können den Prozess nicht im Laboratorium nachmachen, können ihn nicht beeinflussen, wir müssen ihn als gegeben hinnehmen.

Gibt Radium dauernd Emanation aus, so muss es durch diesen Verlust sich seinerseits ändern, etwas anderes werden. Radium A wird Radium B usw. Zur Erklärung der Radiumerscheinungen kann die bisherige Vorstellung von Atomen nicht dienen, weil Atome ja die unveränderlichen stets gleich groß und gleich schwer bleibenden kleinsten Teile der Elemente sein sollen. Man hat deshalb für das Radium eine neue Theorie, die Zerfallstheorie genannt wird, aufgestellt. Auch das sei aber besonders hervorgehoben, dass damit nicht etwa die ältere Chemie, die mit Atomen und Molekülen agiert, über den Haufen geworfen ist. Die Chemiker, welche nicht über das Radium arbeiten, kommen mit den vorherigen Vorstellungen über Atome und Moleküle nach wie vor aus. Wenn im Jahre 1911 zuerst die wunderbare Leistung durchgeführt wurde, Kautschuk künstlich herzustellen, so gründet sich diese erstaunliche Leistung ganz und gar und absolut unbeeinflusst auf die Erscheinungen, die das Radium zeigt, auf jenen Vorstellungen über die Gruppierung von kohlenstoffhaltigen offenen und ringförmig geschlossenen Atomkomplexen, die wir unter dem Namen „organische Chemie" mit Rücksicht auf ihre Wichtigkeit ausführlich im Kapitel „Organische Chemie" Seite 101ff besprechen.

2.12.8 Aluminium

Aluminium ist das am meisten auf der Erde vorkommende Metall. Sein Oxid Al_2O_3 bildet nämlich in Form seines kieselsauren Salzes den Ton, welcher chemisch betrachtet also kieselsaures Aluminium ist. Unreinen Ton nennen wir Lehm, und da aus Lehm die Ziegel gebrannt werden, bestehen unsere Häuser zum bedeutenden Teil aus Aluminium, ist jeder Ziegelbrocken, jedes Porzellan, jeder Topfscherben ein „Aluminiumerz", ja, jeder Lehmboden ist es.

Weshalb haben denn aber jene begabten Menschen, die vor Jahrtausenden schon aus Eisenerz Eisen, aus Bleierz Blei gewonnen haben, nicht schon aus dem ganz besonders leicht zu habenden Aluminiumerz Aluminium dargestellt? Nun der Grund ist, dass auf Aluminiumoxid Kohle nicht reduzierend wirkt. Man mag das Oxid mit Kohle gemischt der unerhörtesten Hitze aussetzen, niemals nimmt die Kohle dem Al_2O_3 den Sauerstoff fort, das Verbindungsbestreben des Sauerstoffs zum Aluminium ist größer als zur Kohle, und so kann mittels Kohle Aluminium nicht hergestellt werden. Erhitzt man jedoch mit Kohle gemischtes Aluminiumoxid im Chlorgasstrom, so bekommt man zwar nicht Aluminium, aber doch eine andere Aluminiumverbindung, nämlich Aluminiumchlorid ...

$$Al_2O_3 + 3\ C + 6\ Cl = 2\ AlCl_3 + 3\ CO,$$

... und zwar im wasserfreien Zustand, indem jetzt das Verbindungsbestreben zwischen Aluminium und Chlor bei der Beeinflussung des Aluminiumoxids durch Kohle mitwirkt. lässt man weiter Natriummetall auf solches Aluminiumchlorid wirken, so kommt man auf diesem Umwege zum Aluminium als Metall nebst Kochsalz.

$$2\ AlCl_3 + 6\ Na = Al_2 + 6\ NaCl.$$

(Wir hätten auch $AlCl_3 + 3\ Na = Al + 3\ NaCl$ schreiben können; dann hätten wir aber so getan, als ob Al, also ein Atom Aluminium, entstünde, während in Wirklichkeit Al_2, das Molekül Aluminium, sich bilden muss.)

Mittels Natrium ist lange Zeit alles Aluminium hergestellt worden. Es war infolgedessen außerordentlich teuer und kostete das Kilo etwa 300 Mark (nach heutigem Preisniveau umgerechnet ca. 5000 €Euro), während es gegenwärtig nur etwa 5 € kostet.

Es hat nun nicht an Versuchen gefehlt, das so brauchbare Aluminium mittels Elektrizität, nachdem diese durch Erfindung der Dynamomaschine ein preiswertes Agens geworden war, durch Zerlegung einer seiner dazu geeigneten Verbindungen herzustellen. Nach endlosen vergeblichen Arbeiten ist dieses denn auch gelungen. In Grönland findet sich massenhaft ein Material, welches Kryolith genannt wird. Es ist ein Doppelsalz aus Fluoraluminium AlF_3 und Fluornatrium NaF von der Formel $AlF_3 + 3\ NaF$ oder $AlNa_3F_6$. Schmilzt man dieses Salz, so vermag es Aluminiumoxid Al_2O_3, aufzulösen. Jetzt hat man eine Lösung dieses Oxids in allerdings feurigflüssigem Zustand, aber das geniert den elektrischen Strom nicht. Leitet man ihn durch diesen feurigen Fluss, so zerlegt er das Oxid nach der Gleichung $Al_2O_3 = Al_2 + O_3$ in Aluminiummetall und

METALLE

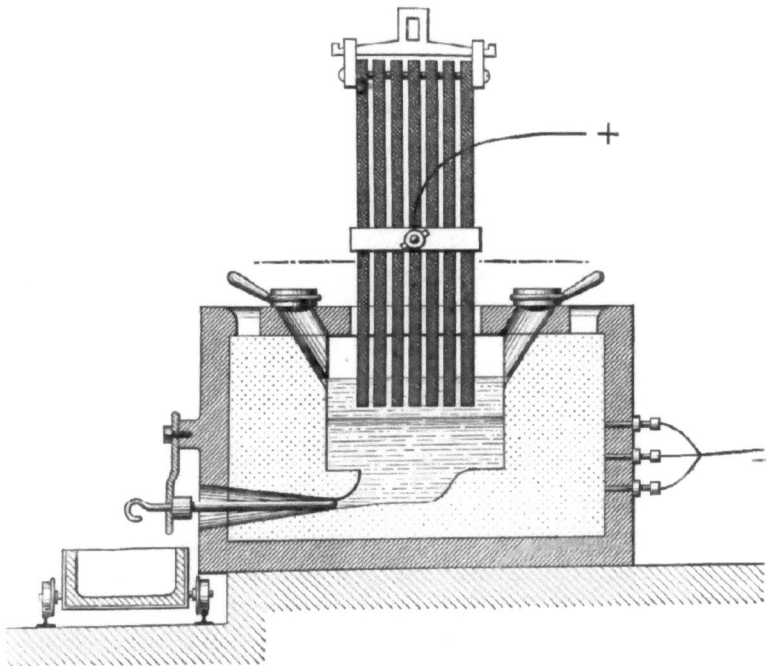

Fig 39: Elektrischer Ofen zur Herstellung von Aluminium.

Sauerstoff, womit die Aufgabe der Gewinnung von preiswertem Aluminiummetall gelöst ist.

Zur Herstellung von 1 Kg Rohaluminium sind ungefähr 12,9 bis 17,7 Kilowattstunden an elektrischer Energie nötig (Fig. 39). Wie man sieht, sind im Aluminium sehr große Energiemengen aufgespeichert, die denn auch bei passender Verwendung ausgezeichnete Leistungen ergeben. Wir kennen bisher als Reduktionsmittel von Oxiden der Metalle nur die Kohle und das Wasserstoff-Gas. Nun, das Aluminium reduziert, wenn es im fein verteilten Zustand mit Oxiden sonst kaum reduzierbarer Metalle gemischt wird, diese fast momentan, wenn man das Gemisch durch eine Zündpille an einer Stelle entzündet (Thermitverfahren).

So sind Metalle kiloweise zugänglich geworden, die davor nur mit unendlicher Mühe im Laboratorium in wenigen Grammen gewonnen werden konnten. Dahin gehören **Chrom**, **Titan**, **Vanadium**, **Wolfram** usw. Uns begegnen diese Namen öfter in Verbindung mit Stahl. Schmilzt man nämlich Stahl im elektrischen Ofen, so kann man ihm diese einst kaum zu habenden Metalle ohne Mühe einverleiben, und diese neuen Legierungen, also Chromstahl usw., zeigen ganz erstaunliche Festigkeit, die für die Herstellung kräftigster Motoren, die ein geringes Gewicht für Kraftfahrzeuge und Flugzeuge haben müssen, unentbehrlich sind. Aber auch den Werkzeugen, mit denen die Maschinenteile hierzu hergestellt werden, haben sie zu ungeahnten Leistungen verholfen. Wohl mit die bedeutendste Erfindung auf diesem Gebiete ist der im Jahre 1900 erfundene Schnelldrehstahl aus Wolframstahl. Er leistet das Siebenfache der bis dahin gekannten Drehstähle, sodass mit ihm ausgestattete Werkzeugmaschinen in der gleichen Zeit jetzt die siebenfache Arbeit wie davor leisten.

2.13 Das periodische System der Elemente

Nachdem wir nunmehr das Wichtigste über die für das Leben wertvolleren Elemente, die uns insgesamt nebst ihren Atomgewichten (von Seite 28 her) bekannt sind, kennengelernt haben, fragt sich, ob wir die Elemente als einen regellosen Haufen zufälliger Urstoffe zu betrachten haben, oder ob die Natur auch zwischen ihnen eine gewisse Regelmäßigkeit, einen erkennbaren Zusammenhang walten lässt. Schon im Jahre 1826 behauptete Prout, der Wasserstoff sei die Grundlage von allem, die Atome aller anderen Elemente seien nichts anderes wie ein kompakter Haufen von Wasserstoffatomen. Daraus folgte, dass alsdann die Atomgewichte aller Elemente ganze Zahlen darstellen mussten, nämlich Vielfache vom Atomgewicht des Wasserstoffs. Längst ist bewiesen, dass das nicht der Fall ist. Diese Hypothese, die sich eigentlich durch nichts anderes als durch die Kühnheit, mit der sie auf unbewiesenen Annahmen fußt, ausgezeichnet hat, konnte des Rätsels Lösung nicht bringen. Auch Versuche späterer Forscher auf diesem Gebiet führten zu nichts Erwähnenswertem, bis Mendelejew im Jahre 1869 den Zusammenhang aller Elemente untereinander in genialster Weise klarlegte, und zwar gleich so klarlegte, dass er aus seiner Tabelle Eigenschaften noch unbekannter Elemente mit solcher Sicherheit vorauszusagen vermochte, dass, als diese Elemente später in seltenen Mineralien ausgefunden wurden, sie die Eigenschaften wirklich hatten, die, man muss in diesem Falle sagen das dichterische und prophetische Genie Mendelejews ihnen bereits

DAS PERIODISCHE SYSTEM DER ELEMENTE

beigelegt hatte, weil nun seine Voraussagen zutrafen, wurden sie zugleich der untrügliche Beweis der Richtigkeit seiner Vorstellungen. Auch seine Tabelle der Elemente lässt dabei an Einfachheit der Anordnung nichts zu wünschen übrig; er schreibt einfach die Elemente nach ihren steigenden Atomgewichten hintereinander. Nur zieht er in Betracht, dass wir ja noch nicht alle Elemente kennen, und weiß die Plätze für noch zu entdeckende Elemente auszusparen.

Allgemeine Formel der a) Wasserstoffverbindungen, b) an Sauerstoff reichsten Oxyde der betr. Gruppe.	Gruppe 1 R_2O	Gruppe 2 R_4O_2	Gruppe 3 R_4O_3	Gruppe 4 RH_4 R_2O_4	Gruppe 5 RH_3 R_2O_5	Gruppe 6 RH_2 R_2O_6	Gruppe 7 RH R_2O_7	Gruppe 8 R_2O_8
Reihe 1	H=1							
„ 2	Li=7	Be=9	B=11	C=12	N=14	O=16	F=19	Ne=20
„ 3	Na=23	Mg=24	Al=27	Si=28	P=31	S=32	Cl=35	A=40
„ 4	K=39	Ca=40	Sc=44	Ti=48	V=51	Cr=52	Mn=55	Fe=56. Co=59. Ni=59.
„ 5	Cu=63	Zn=65	Ga=70	Ge=72	As=75	Se=79	Br=80	Kr=81
„ 6	Rb=85	Sr=87	Yt=89	Zr=90	Nb=93	Mo=96		Ru=101. Rh=103. Pd=106.
„ 7	Ag=107	Cd=112	In=115	Sn=119	Sb=120	Te=127	J=127	X=127
„ 8	Cs=133	Ba=137	La=139	Ce=140	Pr=140	Nd=144	Sa=150	
„ 9	Gd=157		Tb=160		Cr=167		Tu=168	
„ 10			Yb=172		Ta=181	W=184		Os=190. Ir=193. Pt=195.
„ 11	Au=197	Hg=200	Tl=204	Pb=207	Bi=208			
„ 12		Ra=225		Th=232		U=238		

R bedeutet je ein Atom der Elemente der Gruppe.
Statt R_2O, kann man auch RO, statt R_4O_2, RO_2 schreiben; nur der Übersichtlichkeit halber sind diese schematischen Formeln verdoppelt.

Fig 40: Periodisches System der Elemente nach Mendelejew. Ein aktuelles periodisches System nach heutigem Wissensstand findet man auf Seite 8.

Dem periodischen System zufolge sind also die Eigenschaften der Elemente Funktionen ihrer Atomgewichte. Betrachten wir deshalb jetzt die nach den Zahlen ihrer Atomgewichte geordneten Elemente auf der Tabelle Fig. 40 (Erste Veröffentlichung in Deutschland siehe Tabelle Seite 98. Heutiger Stand siehe Tabelle Seite 8) im Zusammenhang, so sehen wir, zufolge der Druckweise der Tabelle, dass das auf das siebte Glied einer Reihe folgende achte Glied, mit welchem deshalb eine neue Reihe beginnt, mit dem ersten der vorangehenden Reihe eine besondere Ähnlichkeit hat. Die erste Reihe ist noch zu leer, in ihr sind zu wenige Elemente bekannt, um systematisch aufgefasst werden zu können. Aber in den folgenden beiden Reihen verändert sich der Charakter der Elemente regelmäßig und allmählich mit der zunehmenden Größe der Atomgewichtszahlen, und zwar ändert er sich periodisch. Darunter wird verstanden, dass der Charakter in beiden Reihen auf gleiche Art in mancher Beziehung auf- und absteigt, wobei die in diesen Reihen untereinanderstehenden Glieder entsprechendes chemisches Verhalten zeigen. Lithium ist dem Natrium (siehe Gruppe 1) sehr ähnlich, beides sind leichte Metalle, beide sind einwertig usw. Die Ähnlichkeit von Kohlenstoff und Silizium (siehe Gruppe 4) haben wir bei letzterem schon genügend hervorgehoben,

97

DIE ANORGANISCHE CHEMIE

Ueber die Beziehungen der Eigenschaften zu den Atomgewichten der Elemente. Von D. Mendelejeff. — Ordnet man Elemente nach zunehmenden Atomgewichten in verticale Reihen so, dass die Horizontalreihen analoge Elemente enthalten, wieder nach zunehmendem Atomgewicht geordnet, so erhält man folgende Zusammenstellung, aus der sich einige allgemeinere Folgerungen ableiten lassen.

				Ti = 50	Zr = 90	? = 180
				V = 51	Nb = 94	Ta = 182
				Cr = 52	Mo = 96	W = 186
				Mn = 55	Rh = 104,4	Pt = 197,4
				Fe = 56	Ru = 104,4	Ir = 198
			Ni = Co = 59		Pd = 106,6	Os = 199
H = 1				Cu = 63,4	Ag = 108	Hg = 200
	Be = 9,4	Mg = 24		Zn = 65,2	Cd = 112	
	B = 11	Al = 27,4		? = 68	Ur = 116	Au = 197?
	C = 12	Si = 28		? = 70	Sn = 118	
	N = 14	P = 31		As = 75	Sb = 122	Bi = 210?
	O = 16	S = 32		Se = 79,4	Te = 128?	
	F = 19	Cl = 35,5		Br = 80	J = 127	
Li = 7	Na = 23	K = 39		Rb = 85,4	Cs = 133	Tl = 204
		Ca = 40		Sr = 87,6	Ba = 137	Pb = 207
		? = 45		Ce = 92		
		?Er = 56		La = 94		
		?Yt = 60		Di = 95		
		?In = 75,6		Th = 118?		

1. Die nach der Grösse des Atomgewichts geordneten Elemente zeigen eine stufenweise Abänderung in den Eigenschaften.
2. Chemisch-analoge Elemente haben entweder übereinstimmende Atomgewichte (Pt, Ir, Os), oder letztere nehmen gleichviel zu (K, Rb, Cs).
3. Das Anordnen nach den Atomgewichten entspricht der *Werthigkeit* der Elemente und bis zu einem gewissen Grade der Verschiedenheit im chemischen Verhalten, z. B. Li, Be, B, C, N, O, F.
4. Die in der Natur verbreitetsten Elemente haben *kleine* Atomgewichte.

Aus der Zeitschrift für Chemie (1869, Seiten 405-6, in welcher Medelejews Periodentafel zuerst außerhalb Russlands veröffentlicht wurde.

ebenso kennen wir die chemische Ähnlichkeit von Sauerstoff und Schwefel (siehe Gruppe 6). Da die der Tabelle zufolge ähnlichen Elemente auch stets gleiche Wertigkeit zeigen, haben auch die Formeln ihrer Verbindungen gleiche Form.

Die Elemente sind also nur nach der Größe ihrer Atomgewichte hingeschrieben, und trotzdem stimmt z. B. hernach ihr Verhalten hinsichtlich der Wertigkeiten, auf die bei der Aufstellung der Tabelle keine Rücksicht genommen war.

Von besonderer Bedeutung ist auch, dass in vielen Reihen, z. B. in der dritten, die Übergänge von einem Element zum nächsten solche Regelmäßigkeit in den Verbindungsformen zeigen, wenn man ihre Sauerstoff- und Wasserstoffverbindungen in Betracht zieht, dass die Annahme berechtigt erscheint, dass bei dieser Regelmäßigkeit kein Glied der Reihe mehr fehlt. So liefern die 7 Elemente der dritten Reihe folgende Oxide mit regelmäßig ansteigendem Sauerstoffgehalt:

DAS PERIODISCHE SYSTEM DER ELEMENTE

$$Na_2O \qquad Mg_2O_2(MgO) \qquad Al_2O_3$$
$$Si_2O_4(SiO_2) \qquad P_2O_5 \qquad S_2O_6(SO_3) \qquad Cl_2O_7$$

Die vier letzten Glieder der Reihe liefern auch Wasserstoffverbindungen, aber mit regelmäßig absteigendem Wasserstoffgehalt.

$$SiH_4 \qquad PH_3 \qquad SH_2 \qquad ClH.$$

Jedoch nicht nur in chemischer, sondern auch in physikalischer Beziehung zeigen die Reihen regelmäßige Zusammenhänge. So stehen am Anfang der Reihen die Metalle, am Ende die Halbmetalle, weiter zeigen auch die spezifischen Gewichte Regelmäßigkeit. Als Beispiel sei Reihe 7 angeführt:

	Silber	Kadmium	Indium	Zinn	Antimon	Tellur	Jod
Spezifisches Gewicht	10,5	8,6	7,4	7,2	6,7	6,2	4,9

Die Einteilung der Elemente zu je 7 ergibt in diesen Reihen stets einen scharfen Unterschied zwischen dem letzten Glied der Reihe mit gerader Zahl und dem ersten Glied der Reihe mit ungerader Zahl. Zugleich kommen aber zwischen die letzten Glieder der Reihen mit gerader Zahl und die ersten Glieder der Reihen mit ungerader Zahl in Rücksicht auf ihr Atomgewicht und ihre Eigenschaften diejenigen Elemente, welche in die Perioden von je 7 Elementen nicht eingereiht werden können. So finden wir hinter der vierten Reihe die 3 Elemente Eisen, Kobalt, Nickel. Ziehen wir diese 3 Elemente und die weiterhin stehenden entsprechenden Elemente mit ins System, so kommen wir zu den großen Perioden von je 17 Elementen. In diesen großen Perioden ist nun die Übereinstimmung zwischen den entsprechenden Gliedern, also dem ersten und achtzehnten usw., noch weit größer als bei den kleinen Perioden.

Mt Hilfe der Stellung, welche die Elemente in den großen und kleinen Perioden einnehmen, kann man also das Verhalten des achtzehnten Elements so ziemlich vorauswissen, somit auch Voraussagen. So hatte Mendelejew genau angegeben, wie das Eka-Aluminium sich verhalten würde. Eka heißt im Sanskritischen eins, und so vermied er es durch diese Vorsilbe, dem neuen Element, welches dem Aluminium ähneln sollte, einen Sondernamen zu geben.

Nun entdeckte 1875 Lecoq in Paris ein bis dahin unbekanntes Element, das, er Gallium nannte. Er hatte von ihm anfangs außerordentlich wenig in Händen, sodass seine Angaben nur ganz allgemeine sein konnten. Mendelejew erkannte aber sogleich, dass dieses Element zufällig sein Eka-Aluminium sei, und machte nun von Petersburg aus viel genauere Angaben über dieses neue Element, als sie Lecoq zu dieser Zeit schon zu geben vermochte. So sagte er, dass das Atomgewicht des Galliums rund 68 sein werde. Sein Oxid werde die Formel Ga_2O_3 sein Chlorid also die Formel $GaCl_3$, haben. Aus dieser Formel folgt aber im Anschluss an die von uns so oft durchgeführte Rechnungsweise:

$$GaCl_3 : Ga = 68 + (35,5)_3 : 68$$

… dass das Galliumchlorid aus rund 40 Prozent Gallium und rund 60 Prozent Chlor besteht. Dieses wusste und veröffentlichte Mendejelew, ehe das Galliumchlorid überhaupt von einem Menschen dargestellt war, dessen erst später mithilfe der Waage durchgeführte Analyse diese kühne Voraussage voll und ganz bestätigte.

Außer dem Gallium wurden damals sehr bald noch die Elemente Skandium und Germanium entdeckt. Auch diese beiden Neuentdeckungen passten tadellos in frei gebliebene Stellen des Systems, wir haben diese 3 Elemente in der Tabelle durch fetten Druck hervorgehoben.

Das zuverlässige Voraussagen der Eigenschaften und Atomgewichte noch unbekannter Elemente und damit zugleich das Vorauswissen der quantitativen Zusammensetzung ihrer noch gar nicht dargestellten Verbindungen wird für alle Zeiten mit zu den glänzendsten Leistungen auf chemischem Gebiet zählen.

3 Organische Chemie

3.1 Das System der Kohlenstoffverbindungen

Die organische Chemie ist die Chemie der Kohlenstoffverbindungen, und zwar ist die Bezeichnung „organische Chemie" dadurch veranlasst, dass alles Organische, das auf Erden existiert, Kohlenstoff enthält. Beim Holz kennen wir den Kohlenstoff in Form der Holzkohle, ein Apfel wird bei starkem Erhitzen schwarz, ebenso Fleisch, ebenso Knochen usw. Dient doch Beinschwarz geradezu als Farbe. Somit ist die Anzahl der organischen Verbindungen eine ganz enorme, viel größer als die Verbindungen aller anderen Elemente zusammengenommen. Sie war bis zum Jahr 1857 aber auch ganz unübersehbar, da es nicht gelingen wollte, die Verbindungen des Kohlenstoffs nach Art der Verbindungen aller übrigen Elemente samt und sonders in ein System einzureihen. Diese wunderbare Leistung hat aber im erwähnten Jahr Kekulé vollbracht, und zwar in genial einfachster Weise. Er zeigte nämlich, dass auch die Kohlenstoffchemie sich nicht nur in ein System, sondern ohne Weiteres in das allgemeine System der Verbindungen einreihen lässt, wenn man, wie bei den anderen Halbmetallen, eine Verbindung des Kohlenstoffs mit Wasserstoff zum Ausgangspunkt der Betrachtung macht und speziell vom Kohlenwasserstoff CH_4 ausgeht, d. h. mit anderen Worten ausgedrückt, wenn man den Kohlenstoff als vierwertig ansieht, somit CH_4, also ...

$$\begin{array}{c} H \\ | \\ H-C-H \\ | \\ H \end{array}$$

... zur Grundlage des Systems der Kohlenstoffverbindungen macht.

Die Weiterführung der Lehre von der Wertigkeit der Elemente, welche den Aufbau der gesamten chemischen Verbindungen, sie mögen zur anorganischen oder organischen Chemie gehören, verständlich macht, erfolgt nun nach folgender Gesetzmäßigkeit. Der Aufbau erfolgt nämlich von den einfachsten chemischen Verbindungen wie der Salzsäure HCl her bis zu den kompliziertesten

ORGANISCHE CHEMIE

Verbindungen stets so, dass in ihnen an die Stelle von etwas Einwertigem immer nur etwas Einwertiges, an die Stelle von Zweiwertigem immer nur Zweiwertiges, an die Stelle von Dreiwertigem immer nur Dreiwertiges tritt. Dieses Ein-, Zwei- und Dreiwertige können nach unserem bisherigen Wissen nur Atome von Elementen sein, aber es gibt auch Komplexe von Atomen, die als Reste bezeichnet werden, welche ein-, zwei- und dreiwertig sein, und anstelle von anderem Ein-, Zwei- und Dreiwertigem treten können. Was diese Reste sind, werden Beispiele am leichtesten klarmachen.

Chlor ist einwertig, folglich muss es im Wasser H−O−H an die Stelle eines H treten können, das lässt die Verbindung H−O−Cl voraussehen. Diese ist denn auch bekannt, sie heißt unterchlorige Säure. Ersetzen wir im Ammoniak NH_3 die Wasserstoffatome nacheinander durch Chlor, so kommen wir zu den 3 Chlorstickstoffen NH_2Cl, $NHCl_2$ und NCl_3, die ebenfalls dargestellt sind.

* * *

Gehen wir jetzt zur Kohlenstoffchemie über, so wird uns der Kohlenwasserstoff CH_4, der Methan heißt, wenn wir in ihm 3 Wasserstoffatome durch Chlor ersetzen, was ganz direkt durch Einwirkung von Chlorgas auf ihn ausführbar ist, ...

$$CH_4 + Cl_6 = CHCl_3 + 3\ HCl,$$

... die Verbindung $CHCl_3$, liefern; sie ist das so allgemein bekannte Chloroform. Ersetzen wir 2 H durch ein Sauerstoffatom O, so hat die Verbindung die Formel CH_2O. Sie heißt Formaldehyd, ist sehr antiseptisch, und ihr Name findet sich im Formol, Formamint usw. Ersetzen wir 3 H durch ein Stickstoffatom N, so sieht die Formel der neuen Verbindung so aus: H−C≡N, das ist die durch ihre Giftigkeit so berüchtigte Blausäure. Stets bleibt, wie wir sehen, die Vierwertigkeit des Kohlenstoffatoms erhalten.

Denken wir uns nun im Methan CH_4, ein H fort, so haben wir den Rest CH_3. Er ist an sich nicht existenzfähig, fehlt ihm doch zu seiner Existenzmöglichkeit das eine H. Aber einwertig ist er, das ist ebenfalls klar, er vermag ja gerade noch ein H festzuhalten, und was die Kraft hat, ein Wasserstoffatom festzuhalten, ist einwertig, geradeso wie Chlor einwertig ist, weil ein Atom Cl ein Atom H bindet. Alles Einwertige vermag aber der allgemeingültigen Regel zufolge Einwertiges festzuhalten, und so vermag ein CH_3 ein zweites CH_3 festzuhalten, was zur Formel CH_3-CH_3 führt, das ist ein neuer Kohlenwasserstoff, und in dieser Art geht das endlos weiter, also schon Kohlenwasserstoffe gibt es ohne Ende. Es seien hier z. B. noch das **Butan** und **Isobutan** formelgerecht geschrieben.

$$H-\underset{\underset{H}{|}}{\overset{\overset{H}{|}}{C}}-\underset{\underset{H}{|}}{\overset{\overset{H}{|}}{C}}-\underset{\underset{H}{|}}{\overset{\overset{H}{|}}{C}}-\underset{\underset{H}{|}}{\overset{\overset{H}{|}}{C}}-H \quad \text{und} \quad H-\underset{}{C}-C\begin{smallmatrix}H\\H\\H\end{smallmatrix}$$

Beide haben die Summenformel C_4H_{10}, bestehen also aus 4 Kohlenstoff- und 10 Wasserstoffatomen, und sind doch voneinander verschieden, weil die Lagerung der Atome in ihnen eine voneinander abweichende ist. Solche Körper bezeichnet man isomer.

Nun können Reste auch zweiwertig und dreiwertig sein. So ist der zweiwertige Rest des Methans $CH_2=$ der dreiwertige Rest $CH\equiv$, hängen diese sich aneinander, so bekommt man $CH_2=CH_2$, das ist das Äthylen-Gas und $CH\equiv CH$, das ist das Acetylen-Gas

Das **Acetylen-Gas** C_2H_2 spielte ja Anfang des 20. Jahrhunderts eine bedeutende Rolle als Beleuchtungsmittel. Seine Darstellung nimmt folgenden merkwürdigen Verlauf. Schmilzt man in der Glut des elektrischen Ofens Kalk mit Kohle zusammen, so erhält man nach der Gleichung $CaO+C_3=CaC_2+CO$ außer Kohlenoxid-Gas die Verbindung CaC_2, die man **Kalziumkarbid** genannt hat. In der unerhörten Glut des elektrischen Ofens beständig, ist Kalziumkarbid trotzdem schon kaltem Wasser gegenüber höchst empfindlich und setzt sich mit ihm zu Kalziumoxid und Acetylen-Gas um.

$$CaC_2 + H_2O = CH\equiv CH + CaO.$$

So ist denn die Darstellung des Acetylen-Gases aus Kalziumkarbid eine höchst einfache Sache, weit einfacher, wenn auch nicht so billig, wie die Gewinnung des gewöhnlichen Leuchtgases, die bekanntlich durch Erhitzen von Steinkohlen in Retorten erfolgt, wozu sehr große Anlagen gehören. Durch das starke Erhitzen in den Retorten der Gaserzeuger entweicht aus den Steinkohlen, was sich aus ihnen bei der hohen Temperatur zu verflüchtigen vermag. Außerhalb der

ORGANISCHE CHEMIE

Retorten in den Rohrleitungen scheidet sich das, was hier wegen der Abkühlung nicht flüchtig zu bleiben vermag, ab. Es ist eine dicke Masse, die man Teer nennt. Was gasförmig bleibt, wird nach einigen Reinigungsprozeduren in Gasometern gesammelt und als Leuchtgas verkauft. Eine Analyse von Leuchtgas ergab z. B. Folgendes:

Wasserstoff-Gas	45,2 Vol-%
Methan	35,0 Vol-%
Sonstige Kohlenwasserstoffe.	4,4 Vol-%
Kohlenoxid	8,6 Vol-%
Kohlensäureanhydrid	2,0 Vol-%
Stickstoff	4,8 Vol-%
	100 Vol-%

Hier soll nun als Ergänzung zu Seite 54 ff. erklärt werden, aus welchem Grund die Gaserzeuger soviel Ammoniak liefern. Die in den Retorten zum Erhitzen gelangenden 5teinkohlen sind doch der Überrest ehemaliger Wälder. Holz enthält, wie alle Pflanzen, ein wenig Eiweißstoffe (siehe Seite 37 f.). Geringe Mengen veränderten Eiweißes sind nun in den 5teinkohlen erhalten geblieben. Sein 5tickstoffgehalt geht in der Hitze in Ammoniak über, das beim Waschen des Rohgases mit Wasser in das Wasser übergeht. Das rohe Ammoniakwasser wird dann zur Reindarstellung des Ammoniaks von dem Gaserzeuger an chemische Fabriken verkauft.

3.2 Erdöl

Bohrt man an manchen Stellen der Erde, so liefern sie kein Grundwasser, sondern ein brennbares Öl, das Erdöl. Um das Jahr 1862 ist dieses Öl zuerst in Amerika technisch verwertet worden, d. h. man hat es destilliert und gefunden, dass dabei Partien über Destillieren, die nach Art des altbekannten Rüböls in Lampen tadellos brennen, womit das Erdöl zu seiner ungeheuren Bedeutung gelangte. Die chemische Analyse ergibt, dass das Erdöl nur aus Kohlenstoff und Wasserstoff besteht, und wir wissen ja bereits, dass es ungezählte Mengen von verschiedenen Kohlenwasserstoffen geben kann, die wir denn auch in großer Zahl in ihm antreffen. Destilliert man Rohöl, so geht zuerst Gas fort, das in ihm aufgelöst war. Es besteht aus Methan usw. Dann kommen Kohlenwasserstoffe, die sehr niedrig sieden. Sie werden für sich aufgefangen, heißen Benzin und treiben die Autos. Was höher siedet, bildet das Petroleum (Heizöl, Dieselöl, Kerosin), und was dann noch in der Retorte zurückbleibt, sind Kohlenwasserstoffe, die bei gewöhnlicher Temperatur erstarren, sie werden von Amerika aus als Vaselin verkauft. Im kaukasischen Rohöl sind solche festwerdenden Kohlenwasserstoffe nicht vorhanden, hier dienen die höher siedenden Anteile meist als Brennmaterial unter Dampfkesseln, oder sie werden in der wunderbaren Erfindung der Dieselmotoren direkt zur Krafterzeugung benutzt.

3.3 Die Flamme

Brennmaterial dient nicht nur zum Heizen, sondern diente lange Zeit auch zum Beleuchten unserer Wohnungen, was die Flamme des brennenden Materials besorgt. Was ist aber nun die Flamme? Nun, sie ist verbrennendes Gas, das sich aus dem Brennmaterial bildet. Der beste Beweis hierfür wird der sein, dass wir das Gas z. B. aus einer brennenden Kerze herausholen und nachträglich anzünden. Dazu können wir z. B. so verfahren, wie es Verfasser in seiner

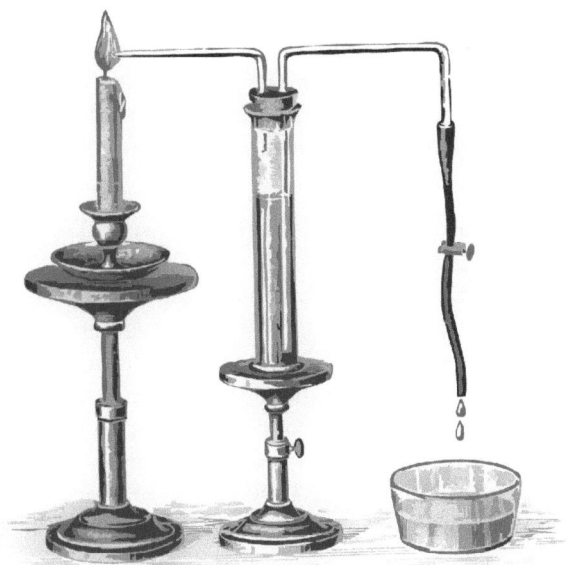

Fig 41 Nachweis des Gasgehalts einer Kerzenflamme.

ORGANISCHE CHEMIE

„Chemie im täglichen Leben" angegeben hat. In eine Kerzenflamme bringen wir, wie Fig. 41 zeigt, eine Glasröhre, deren Ende in eine enge offene Spitze ausgezogen ist. Das zweite Ende des gebogenen Rohres führt durch den luftdicht schließenden Kork in einen Zylinder bis kurz unter den Kork. Das zylindrische Gefäß ist vollständig mit Wasser gefüllt, und durch den Kork reicht ein zweites Glasrohr bis auf seinen Boden, an welches zweite Rohr sich ein längerer Gummischlauch schließt, sodass dieses Rohr als Heber benutzt werden kann. Zur Regulierung der Abflussgeschwindigkeit befindet sich am Schlauch ein Quetschhahn. lässt man nun mithilfe des Hebers Wasser tropfenweise aus dem Zylinder abfließen, so muss in der Flamme eine Saugwirkung eintreten, und etwa vorhandenes Gas aus der Flamme herausgesogen und in den sich leerenden Zylinder hineingesogen werden. Ist der Zylinder schließlich leer gelaufen und wir öffnen ihn, so können wir seinen Inhalt jetzt in der Tat anzünden, wobei das in ihm vorhandene aus der Kerzenflamme herausgesogene Gas aufflammt und verbrennt. Damit ist dann also der augenscheinliche Beweis für das Vorhandensein von Gas in jeder Flamme geführt. Denn was wir hier mit der Kerzenflamme durchführten, können wir auch mit jeder anderen Flamme ausführen.

Das Wort Gas hat übrigens der holländische Chemiker van Helmont vor etwa 300 Jahren aus dem griechischen Worte Chaos gebildet, womit Paracelsus noch 200 Jahre früher zuerst gasförmige Stoffe bezeichnet hat, weil es etwa formlose Urmasse bedeutet.

Halten wir einen Porzellanteller in eine Flamme, so schlägt sich auf ihm bekanntlich Ruß, das ist Kohlenstoff, nieder. Diese Erscheinung erklärt sich folgendermaßen. In der Hitze der Flamme sind Kohlenwasserstoffe, die viel Kohlenstoff enthalten, zur Abscheidung von Kohlenstoff geneigt, zumal ihr Wasserstoff rascher als ihr Kohlenstoff verbrennen kann. Der so in der Flamme umherfliegende Kohlenstoff gerät durch ihre hohe Temperatur in Glut, und diese glühenden Kohlenstoffteilchen sind es, die das Leuchten der Flamme veranlassen. Sobald sie an den Rand der Flamme kommen, finden auch sie in der umgebenden Luft genügend Sauerstoff, um vollständig zu Kohlensäure zu verbrennen, somit als durchsichtiges Gas unseren Augen zu entschwinden.

Hieraus lässt sich der Schluss ziehen, dass eine leuchtende Flamme zu leuchten aushören wird, wenn man in sie so viel Luft oder gar reinen Sauerstoff leitet, dass der sich sonst in der Hitze ausscheidende Kohlenstoff sofort genügend Sauerstoff vorfindet, um völlig zu verbrennen. In ganz unübertrefflicher Weise hat Bunsen bald nach Einführung des Leuchtgases in die Laboratorien diese Aufgabe gelöst und ist damit zugleich Erfinder des Kochens mit Gas geworden. Denn eine entleuchtete Flamme kann ja keinen Ruß absetzen, schwärzt nicht die zu erhitzenden Gefäße, eignet sich daher aufs Beste zum Kochen. Dazu kommt, dass diese Flamme weit heißer als im leuchtenden Zustande ist, weil ihr gesamter Kohlenstoffgehalt augenblicklich mit verbrennt.

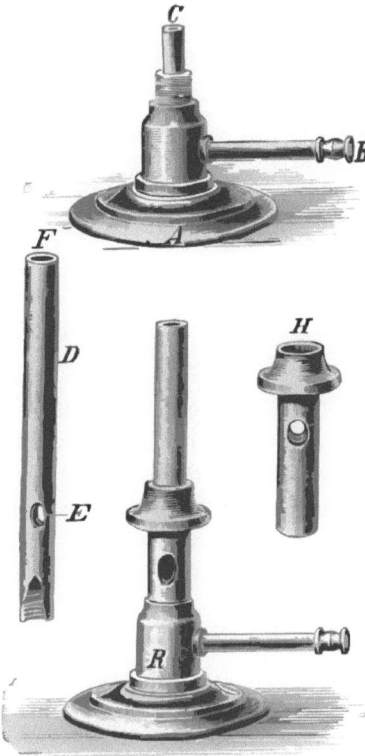

Fig 42 Einrichtung zum Entleuchten der Gasflamme, Bunsenbrenner.

Im Bunsenbrenner (Fig. 42) wird das Gas bei B in den Brenner geleitet und strömt aus der feinen Öffnung C aus. Zündet man das Gas bei C an, so wird es leuchtend brennen. Für den Gebrauch des Brenners wird es hier aber nicht angezündet, sondern das Metallrohr D wird über die Ausströmungsöffnung C geschoben und festgeschraubt. Dieses Metallrohr hat einige Löcher E an seinem unteren Ende. Öffnet man jetzt den Gashahn, so wird das Gas durch das Metallrohr D nach oben strömen und bei F angezündet werden können. Bei F kommt aber kein reines Leuchtgas mehr an, sondern es hat durch die Löcher E Luft mit nach oben gerissen, und das Gemisch von Gas und Luft enthält jetzt genügenden Sauerstoff zur augenblicklichen Verbrennung auch des gesamten Kohlenstoffs, die hier oben brennende Flamme wird blau aussehen, nicht mehr leuchten und nicht mehr rußen. Die Hülse H, die wir noch auf der Abbildung sehen, kann über das

ORGANISCHE CHEMIE

Metallrohr D geschoben werden, und durch ihr Drehen kann man die Menge der mitgerissenen Luft leicht so bemessen, dass die zu entleuchtende Flamme eben zu leuchten aufhört, also ohne einen nur abkühlend wirkenden Luftüberschuss brennt.

Die entleuchtete Flamme ist somit sehr heiß, kurzum alles, was man in sie bringt, wird sehr heiß werden. Dünne Metalldrähte werden z. B. fast weißglühend werden, also recht helles Licht ausstrahlen. Die wunderbare Ausnutzung dieser hohen Temperatur für Beleuchtungszwecke ist aber erst Auer geglückt.

Die Oxide einzelner seltener Metalle strahlen in hoher Temperatur weit helleres Licht aus, als die soeben erwähnten Metalldrähte. Auer hat es nun fertigbekommen, diese Oxide in Form des sogenannten Glühstrumpfes in die Bunsenflamme zu hängen, und ist damit Erfinder des lange Zeit die Welt beherrschenden Gasglühlichts geworden. Zu den besten Strümpfen kommt man dadurch, dass man ein Gewebe aus Kunstseide mit einer Lösung von salpetersaurem Thoriumoxid und salpetersaurem Ceroxid tränkt und es abbrennt.

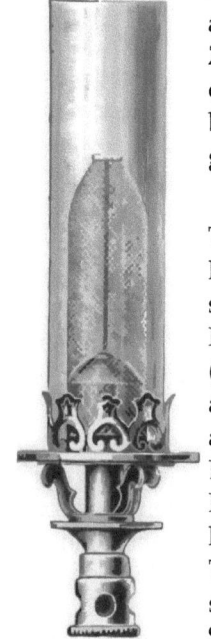
Fig 43 Auers Gasglühlicht

Das zurückbleibende Strumpfskelett soll hernach aus 99 Prozent Thoriumoxid und 1 Prozent Zeriumoxid bestehen, weil gerade diese Mischung das weißeste Licht in der Hitze des Bunsenbrenners, dessen Lufteinströmungsöffnungen wir ganz unten auf Fig. 43 sehen, ausstrahlt.

Will man mittels Gas eine noch höhere Temperatur erreichen, als sie der Bunsenbrenner liefert, so muss man die Flamme die Luft nicht ansaugen lassen, sondern muss die Luft in die Flamme hineinblasen. Dazu dient das Gasgebläse (Fig. 44). Durch A strömt Leuchtgas ein, das man anzündet, worauf es leuchtend brennt. Treibt man aber jetzt mittels eines mit dem Fuß getretenen Blasebalges durch die Rohrleitung B Luft in die Flamme, so wird sie zu leuchten aufhören und sehr heiß sein, wünscht man noch höhere Temperaturen, als auf diesem Wege zu erreichen sind, so kann man die Flamme statt mit Luft mit Sauerstoff-Gas anblasen oder man kann sowohl die Luft bzw. den Sauerstoff und das Gas vorher durch glühende Röhren strömen lassen, sodass sie nicht mit Zimmertemperatur, sondern schon hoch erhitzt in der Flamme zur Verbrennung kommen.

***

Nachdem wir die praktische Verwertung der Kohlenwasserstoffe in Form von Leuchtgas, Erdöl usw. kennengelernt haben, fahren wir in der Betrachtung der organischen Chemie fort. Was nun dem Kohlenstoff außer seiner Vierwertigkeit ermöglicht ganz unzählige chemische Verbindungen zu geben, besteht weiter im Folgenden. Die Kohlenstoffatome vermögen sich in den Verbindungen in beliebiger Menge gegenseitig festzuhalten, wodurch eben der Aufbau von solchen Riesenmolekülen möglich ist, wie sie der Lebensprozess z. B. des tierischen Körpers erfordert.

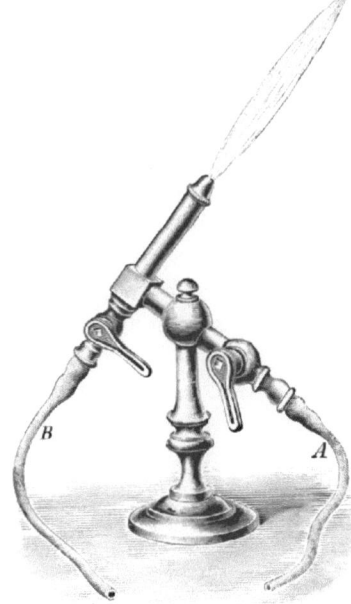

Fig 44: Leuchtgasgebläse.

Ein Beispiel eines größeren Atomkomplexes lernten wir schon im **Butan** und **Isobutan** kennen, aber man hat auch schon den Kohlenwasserstoff $C_{60}H_{122}$ hergestellt, in welchem sich also 60 Kohlenstoffatome gegenseitig festhalten. Die Bedeutung dieser Eigenschaft wird uns so recht klar werden, wenn wir an die Verbindungen anderer Elemente in dieser Beziehung denken. Die atomreichste Verbindung, die wir bisher kennengelernt haben, war die Pyrophosphorsäure $P_2O_7H_4$ oder aufgelöst geschrieben …

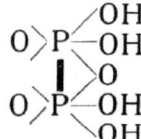

Wir sehen, dass hier nur zwei sich gegenseitig festhaltende Atome Phosphor, an welchen alles Weitere hängt, den Zusammenhalt des Atomkomplexes bewirken gegenüber

ORGANISCHE CHEMIE

den eben erwähnten 60 aneinanderhängenden Kohlenstoffatomen in $C_{60}H_{122}$.

3.4 Methan

Die Grundlage der ganzen organischen Chemie, das Methan CH_4 ist lange bekannt, weil es aus Sümpfen aufsteigt, wo die Fäulnis den Anlass zu seiner Entstehung gibt. Man steckt z. B. in einen Blasen werfenden Sumpf einen Trichter mit der Öffnung nach unten und schiebt über seinen Hals einen Gummischlauch, der unter einem mit Wasser gefüllten auf der Brücke der pneumatischen Wanne mit der Öffnung nach unten stehenden Zylinder endet. Da wird es nicht allzu lange dauern und der Zylinder wird mit einem Gas, das einst Sumpfgas hieß, jetzt Methan genannt wird, gefüllt sein. Von besonderem Interesse ist es natürlich, das Sumpfgas aus anorganischem Material herzustellen. Gelingt dieses, so ist damit der Weg von der Mineralchemie zur organischen Chemie gefunden. Und es gelingt auf folgende Art: Schwefelkohlenstoff CS_2 bekommt man, wenn man in einer Retorte über glühende Kohlen Schwefel leitet, als eine schon bei 47° siedende Flüssigkeit. Er kann, da er in einer glühenden Retorte entsteht, sicher nicht als zur lebenden Welt gehörig betrachtet werden, und das Gleiche gilt von dem uns so wohlbekannten Schwefelwasserstoff SH_2. Kupfer verbindet sich nun gern mit Schwefel, und leitet man ein Gemisch von Schwefelkohlenstoffdampf und Schwefelwasserstoff-Gas über Kupferspäne, die in einer Röhre stark erhitzt werden, so werden sowohl der Schwefelkohlenstoff wie der Schwefelwasserstoff ihren Schwefel verlieren. Von Ersterem her ist also freier Kohlenstoff, von Letzterem her freier Wasserstoff im Entstehungsmoment vorhanden, und unter den hier angegebenen Bedingungen treten diese beiden Elemente zu Methan zusammen, wie es durch folgende Gleichung ausgedrückt wird:

$$CS_2 + 2 H_2S + 8 Cu = CH_4 + 4 Cu_2S.$$

Nun erwähnten wir schon, dass der einwertige Rest des Methans sich als einwertig an einen zweiten Methanrest hängen kann, was zum Kohlenwasserstoff CH_3-CH_3, der Ethan heißt, führt. Will man aus Methan in der Wirklichkeit Ethan darstellen, so verfährt man etwa so: Durch Einwirkung von Chlor auf Methan kommt man nach der Gleichung ...

METHAN

$$CH_4 + Cl_2 = CH_3Cl + HCl$$

... zum einmal gechlorten Methan CH_3Cl, das **Methylchlorid** genannt wird. Erhitzt man weiter Methylchlorid mit Natrium, so werden sich Chlornatrium und Ethan nach folgender Gleichung bilden ...

$$CH_3 \;|Cl + Na_2 + Cl|\; CH_3 = |CH_3-CH_3| + 2\,NaCl.$$

Aus dieser Gleichung ersehen wir, wie man in der Praxis des Laboratoriums imstande ist, Reste von Verbindungen, in diesem Fall den Rest CH_3, an einen zweiten Rest CH_3 zu hängen, was hier an einem möglichst einfachen Beispiel gezeigt ist, lässt sich mit Resten der aller verschiedensten Art ausführen, wozu, wenn es sich um Reste von komplizierter Form handelt, oft die geistige Begabung und wunderbarste Laboratoriumskunst der genialsten Chemiker erforderlich ist.

3.5 Alkohole

Der Rest des Wassers $-OH$ ist einwertig, er wird **Hydroxyl** genannt, und bringen wir Hydroxyl an die Stelle eines Wasserstoffatoms in einem Kohlenwasserstoff, so hat der neue Körper gewisse Eigenschaften, durch die er in chemischer Beziehung dem reinen Trinkbranntwein oder, wie die Chemiker sagen, Alkohol ähnelt. Deshalb nennt die Chemie diese ganze Körperklasse Alkohole, und so gibt es für sie ungezählte Alkohole. Der einfachste Alkohol, der nach ihren Anschauungen zu existieren vermag, ist natürlich der sich vom Methan CH_4 herleitende, er muss die Formel CH_3-OH haben.

Dieser Alkohol bildet sich außer sehr vielen anderen Stoffen, wenn man Holz in einer Retorte erhitzt, also trocken destilliert, wie man das nennt. Durch entsprechende Destillation des bei der Holzdestillation übergegangenen Holzteers wird er rein erhalten. Ehemals hieß er einfach Holzgeist, heute wo man vom Methan spricht, hat er den wissenschaftlichen Namen **Methylalkohol** erhalten.

Selbstverständlich können wir im Holzgeist CH_3-OH ein H durch CH_3 ersetzen. Tun wir dieses mit einem H, welches am Kohlenstoffatom sitzt, so hat der neue Körper die Formel CH_3-CH_2-OH. Da das Ethan, wie wir wissen, die Formel CH_3-CH_3 hat, ist dieses der

ORGANISCHE CHEMIE

Äthylalkohol, seine Summenformel ist somit C_2H_6O. Dieses ist nun derjenige Alkohol, welcher als Trinkbranntwein seine berauschende Kraft ausübt.

* * *

Alle berauschend wirkenden „geistigen" Getränke enthalten ihn somit, und er entsteht bei der Gärung von Zucker. Das bedeutet wiederum Folgendes. Die meisten Nahrungsmittel werden bei längerem Stehen ungenießbar, weil sie faulen, wie z. B. Fleisch, oder verschimmeln, wie nasses Brot. Die Fäulnis wird durch aus der Luft auf das Fleisch fallende Fäulnisbakterien, das Schimmeln durch auf das nasse Brot fallende Schimmelpilze veranlasst. Stehen süße Flüssigkeiten an der Luft, so werden auch sie durch den ebenfalls aus der Luft fallenden Hefepilz völlig verändert, aber für den Menschen nicht verdorben, sondern nur angenehm verändert, sie erhalten berauschende Eigenschaften. Besonders leicht tritt dieses bei dem aus Weintrauben ausgepressten Saft ein, der natürlich einen rein süßen Geschmack hat, ihn aber nach kurzem Stehen an der Luft schon ändert und bald berauschende Wirkung ausübt. Hier hat die Hefe den Traubenzucker in Äthylalkohol, also Trinkbranntwein nebst Kohlensäure verwandelt. Die Formel des Traubenzuckers ist $C_6H_{12}O_6$, und die Hefe verarbeitet ihn in so einfacher Weise, dass sich der Vorgang ohne Weiteres durch eine chemische Formel, also wie wenn es sich um ein Laboratoriumsexperiment handelt, wiedergeben lässt:

$C_6H_{12}O_6$	=	$2\ C_2H_6O$	$+\ 2\ CO_2$
Traubenzucker	geht durch Gärung über in	Trinkbranntwein	+ Kohlensäure

lässt man den Saft der Weintrauben in offenen Gefäßen gären, so geht die Kohlensäure in die Luft, und man bekommt Wein, lässt man ihn in einer verschlossenen Flasche gären, damit die Kohlensäure nicht entweichen kann, so löst sie sich im Wein auf, und man bekommt das, was den Namen Champagner führt.

Auch Honig schmeckt sehr süß, und Zusatz von Wasser liefert eine süße Flüssigkeit. Lässt man diese gären, so liefert sie den Meth, an dem allein sich die Germanen berauschten, bis die Römer den Weinstock an den Rhein brachten. Der Honig eignet sich sehr gut zur Anstellung eines Gärversuches im Laboratorium. Man löst etwa 30 g von ihm in einem viertel Liter Wasser und gibt etwas käufliche Hefe zu, denn das Warten darauf, bis genügend Hefezellen aus der Luft hineinfallen, ist zu zeitraubend. Die wenige zugegebene Hefe vermehrt sich sehr rasch, indem sie gleichzeitig den Zucker in Spiritus, wie die Laien also für Alkohol sagen, und Kohlensäure verwandelt. Figur 45 zeigt, wie man die bei der Gärung sich entwickelnde Kohlensäure auffangen kann. Gießt man nach beendeter Gärung die Flüssigkeit von der Hefe ab, so hat man Meth, dessen Geschmack Menschen, die an Wein gewöhnt sind, nicht übermäßig zusagt.

Fig 45: Vergärung von Honig.

Destilliert man Wein, brennt man Wein, wie in alten Zeiten gesagt wurde, so bekommt man Branntwein. Spiritus siedet nämlich bei 79^0, und so wird, wenn man Wein destilliert, der Spiritus früher übergehen als das Wasser. So wird man aus Wein, wovon uns eine Destillation im Laboratorium leicht überzeugt, ein Destillat bekommen, welches viel Spiritus enthält. Das ist wahrer Branntwein, wie wir ihn heutzutage unter dem Namen Kognak trinken. Weiteres über gegorene Getränke, wie Bier, Kornbranntwein, Kartoffelschnaps usw. hier anführen zu wollen, würde den zur Verfügung stehenden Raum bei Weitem überschreiten, man findet es aber z. B. in leicht verständlicher Form in der 7. Auflage meiner Chemie im täglichen Leben, Seite 104ff.

Ersetzen wir im Äthylalkohol CH_3-CH_2-OH in der Art, wie wir es beim Methylalkohol taten, wieder ein Ht durch CH_3, so kommen wir zu $CH_3-CH_2-CH_2-OH$, dem **Propylalkohol** usw. Ersetzen wir an seinen beiden anderen Kohlenstoffatomen ebenfalls ein H durch OH, so liefert das einen Körper, der an drei Stellen die chemischen Eigenschaften des Alkohols haben wird, wir haben somit einen dreiwertigen Alkohol, wie man sagt, vor uns. Die Ausführung unseres Vorhabens ergibt die Formel ...

$$\begin{array}{c} H \quad H \quad H \\ | \quad | \quad | \\ H-C-C-C-H \\ | \quad | \quad | \\ OH \ OH \ OH \end{array}$$

... und dem Namen nach ist uns dieser Körper sehr wohl bekannt, er ist nämlich das **Glyzerin** $C_3H_8O_3$.

3.6 Aldehyde

Eine Gruppeneigenschaft aller Alkohole ist es z. B., durch Sauerstoff in gleicher Weise beeinflusst zu werden. Er nimmt ihrer alkoholischen Gruppe 2 Wasserstoffatome fort, mit denen er Wasser bildet. Der Sauerstoff dehydrogeniert also den Alkohol, und aus **Alkohol dehydrogenatus** ist das Wort Aldehyd gebildet. Als Oxidationsmittel verwendet man gern die Chromsäure, die dabei durch Sauerstoffverlust in Chromoxid übergeht. Man kocht den Alkohol mit ihr, und Spiritus z. B. verändert sich dabei in folgender Art:

$$\begin{array}{c} H \quad H \\ | \quad | \\ H-C-C-O\,H + \; O \; = H-C-C\!\!\!\diagup\!\!\!\!\!^{O}_{H} \; + H_2O \\ | \quad | \qquad\qquad\qquad\quad | \\ H \quad H \qquad\qquad\qquad\; H \end{array}$$

Äthylalkohol + Sauerstoff = Acetaldehyd + Wasser

Aus der Alkoholgruppe $-CH_2-OH$ entsteht also die Aldehydgruppe $-CHO$, während der an der Alkoholgruppe hängende Rest unverändert bleibt, und so verstehen wir, dass zu jedem Alkohol ein Aldehyd gehört, bzw. dass man einen jeden Alkohol zum zugehörigen Aldehyd oxidieren kann. Aber die Aldehyde sind nicht das Endprodukt der Oxidation der Alkohole. Man kann die Aldehyde weiter oxidieren, und sie gehen dabei in Säuren über.

3.7 Organische Säuren

Der zum Äthylalkohol gehörige Aldehyd, den wir vorher kennenlernten, wird Acetaldehyd genannt, weil er durch Oxidation Acetum, d. h. Essig liefert.

$$\begin{array}{c} H \\ | \\ H-C-C \\ | \\ H \end{array} \!\!\!\begin{array}{c} O \\ \diagup \\ \diagdown \\ H \end{array} + \; O \; = H-\begin{array}{c} H \\ | \\ C \\ | \\ H \end{array}\!\!-C\!\!\begin{array}{c} \diagup O \\ \diagdown OH \end{array}$$

Azetaldehyd + Sauerstoff = Essigsäure

Wir sehen, die Aldehydgruppe CHO geht durch weitere Sauerstoffzufuhr über in die Gruppe COOH. Alle organischen Körper, die die Gruppe COOH enthalten, sind also Säuren. Diese Gruppe wird Karboxylgruppe genannt.

Jetzt verstehen wir weiter, weshalb Wein und Bier, wenn sie zu lange an der Luft stehen, sauer werden, ihr Gehalt an Spiritus wird durch den Einfluss des Luftsauerstoffs in Essig verwandelt, wobei die Natur die Zwischenstufe, also den Aldehyd, überspringt. So erklärt es sich, dass Essig ebenso lange bekannt ist wie Wein, also seit Urzeiten. Die Neuzeit benutzt nun zur Essigfabrikation nicht mehr den teuren Spiritus im Wein oder Bier, sondern den Spiritus, den man billig aus Kartoffeln herzustellen versteht. Er muss für die Essigfabrikation mit 90 Teilen Wasser verdünnt werden, damit er leicht oxidiert wird, und weiter muss er dem Sauerstoff der Luft eine möglichst große Oberfläche bieten. Man erreicht das so, dass man ein etwa 3 m hohes Fass mit Buchenholzspänen füllt und auf diese den 10%-igen Spiritus tropfen lässt. Die Wandungen des Fasses sind mit abwärts gerichteten Löchern durchbohrt, sodass wohl Luft eintreten, aber keine Flüssigkeit auslaufen kann.

Fig 46 Gewinnung von Essig.

ORGANISCHE CHEMIE

Zur Einleitung der Essiggärung wird das Fass erstmals mit Essig durchtränkt, wodurch sich auch aus der Luft Mycoclerma aceti, welcher Pilz die Essigbildung sehr begünstigt, einfindet. Darauf dient das Fass viele Jahre ununterbrochen der Essigfabrikation (Fig. 46). Die Essigsäure hat also die Formel CH_3-COOH. Machen wir sie um eine Methylgruppe CH_3 reicher, wie wir das von den Alkoholen her schon kennen, so kommen wir zu CH_3-CH_2-COOH. Diese Säure wird Propionsäure genannt. Nochmalige Wiederholung liefert $CH_3-CH_2-CH_2-COOH$, die Buttersäure heißt. Aber die Buttersäure, deren Summenformel $C_4H_2O_8$ ist, hat schon wieder em Isomeres. In der Säure von der Summenformel können nämlich die Atome in zweierlei Art angeordnet sein und doch der Vierwertigkeit des Kohlenstoffatoms und der Wertigkeit der anderen Elemente Genüge tun, wie sich aus den beiden folgenden Formeln ergibt:

$CH_3-CH_2-CH_2-COOH$ $\begin{matrix}CH_3\\CH_3\end{matrix}\!\!>\!CH-COOH$

Buttersäure   Isobuttersäure

Sehr stark unterscheiden sich diese beiden Säuren z. B. in Form ihrer Kalziumsalze. Das buttersaure Kalzium ist nämlich in heißem Wasser schwerer löslich als in kaltem, ein bei Salzlösungen nicht oft vorkommendes Verhalten, während das isobuttersaure Kalzium sich umgekehrt verhält, wir können doch eigentlich immer nur staunen, wenn wir sehen, wie Kekulés Vorstellung von der Vierwertigkeit des Kohlenstoffatoms alle Erscheinungen in der organischen Chemie, also hier z. B. die Existenz zweier Buttersäuren geradezu spielend erklärt.

Denken wir uns die Reihe der Methylgruppen in der Essigsäure immer weiter verlängert, so kommen wir schließlich zur Palmitinsäure $CH_3-(CH_2)_{14}-COOH$ und Stearinsäure $CH_3-(CH_2)_{16}-COOH$, die sich in den tierischen und pflanzlichen Fetten finden. Die tierischen Fette bestehen zumeist aus den Verbindungen der Stearinsäure, Palmitinsäure und Ölsäure mit Glyzerin, sind ein Gemisch aus drei Glyzeriden.

Sie dienen uns zur Nahrung, finden aber auch viel technische Verwendung. So dienen sie zur Seifen- und Kerzenfabrikation.

3.8 Seifen und Kerzen

Kocht man Fette, also fettsaures Glyzerin, mit Alkali, so bildet sich fettsaures Alkali, indem das Glyzerin von den Fettsäuren losgerissen wird, hier zeigt sich nun ein gewaltiger Unterschied zwischen den hinsichtlich ihres chemischen Verhaltens sonst so wenig voneinander verschiedenen beiden Alkalien Kalilauge und Natronlauge. Kocht man nämlich Fette mit Kalilauge, so erhält man Seifen, die nie fest werden, die deshalb Schmierseifen heißen, fettsaures Kalium bleibt nun einmal dauernd schmierig. Fettsaures Natron dagegen ist eine harte feste Masse, und so liefert Kochen von Fett mit Natronlauge die festen Seifen, jene harte Masse, die wir täglich zum Reinigen unseres Körpers benutzen.

Das bei dieser Fabrikation abfallende Glyzerin hat man bis Ende des 19. Jahrhunderts als wertlos fortlaufen lassen, heute wird es sorgfältig gewonnen und geht in die Sprengstofffabriken, die es durch entsprechende Behandlung mit Salpetersäure in Nitroglyzerin (Nitrum heißt Salpeter) verwandeln, welches die Grundlage des Dynamits und vieler sonstiger Sprengstoffe ist.

Lösen wir Seife in Wasser und setzen eine Säure zu, so wird diese sich des Alkalis bemächtigen, und die freien Fettsäuren werden sich ausscheiden. Aus ihnen macht man die Stearinkerzen. Eine Stearinkerze wird sich, weil sie eine Säure ist, also z. B.. in Kalilauge auflösen. Heute verfährt man aber bei der Fettspaltung zur Gewinnung von Fettsäuren lieber so, dass man die Fette mit Schwefelsäure kocht. Dadurch zerfallen sie direkt in Fettsäuren und Glyzerin, welches Letztere so sehr leicht gewinnbar wird. Die Fettsäuren sehen nach der Behandlung mit Schwefelsäure durchaus nicht schön aus. Sie lassen sich aber unschwer destillieren und sind nach dieser Behandlung tadellos weiß und brauchbar für die Industrie.

3.9 Margarine

Die Initiative zur Erfindung der Margarine, auch Kunstbutter genannt, ging von Napoleon III. aus, der ein haltbares Ersatzprodukt für Butter suchte, das zur Verpflegung seiner Truppen gedacht war. 1869 war der Chemiker Hippolyte Mège-Mouriès mit seiner Erfindung erfolgreich, die er zunächst als „preiswerte Butter" be-

ORGANISCHE CHEMIE

zeichnete und später margarine Mouriès nannte. Für die Herstellung der ersten Margarinen wurde im Wesentlichen Ochsenfett (Nierenfett) und Milch verwendet. Man schmolz dazu das Ochsenfett und ließ es auf 40—50° abkühlen. Was sich ausschied, war hauptsächlich stearinsaures Glyzerin, das in die Kerzenfabrikation wanderte. Das Flüssiggebliebene würde bei vollem Erkalten zu hart sein, um nach Art von Butter auf Brot gestrichen werden zu können. Es wurde deshalb in Mischmaschinen mit Baumwollsamenöl und Milch durchgearbeitet, wodurch es genügend weich wurde und Buttergeschmack erhielt. Mit Kurkuma wurde es genügend gelb gefärbt, und mit einer Spur Benzoesäure versehen, die höchst antiseptisch wirkt, aber für den menschlichen Körper unschädlich ist. So sorgte man dafür, dass die Haltbarkeit der Margarine keine gar zu kurze war.

Aber das Ochsenfett wurde immer teurer. Deshalb ist man zum Fett der Kokospalme als Grundlage der Kunstbutter übergegangen. Das Öl der Kokosnüsse ist bei gewöhnlicher Temperatur fest und wird deshalb Kokosbutter genannt. Auch hier kann man durch einen Zusatz von Öl beliebige Streichbarkeit erreichen. Aber statt Milch zuzusetzen, die fäulnisfähige Substanzen ins Produkt bringt, nimmt man lieber Mandelmilch, die man durch Zerreiben von Mandeln mit Wasser erhält. So kommt man zur Pflanzenbuttermargarine, die also nur noch aus Pflanzenstoffen hergestellt wird, somit zur Kuhbutter als tierischem Produkt gar keine Beziehungen mehr hat. Mischt man Margarine Eigelb bei, so spritzt sie beim Braten wie Naturbutter, was Kunstbutter ohne diesen Zusatz nicht tut.

3.10 Oxysäuren

Ersetzt man in einer Säure ein Wasserstoffatom durch Hydroxyl, so kommt man zu den Oxysäuren. Wir besprachen vorher die Propionsäure. CH_3-CH_2-COOH. Sie kann 2 isomere Oxysäuren liefern, nämlich $CH_2(OH)-CH_2-COOH$ und $CH_3-CH(OH)-COOH$. Sie heißen Milchsäuren. Die zweite von ihnen entsteht durch die sogenannte Milchsäuregärung, während man die erste aus rein chemischem Wege im Laboratorium aufgebaut hat.

Oxysäuren

Von sonstigen Oxysäuren wollen wir noch die **Weinsäuren** erwähnen. Ihre Summenformel ist $C_4H_6O_6$ und die aufgelöste Formel zeigt folgende Atomgruppierung:

$$H-C\begin{smallmatrix}OH\\COOH\end{smallmatrix}$$
$$H-C\begin{smallmatrix}COOH\\OH\end{smallmatrix}$$

Hiervon gibt es gar 4 isomere Säuren. Unendliche Mühe hat es gemacht, festzustellen, wie das überhaupt möglich ist. Die Lösung der Frage, deren Wiedergabe hier zu weit führen würde, glückte **Pasteur**, der hernach durch seine bakteriologischen Arbeiten zu Weltruhm gelangte. Sie erschien damals einzelnen Gelehrten so merkwürdig, dass sie anfangs **Pasteurs** Arbeiten keinen Glauben schenken wollten und sie für Schwindel erklärten, bis man sich schließlich, allgemein durch Wiederholung seiner Experimente von ihrer fehlerlosen Richtigkeit überzeugte.

3.11 Harnstoff

Kohlensäureanhydrid, CO_2 geschrieben, als ob es ein Molekül Wasser addiert hätte, also wahre Kohlensäure geworden wäre, muss folgendes formelgerechte Aussehen haben: $O=C\begin{smallmatrix}OH\\OH\end{smallmatrix}$.

Ersetzen wir die beiden Hydroxylgruppen durch je einen einwertigen Rest des Ammoniaks, also NH_2, so bekommen wir die Verbindung $O=C\begin{smallmatrix}NH_2\\NH_2\end{smallmatrix}$.

Sie heißt seit langem Harnstoff, weil sie leicht aus Harn darstellbar und deshalb altbekannt ist. Nun hatte man stets angenommen, dass alle von Lebewesen herrührenden Stoffe nur mithilfe einer geheimnisvollen Kraft, die als Lebenskraft bezeichnet wird, zustande kämen, folglich musste der Harnstoff zu den durch reine Laboratoriumsarbeit überhaupt nicht gewinnbaren Körpern gehören. Es bedeutete deshalb einen Umschwung in den Anschauungen über die Existenz der Lebewesen, als **Wöhler** im Jahre 1828 den Harnstoff, entgegen allem, was man sich bis dahin vorgestellt hatte, künstlich und zwar auf folgende Art herstellte.

ORGANISCHE CHEMIE

Die Formel der Blausäure CNH ist uns bereits bekannt. Weil blau im griechischen kyanos heißt, wird sie auch Zyanwasserstoffsäure genannt. Ihr Ammoniumsalz muss, wie wir wissen, die Formel CN(NH$_4$) haben. Durch Oxidation kommt man zum zyansauren Ammonium CON(NH$_4$). Löst man dieses im kochenden Wasser, um es umzukristallisieren, so kristallisiert es beim Erkalten nicht mehr aus, sondern an seiner statt, scheiden sich Kristalle von Harnstoff aus. Es findet hier bei der Temperatur des kochenden Wassers eine Atomumlagerung statt. Die Atome des zyansauren Ammoniums sind ins Wandern geraten und haben sich zu Harnstoff umgruppiert.

CON · NH$_4$ lagert sich um zu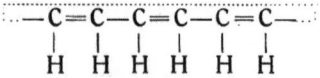

3.12 Organische Chemie der ringförmigen Atomkomplexe

Bei Untersuchungen vieler Harze und Balsame, wie des Benzoeharzes, Tolubalsams usw., kommt man zu Substanzen, die sich schließlich aus den auf der Benzoesäure leicht gewinnbaren Kohlenwasserstoff C$_6$H$_6$ der deshalb Benzol genannt worden ist, zurückführen lassen. Seine Analyse ergibt die Zusammensetzung C$_6$H$_6$. Diesen Körper mit der Vierwertigkeit des Kohlenstoffatoms bei seinen wenigen Wasserstoffatomen in Einklang bringen zu wollen, schien fast aussichtslos. War Kekulé 1857 auf die Vierwertigkeit des Kohlenstoffatoms gekommen, so gelang ihm im Jahre 1866 in folgender genialen Art aber auch die Einreihung des Benzols und damit der Unsumme der sich von ihm herleitenden Verbindungen ins System der Vierwertigkeit. Chemische Untersuchungen hatten ihm gezeigt, dass im Benzol an je einem Kohlenstoffatom je ein Wasserstoffatom sitzt. Nimmt man die Bindung der mit je einem Atom Wasserstoff beschwerten Kohlenstoffatome untereinander abwechselnd je ein- und zweiwertig an, so führt das zu folgendem Schema ...

$$-C=C-C=C-C=C-$$
$$\;|\;\;\;|\;\;\;|\;\;\;|\;\;\;|\;\;\;|$$
$$\;H\;\;H\;\;H\;\;H\;\;H\;\;H$$

In ihm sind die 4 mittleren Kohlenstoffatome vierwertig, denn mit 3 ihrer Bindungen halten sie sich gegenseitig fest, während die vierte das Wasserstoffatom bindet. Jedoch die beiden endständigen

Organische Chemie der ringförmigen Atomkomplexe

Kohlenstoffatome scheinen nur dreiwertig zu sein. Ihre vierte Wertigkeit schwebt sozusagen in der Luft. Das duldet aber die Natur nicht. So zog Kekulé den erstaunlichen Schluss, diese beiden noch freien Wertigkeiten gleichen sich untereinander in dem durch die Strichelung angedeuteten Sinne aus. Damit hört ihre Endständigkeit auf. Damit wird das System ein ganz gleichmäßiges. Aus der offenen Kohlenstoffkette wird eine ringförmige Kohlenstoffkette, wie die Überlegung ohne Weiteres und die Abbildung ergeben. Weil es aber unbequem ist, immer Ringe aufzumalen, hat Kekulé die graden Striche zwischen den Atomen beibehalten. So erscheint der Ring als Sechseck, und diesem Sechseckschema begegnen wir jetzt in ungezählten chemischen Arbeiten, wobei man die Doppelbindungen zwischen den im Ring vereinigten 6 Kohlenstoffatomen, weil sie für selbstverständlich gelten, meist fortlässt.

Schema für die ringförmige Bindung der Kohlenstoffatome im Kohlenwasserstoff Benzol.

Im Übrigen gilt nun wieder die Regel, dass anstelle alles Einwertigen Einwertiges treten kann usw.

Ersetzen wir jetzt ein H am Ring durch die einwertige Karboxylgruppe COOH, welche, wie wir wissen, alle Säuren erhalten, so haben wir Benzoesäure. Ersetzen wir es durch den einwertigen Rest des Ammoniaks, also NH_2, so haben wir das Anilin.

Benzoesäure   Anilin

ORGANISCHE CHEMIE

Das Anilin ist Ausgangspunkt der Teerfarbenindustrie geworden, und das hängt so zusammen: Benzol kann man nicht nur aus Benzoesäure gewinnen, sondern wenn man den Steinkohlenteer der Gaserzeuger destilliert, erhält man eine große Zahl sauberer Produkte, darunter in für Fabrikationszwecke genügender Menge auch Benzol. Dieses wird in Anilin übergeführt usw. Der Steinkohlenteer liefert aber auch sonstige allgemein bekannte Produkte, deren Konstitution in die Ringchemie fällt, so z. B.

$$
\begin{array}{cc}
\text{Phenol} & \text{Naphtalin}
\end{array}
$$

Nun leitet sich der Name Anilin von der spanischen Bezeichnung für Indigo añil her, und wirklich ist Anilin zuerst durch trockene Destillation von Indigo erhalten worden. Arbeiten erstaunlichster Art haben gezeigt, dass die 30 Atome im Indigo, dessen summierte Formel $C_{16}H_{10}N_2O_2$, in folgender Art aneinanderhängen:

17 Jahre nach dieser wunderbaren analytischen Leistung von Beyers waren die Farbenfabriken infolge ihrer Weiterarbeit imstande, künstlichen Indigo billiger als das Naturprodukt in den Handel zu bringen. Auch hier sind die erstangewendeten Methoden längst durch billiger arbeitende überholt worden. Soweit das überhaupt bekannt ist, soll der künstliche Indigo jetzt durch Verschmelzen der Phenylaminoessigsäure $C_6H_5-NH-CH_2-COOH$, die wir auch in der Art schreiben wollen, dass man sieht, wie die

Anordnung der Kohlenstoffatome und des Stickstoffatoms in ihr schon dem halben Indigomolekül entspricht, also ...

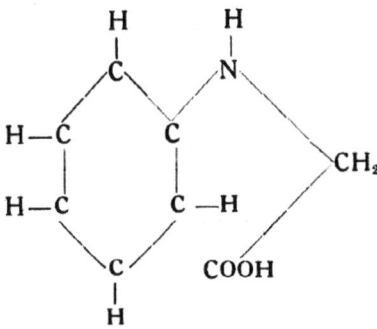

... Natriumamid $N\begin{smallmatrix}-H\\-H\\-Na\end{smallmatrix}$ hergestellt werden.

Schließen wollen wir diesen Abschnitt mit der aufgelösten Formel des Chinins $C_{20}H_{24}N_2O_2$. Der Arzneistoff Chinin wurde bereits im Jahre 1792 von Antoine François de Fourcroy in unreinem Zustand hergestellt und 1820 von Pierre Joseph Pelletier und Joseph Bienaimé Caventou durch Extraktion mit Alkohol aus der Chinarinde isoliert. Allerdings waren erst im Jahre 1909 die Arbeiten beendigt, welche klargelegt haben, wie die 48 Atome eines am anderen im Chininmolekül hängen.

ORGANISCHE CHEMIE

Wie die 48 Atome, welche das Chinin bilden, aneinanderhängen

4 Biochemie

4.1 Was ist Biochemie?

Die Biochemie ist die Lehre von den chemischen Vorgängen, die sich in den pflanzlichen und tierischen Körpern abspielen. Um für diese Vorgänge das richtige Verständnis zu gewinnen, ist es nötig, das allgemeinste Naturgesetz, das Gesetz von der Erhaltung und Umwandlung der Energie in seiner Bedeutung für die Biochemie etwas näher zu betrachten.

Unter Energie verstehen wir die Quelle aller Arbeitsleistungen; ihr Maß ist der Betrag der Arbeit selbst, wir unterscheiden in der Natur bestimmte Energie- oder Arbeitsformen, so eine Lichtenergie, welche die durch die Strahlen bewirkten Veränderungen oder Arbeiten besorgt, wie z. B. die chemische Arbeit der Schwärzung einer fotografischen Platte. Wir kennen eine mechanische Energieform, auf deren Betätigung wir alle Bewegung erzeugenden Arbeiten zurückführen, ferner eine thermische, elektrische und eine chemische Energieform. Die chemische Arbeit, die bei irgendeiner Reaktion geleistet werden kann, oder die bei einer chemischen Reaktion verbraucht wird, äußert sich in den mit der chemischen Reaktion verknüpften Wärmevorgängen. Spielt sich die Reaktion unter Wärmeentwicklung ab, sodass durch die Wärmeabgabe die Temperatur der Umgebung erhöht wird, so können wir mit dieser Wärme Arbeit leisten, etwa ein Gas ausdehnen, und die Ausdehnung benutzen, um im Zylinder einen Stempel zu bewegen, d. h., wir können die Wärme in mechanische Arbeit umsetzen. Da wir mittels eines mechanischen Apparates, der durch die Wärme betrieben wird, Elektromotoren, Dynamomaschinen und ähnliche Einrichtungen in Tätigkeit setzen können, so gelingt auch die Umsetzung der gewinnbaren Wärme in andere Energieformen, in Elektrizität, aus dieser in Licht, in die fortschreitende Bewegung usw. Man bezeichnet die mit Wärmeentwicklung verbundenen Reaktionen als exotherme. Jeder chemische Vorgang also, der Arbeit leisten soll, muss die Vorbedingung erfüllen, unter den Verhältnissen, bei denen sich die Reaktion abspielt, exotherm zu verlaufen. Andere Reaktionen bedürfen zu ihrem Ablauf einer Zufuhr von Wärme oder, allgemeiner gesprochen, einer Zufuhr von Energie. Sie sind dadurch gekennzeichnet, dass eine

BIOCHEMIE

Energiequelle, wie Elektrizität oder Licht oder Wärme einen Arbeitsbetrag zur Verfügung stellen muss, um die Reaktion zu ermöglichen, oder, dass aus der Umgebung Wärme aufgenommen wird, d. h. die Umgebung sich abkühlt. Solche Reaktionen nennt man **endotherme**; sie sind nicht imstande, Arbeit zu leisten, sondern im Gegenteil, sie verbrauchen zu ihrem Zustandekommen Arbeit. Es ist klar, dass nur exotherme Reaktionen befähigt sind, als Energiequelle zu wirken. Verbindungen, die aus bestimmten Stoffen unter Wärmeaufnahme entstanden sind, können sich in diese Stoffe wieder zersetzen unter der Abgabe derselben Wärme, die bei ihrer Entstehung verbraucht wurde. Ebenso ist es einleuchtend, dass exotherm entstandene Substanzen, die sich unter Abgabe von Wärme aus bestimmten Anfangsstoffen gebildet haben, in diese Anfangsstoffe nur unter Zufuhr der bei der Umwandlung abgegebenen Wärme zurückverwandelt werden können. Die endotherm entstandenen Verbindungen stellen demnach eine Art Kraftreservoir, oder, wie man auch sagt, einen chemischen Spannungszustand dar. Sie sind vergleichbar einer unter Arbeitsleistung gespannten Uhrfeder, die bei der Entspannung die aufgewandte Arbeit wieder abgibt und diese in andere Arbeitsformen, wie Bewegung des Räderwerkes und der Zeiger einer Uhr, umsetzt.

Die Energieformen sind ineinander umwandelbar, d. h., aus Wärme kann Bewegung, aus Bewegung Elektrizität, aus dieser Licht usw. werden. Diese Umwandlungsfähigkeit der Energieformen ist für den Haushalt der Natur von der größten Bedeutung. Sie gestattet den lebenden Wesen, die Arbeitsvorräte, die sie für alle Lebensvorgänge gebrauchen, in der Form der bequemsten und konzentriertesten Energie aufzunehmen, d. h. der chemischen. Wenn bei dem Ablauf einer Reaktion, welche Arbeit, speziell Wärme liefert, die letztere auch als Maß für den Arbeitswert der Reaktion betrachtet werden darf, so kann doch bei der Umwandlungsfähigkeit der Energieformen, unter Zuhilfenahme geeigneter Apparate, wie sie der lebende Organismus zur Verfügung stellt, auch jede andere Energieform aus der chemischen Spannkraft erzeugt werden. Die Verhältnisse liegen ähnlich wie bei einer Dampfmaschine, welche ihre gesamte Triebkraft in Form der Wärme liefernden chemischen Reaktion, der Kohlensäurebildung aus Kohle und Sauerstoff, aufnimmt. Zunächst wird nur Wärme gebildet; die Wärme wird in den Druck des gespannten Wasserdampfes ver-

Was ist Biochemie?

wandelt, mit dessen Hilfe Lokomotiven, elektrische Apparate, Motoren aller Art betrieben werden können, sodass jede beliebige Energieform aus der chemischen Betriebskraft der Reaktion gewonnen werden kann. Ebenso finden wir in dem lebenden Organismus die Fähigkeit, geeignete Reaktionen in der Weise zu leiten, dass die dabei frei werdende Energie in derjenigen Form ausgenutzt wird, wie sie der Organismus zu seiner Lebenserhaltung oder zur Betätigung seines Willens bedarf. Das Gesetz von der Erhaltung der Energie sagt nun aus, dass diese Umwandlungen ohne Verlust vor sich gehen, d. h., dass bei diesen Umwandlungen eine Abnahme der Energie nicht eintritt, sondern die gesamte der Umwandlung unterworfene Energieform, in andern Formen, aber mit gleichem Arbeitswert erscheint.

Wenden wir diese Überlegung auf eine chemische Reaktion zwischen zwei Stoffen A+B an, so können wir bekanntlich schreiben: $A+B=AB$. Ist eine solche Reaktion mit einem bestimmten Energieverbrauch, etwa mit Aufnahme von Wärme, verbunden, so muss dieselbe Wärme wieder gewonnen werden können, wenn der Vorgang $AB=A+B$ eintritt, d. h., wenn die Reaktion rückgängig gemacht wird. Wird bei dieser Umkehrung des Prozesses die zuerst aufgenommene Wärme nicht als Wärme, sondern als irgendeine andere Energieform oder als mehrere andere Energieformen abgegeben, so ist deren Arbeitswert ebenso groß wie der der ursprünglich aufgenommenen Wärme.

Diese Betrachtungen sind notwendig, um das Gemeinsame und Unterscheidende der chemischen Reaktionen im pflanzlichen und im tierischen Organismus einzusehen. Pflanzen und Tiere sind Lebewesen und haben als gemeinsames Kennzeichen die Fähigkeit des Wachstums und der mit dem Wachstum verbundenen Beweglichkeit. Sie unterscheiden sich aber, wenn man die Übergangsformen zwischen Pflanzen und Tieren unberücksichtigt lässt, in einem wichtigen Punkte, der die biologische Stellung der beiden Lebensformen klarlegt. Die Pflanzen sind abgesehen von ihrem Wachstum ruhende Gebilde und an den Ort, an dem sie wurzeln, gebunden. Sie besitzen nicht die Fähigkeit der willkürlichen Ortsveränderung. Die Tiere hingegen sind bewegliche Gebilde. Sie können willkürlich den Ort wechseln und besitzen einen Organismus, welcher der Möglichkeit der stetigen Ortsveränderung angepasst ist. Daraus geht hervor, dass die Tiere für ihr Leben einer

BIOCHEMIE

weit größeren Arbeitsleistung bedürfen als die Pflanzen. Denn auch die Pflanzen atmen, wenn auch eine Flüssigkeitsströmung durch den pflanzlichen Organismus hindurch stattfindet, Tätigkeiten, die natürlich Arbeit erfordern, so sind deren Beträge doch sehr viel kleiner als die entsprechenden Beträge bei den Tieren, die, zumal die höher entwickelten, einen regen Blutkreislauf besitzen und die Arbeit des Herzens, der Pulse, Lungen usw. leisten müssen. Die Tiere bedürfen deshalb zu ihrer Lebenserhaltung weit größerer Energiezufuhr als die Pflanzen. Sie gebrauchen, da diese Energiezufuhr wesentlich in Form der chemischen Spannkraft ausgenommen und aufgespeichert wird, exotherme Reaktionen, die unter Wärme- und Energieabgabe verlausen. Die Pflanzen hingegen können sich mit einem weit geringeren Arbeitskapital begnügen. Der Betrag exothermer Reaktionen darf für ihre Lebenserhaltung weit kleiner sein, sodass, vorausgesetzt, dass dem pflanzlichen Organismus eine geeignete Energiequelle zur Verfügung steht und sich endotherme Reaktionen abspielen, die durch letztere geschaffenen Substanzen zum größten Teil reserviert werden können. In der Tat vermag die Pflanze unter dem Einfluss der Lichtenergie viele endotherme Stoffe zu schaffen, die daher geeignet sind, bei ihrer Zerlegung im tierischen Organismus die Energie wieder abzugeben, die ihre Bildung erfordert hat. In dieser Beziehung stehen daher Pflanzen und Tiere in einem gegensätzlichen biologischen Verhältnis. **Die Pflanze schafft die Verbindungen, die das Tier für sein Leben verwerten kann.**

Das Gemeinsame der beiden Lebensformen besteht darin, dass das Tier wie die Pflanze zur Schaffung und Erhaltung des materiellen Organismus bestimmter chemischer Bausteine bedarf, die entweder unverändert oder stets in ähnlicher Art erneuert erst den Apparat bilden, in dem sich die Lebensreaktionen abspielen. Während aber die Pflanze auch diese Stoffe aus den einfachen Bestandteilen, welche die Atmosphäre und der Erdboden zur Verfügung stellt, aufzubauen vermag, ist der tierische Organismus darauf angewiesen, sie in fertiger oder vorbereiteter Form der Pflanze zu entnehmen. Auch in dieser Beziehung erscheint das pflanzliche Leben als die Bedingung des tierischen Lebens; und wenn es auch Tiere gibt, die lediglich von dem Fleisch anderer Tiere leben, so haben doch diese sich von Pflanzen ernährt, ihr Material erst aus pflanzlichen Stoffen aufgebaut.

Was ist Biochemie?

Da die Pflanzen den Aufbau der Substanzen ihres Organismus nur unter Zuhilfenahme von Energie, und zwar der Sonnenenergie, zu bewerkstelligen vermögen, so ist in letzter Linie alles Leben durch die Arbeitsleistung der Sonnenstrahlen geschaffen. In diesem Sinne ist alles, was lebt, ein Kind des Lichtes.

Bei der Betrachtung der biochemischen Reaktionen ergibt es sich daher von selbst, dass wir zuerst die Vorgänge im pflanzlichen Organismus und dann die im tierischen Organismus beschreiben. Da, wie erwähnt, auch die Pflanzen eine bestimmte Arbeit erfordernde Atmung, ein Wachstum, das gleichfalls eine Arbeitsleistung darstellt, besitzen, so haben wir diese Tätigkeit, soweit sie sich in chemischen Reaktionen abspielt, zu unterscheiden von denjenigen Vorgängen, die nur der Bildung endothermer Verbindungen, der Erzeugung des Pflanzenkörpers unter dem Einfluss der Sonne, dienen. Man bezeichnet die der Energieerzeugung dienenden Reaktionen als Abbaureaktionen oder Dissimilationsvorgänge, die letzteren als Aufbaureaktionen oder Assimilationsvorgänge.

Die Assimilationsvorgänge müssen zeitlich den andern vorausgehen, da sie das Pflanzenmaterial erst schaffen. Bezüglich der chemischen Substanzen, die wir im pflanzlichen Organismus finden, beziehen sich die Assimilationsvorgänge auf die stickstofffreien und stickstoffhaltigen organischen Substanzen, sowie auf die Aufnahme von Salzen. Da alle organischen Substanzen der Pflanze in letzter Linie von der Kohlensäure stammen, so bezeichnet man die Entstehung der kohlenstoffhaltigen, stickstofffreien Verbindungen als die Assimilation der Kohlensäure, hinzu tritt als zweite Reaktionsform im Aufbau des pflanzlichen Organismus die Assimilation des Stickstoffs, der auch zeitlich der Assimilation der Kohlensäure folgt. Der Eingriff des Stickstoffs im Aufbau der Lebenssubstanzen beginnt erst, nachdem aus der Kohlensäure organische Verbindungen entstanden sind.

Um die Grundzüge der biochemischen Wissenschaft kennenzulernen, ist es deshalb erforderlich, die Assimilations- und Dissimilationserscheinungen, die in dem lebenden Organismus zum Ablauf kommen, etwas genauer zu betrachten. Diese Reaktionen spielen sich im Pflanzen- und Tierreich in dem Element des Lebens, der Zelle, ab. Sie ist das Laboratorium, das die Natur mit den empfindlichsten und kompliziertesten Hilfsmitteln für den Ablauf der Lebensreaktionen eingerichtet hat. In ihren Funktionen äußerst

BIOCHEMIE

verschieden sind die Zellen in der prinzipiellen Anordnung übereinstimmend, sodass die allgemeine Schilderung der in der Zelle verteilten physikalischen und chemischen Einrichtungen über ihre wesentlichen Eigenschaften genügenden Aufschluss gibt. Die Kenntnis dieser Einrichtungen ist zum Verständnis der Assimilations- und Dissimilationsvorgänge notwendig. Zuvor aber wollen wir in großen Zügen die chemische Natur der an biochemischen Reaktionen beteiligten Stoffe betrachten.

4.2 Gemeinsamkeiten zwischen Chemie und Biochemie

Da die lebenden Organismen, sowohl pflanzlicher wie tierischer Natur, aus Zellen bestehen, so ist die Chemie der Zelle auch die Grundlage für die Chemie des gesamten lebenden Organismus. Die Stoffe, die in der lebenden Zelle vorkommen, sind teils solche, die als Baumaterial der Körpersubstanz einen dauernden Bestandteil des Zellorganismus bilden, teils solche, die als Nahrung oder als Energielieferanten von der Zelle aufgenommen und in veränderter Form wieder abgeschieden werden. Daneben sind noch diejenigen chemischen Reaktionen zu berücksichtigen, welche den Wachstumsvorgängen dienen, also einer Neubildung von Zellsubstanz entsprechen für die Zeit, in welcher die Zellsubstanz eine Vermehrung erfährt. Zu den Stoffen, die man als das Baumaterial der Zelle ansprechen kann, gehören zunächst die Eiweißstoffe, welche einen großen Teil der festen Zellsubstanz ausmachen. Oft enthält die Zelle auch Stoffe holzartiger Natur, Zellulosestoffe, und als nie fehlenden Bestandteil das Wasser, in dem anorganische und organische Stoffe gelöst sind. Je nach der Gattung, zu der die Zellen als selbstständiger Organismus zusammengetreten sind, ist der chemische Aufbau von diesem Grundschema abweichend. So enthalten viele Pflanzen Zellen, die ungemein stärkehaltig sind, und solche, die den grünen Blattfarbstoff, das Chlorophyll, zu bilden vermögen. In den Tierarten weichen die Zellarten der einzelnen Organe erheblich voneinander ab. Die Zellen des Blutes, die roten Blutkörperchen, enthalten den Blutfarbstoff, das Hämoglobin, der für die Tiere eine ebenso bedeutsame Funktion besitzt, wie sie das Chlorophyll für die Pflanzen ausübt. Wie der dauernde Bestand der Zelle mit der Natur des Organismus wechselt, so schwankt auch der vorübergehende durch den Stoffwechsel bedingte Bestand an Stoffen von Art zu Art, sodass es hier unmöglich ist, sämtliche Substanzen, die dauernd oder vorübergehend einer Zelle angehören, chemisch zu betrachten. Nur die wichtigsten sollen kurz besprochen werden.

4.2.1 Darstellungsweisen chemischer Formeln

Die Konstitutionsformel, die wir hier im Rahmen der Biochemie neben der Summenformel verwenden, ist eine chemische Darstellungsweise, durch die ausgedrückt werden kann, wie die Atome eines Moleküls miteinander durch chemische Bindungen verbunden sind. Im Gegensatz zur Summenformel und zur Verhältnisformel, aus denen lediglich Anzahl oder Zahlenverhältnis der Atome unterschiedlicher Elemente hervorgehen, liefert die Konstitutionsformel auch Informationen, aus denen sich die Zuordnung des dargestellten Stoffes zu einer Verbindungsklasse ermitteln lässt:

	Darstellungsweisen chemischer Formeln		
	Konstitutionsformel	**Summenformel**	**Verhältnisformel**
Methan	CH_4	CH_4	CH_4
Propan	$CH_3-CH_2-CH_3$	C_3H_8	C_3H_8
Essigsäure	CH_3-COOH	$C_2H_4O_2$	CH_2O
Wasser	existiert nicht	H_2O	H_2O

Darüber hinaus ist uns eine weitere Darstellungsform bekannt, die Valenzstrichformel, die wir in den Kapiteln „Die anorganische Chemie" und „Organische Chemie" verwendet haben. Alle anderen aufgeführten Strukturformeln, über welche die folgende Übersicht informiert, brauchen wir in unserer Darlegung nicht.

BIOCHEMIE

	Strukturformeln			
	Elektronenformel	Valenzstrichformel	Keilstrichformel	Skelettformel
Methan	H:C:H mit H oben und unten	H-C-H mit H oben und unten	H-C-H mit H oben und unten (Keil)	existiert nicht
Propan	H:C:C:C:H mit H	H-C-C-C-H mit H	H-C-C-C-H mit H (Keil)	∨
Essigsäure	H:C:C mit :O:H	H-C-C mit O, O-H	H-C-C mit O, O-H (Keil)	⌐OH
Wasser	H:Ö:H	H-O-H	H-O-H (Keil)	existiert nicht

4.2.2 Anorganische Verbindungen

Außer dem Wasser, das den Hauptbestandteil der anorganischen Verbindungen des tierischen Organismus ausmacht, kommen noch zahlreiche Mineralstoffe dauernd in ihm vor, die zum Teil das Material des Organismus mitbilden, zum Teil als Produkte des Stoffwechsels ununterbrochen in ihm vorhanden sind. Die wasserärmsten Organe des tierischen Organismus sind der Zahnschmelz, das Fettgewebe und die Knochen, von freien Säuren kommen nur die im Magen vorhandene Salzsäure und die in der Exspirationsluft enthaltene Kohlensäure in Betracht. Freie Basen findet man im Organismus nicht.

Den wesentlichsten Bestandteil der weiteren Mineralstoffe bilden die Salze. Das wichtigste, in allen Körperflüssigkeiten vorkommende Salz ist das Chlornatrium oder Kochsalz. Ein erwachsener Mensch scheidet täglich etwa 3 – 20 g Kochsalz aus und muss eine gleiche Menge wieder einnehmen. Das Kochsalz ist für die Lebensprozesse unumgänglich notwendig, wahrscheinlich weil es durch die Regulierung des osmotischen Druckes (s. w. u.) den Flüssigkeitstransport durch die Zellmembran und Gewebsmembran reguliert und sich an der Salzsäurebildung im Magensaft beteiligt.

Chlorkalium findet sich in allen Zellen und in den roten Blutkörperchen, während im Blutserum und in der Lymphe Soda, im Pankreassaft, Galle und Blut, doppeltkohlensaures Natrium vorhanden ist.

Etwa 10 % der anorganischen Bestandteile des Knochens besteht aus Kalziumkarbonat, das auch in den Zähnen und als **saures kohlensaures Kalzium** in Blut und Lymphe enthalten ist. Den Hauptbestandteil der Knochenasche bildet das Kalziumphosphat mit etwa 85 %, **Magnesiumphosphat** ist in geringerer Menge in ihr enthalten. In den Muskeln ist das vorwiegende Salz das sekundäre **Kaliumphosphat**. Außerdem finden sich noch in Knochen und Zähnen geringe Mengen **Fluorkalzium**. Ferner enthält der tierische Organismus Spuren von **Jod** und **Arsen**. Andere anorganische Substanzen, wie **Eisen**, **Schwefel** und **Phosphor**, befinden sich innerhalb des Organismus in Verbindung mit organischer Substanz oder als Bestandteile organischer Substanz; sie gehören deshalb zu den organischen Verbindungen des Organismus.

Bei der Untersuchung der Pflanzenasche ergibt sich, dass außer **Schwefel** und **Phosphor**, — Elementen, die aus den organischen Stoffen der Pflanzenzelle stammen — noch die Metalle **Kalium**, **Magnesium** und **Eisen** und meist auch **Kalzium** für die Entwicklung der Pflanzen notwendig sind. Die Metalle sind teils als Salze, teils in organischer Bindung in den lebenden Pflanzen vorhanden, häufig findet man auch in der Asche andere Stoffe, **Natrium**, **Kieselsäure** und **Chlor**. Die quantitative Verteilung der Stoffe ist in den verschiedenen Pflanzen eine ungemein wechselnde.

4.2.3 Organische Verbindungen

Die für den lebenden Organismus wichtigsten organischen Substanzen sind für Pflanzen und Tiere, die gleichen, und zwar die **Kohlenhydrate**, die **Fette** und die **Eiweißkörper**. Da dieselben auf ihrem Weg durch den Organismus die mannigfachsten Veränderungen erleiden, so sind auch die durch die Zersetzung, den Abbau und erneuten Aufbau entstehenden Verbindungen von wesentlichem Interesse.

A. Die Kohlenhydrate

Die Kohlenhydrate haben ihren Namen von ihrer Bruttozusammensetzung, die außer Kohlenstoff die Elemente Wasserstoff und Sauerstoff im Verhältnis des Wassers aufweist: $C_n(H_2O)_m$.

BIOCHEMIE

Chemisch sind sie durch den Besitz der Ketonalkoholgruppe: $-CO-CH_2OH$ oder Alkoholaldehydgruppe: $-CHOH-CHO$ definiert. Kohlenhydrate mit dieser Gruppierung nennt man Aldosen, die mit der ersteren Gruppierung Ketosen. Die wichtigsten Kohlenhydrate sind die Zuckerarten. Man ordnet die Kohlenhydrate nach ihrem Verhalten bei der Hydrolyse d. h. der mit Wasseraufnahme verbundenen Spaltung beim Behandeln mit verdünnten Säuren. Solche Kohlenhydrate, die keine Spaltung erleiden, nennt man Monosen oder Monosaccharide. Zu ihnen gehören die wichtigsten Zuckerarten: Traubenzucker, Fruchtzucker usw. Andere Kohlenhydrate, die Biosen oder Disaccharide, zerfallen bei der Hydrolyse in je zwei Moleküle der Monosen; die wichtigsten Vertreter der Biosen sind Milch- und Rohrzucker. Die Polyosen oder Polysaccharide schließlich sind solche Kohlenhydrate, die durch Zusammentritt mehrerer Monose-Moleküle gebildet sind und in diese bei der Hydrolyse gespalten werden. Zu ihnen gehören die Stärke, die Dextrine, die Zellulose und die Gummiarten.

. Monosen

Die Monosen unterscheidet man nach der Anzahl der Kohlenstoffatome, von denen eins in der Keto- oder in der Aldehydgruppe vorhanden, die anderen mit alkoholischen Hydroxylgruppen verbunden sind, als Biose, Triosen, Tetrosen, Pentosen, Hexosen usw. Alle Zuckerarten stehen im engen Zusammenhang mit dem einfachsten Aldehyd, dem ...

Formaldehyd, HCHO,

... durch dessen Kondensation Zuckerarten entstehen und in welchen diese durch Spaltung wieder zerfallen können. Die Monosen können als polymere Formaldehyde $(CH_2O)_n$ aufgefasst werden. Der Formaldehyd bildet für die pflanzliche Zuckersynthese das erste organische Glied, insofern er als das unter Mitwirkung des Wassers entstehende Reduktionsprodukt der Kohlensäure aufgefasst werden kann:

$$CO_2 + H_2O = HCHO + O_2.$$

Dieser Vorgang leitet die pflanzliche Assimilation der Kohlensäure ein. (Genaueres s. S. 160.)

Glykolaldehyd, $CH_2OH-CHO$.

Der Glykolaldehyd bildet den Typus des einfachsten Zuckers, indem er die Alkohol- und Aldehydgruppe enthält. Er weist auch bereits die wichtigsten Zuckerreaktionen auf und geht durch Polymerisation ungemein leicht in kompliziertere Zuckerarten, wie Tetrosen und Hexosen über.

Glycerinaldehyd, $CH_2OH-CHOH-CHO$.

Von den Triosen, den Zuckerarten mit drei Kohlenstoffatomen, existieren bereits zwei Vertreter, eine Aldose und eine Ketose. Beide, sowohl die Aldose, der Glycerinaldehyd, wie die Ketose, das Dioxiaceton $CH_2OH-CO-CH_2OH$, entstehen durch Oxidation des Glycerins. Das Gemisch beider, Glycerose genannt, geht ungemein leicht in Hexose über. Diese kohlenstoffarmen Zuckerarten sind bei dem Ausbau und Abbau der Zuckerarten als intermediäre Phasen von Bedeutung. Auch Pentosen können aus Glycerinaldehyd nach vorhergehender Spaltung in Glykolaldehyd und Formaldehyd entstehen, ebenso aus dem Glykolaldehyd allein, der dabei wahrscheinlich zunächst in Formaldehyd zerfällt.

Tetrosen, $CH_2OH-CHOH-CHOH-CHO$
und $CH_2OH-CHOH-CO-CH_2OH$.

Auch die Zucker mit vier Kohlenstoffatomen besitzen noch keine direkte Bedeutung für den lebenden Organismus, während die ...

Pentosen, $CH_2OH-CHOH-CHOH-CHOH-CHO$
und $CH_2OH-CHOH-CHOH-CO-CH_2OH$

... zweifellos sowohl in Pflanzen- wie im Tierorganismus eine wichtige Rolle spielen. Die Arabinose und die Xylose, zwei Aldopentosen d. h. Aldosen mit fünf Kohlenstoffatomen, sind im tierischen Organismus unter bestimmten Verhältnissen nachweisbar.

Hexosen, $CH_2OH-CHOH-CHOH-CHOH-CHOH-CHO$
und $CH_2OH-CHOH-CHOH-CHOH-CO-CH_2OH$.

Die wichtigste Zuckergruppe ist die der Hexosen, und zwar sowohl der Aldosen wie der Ketosen. Ein Vertreter der ersteren ist der Traubenzucker, Dextrose oder Glukose, der, wie später noch ausführlicher zu erörtern ist, im wesentlichen als das Ausgangsprodukt der biologischen Zuckerreaktionen angesehen werden darf; normalerweise findet er sich im tierischen Organismus im Blut, in der Lymphe und in der Leber. Bei pathologischen Verhältnissen wird er unzersetzt ausgeschieden. Auch kommt er in vielen Pflanzen vor. Die entsprechende Ketose ist der **Fruchtzucker**, auch **Lävulose** oder **Fruktose** genannt, die gleichfalls in tierischen und pflanzlichen Organismen verbreitet ist.

Die eigentümliche Zusammensetzung der Monosen veranlasst eine Reihe von Reaktionen, die allen diesen Substanzen gemeinsam ist, und die wir nur kurz zusammenfassend besprechen können.

Durch Oxidation entstehen zunächst Säuren, indem an erster Stelle die Aldehydgruppe zur Karboxylgruppe oxidiert wird.

$$-CHO + O = -COOH.$$

Solche Säuren sind:

Glykolsäure $CH_2OH-COOH,$

Glycerinsäure $CH_2OH-CHOH-COOH,$

Glukonsäure
$CH_2OH-CHOH-CHOH-CHOH-CHOH-COOH,$
usw.

Im Fortgang der Oxidation wird zunächst die endständige Alkoholgruppe oxidiert, und es entstehen die Dicarbonsäure, wie ...

Oxalsäure $COOH-COOH,$

Tartronsäure $COOH-CHOH-COOH,$

Weinsäure $COOH-CHOH-CHOH-COOH,$

Trioxyglutarsäure
$COOH-CHOH-CHOH-CHOH-COOH.$

Zucker- und Schleimsäure
$COOH-CHOH-CHOH-CHOH-CHOH-COOH.$

Bei den Ketosen wird meist die Gruppe ...
$-CO-CH_2OH$

... als Glykolsäure abgespalten, während der an die Ketogruppe sich anschließende Rest zur entsprechenden Karbonsäure oxidiert wird. So liefert Fruktose neben Glykolsäure die Monokarbonsäure einer Tetrose, die **Erythronsäure:**

$CH_2OH-CHOH-CHOH-COOH$.

Neben den Oxidationsvorgängen sind für die Biologie besonders die Spaltungsvorgänge von Bedeutung, welche die höheren Zuckerarten wieder in einfache Zucker zerlegen und den Weg der Synthese umkehren. Durch solche Spaltungen können z. B. aus den Hexosen wieder Triosen, aus diesen wieder Glykolaldehyd und Formaldehyd entstehen. Bei der vollkommenen Zuckerverbrennung zu Kohlensäure und Wasser, wie sie im lebenden Organismus stattfindet, wirken Spaltung und Oxidation zusammen, indem die durch die Spaltung geschaffenen einfachen Produkte weiter bis zu den Endprodukten verbrannt werden. Auch bei den Gärungsvorgängen der Zucker, die später ausführlicher besprochen werden, bestehen die einleitenden Vorgänge in den Spaltungen.

Durch Reduktion der Zuckerarten werden zunächst die Aldehyd- oder Ketogruppen in alkoholische Gruppen verwandelt. Es bilden sich mehrwertige Alkohole, so aus dem Glykolaldehyd das Glykol CH_2OH-CH_2OH, aus dem Glycerinaldehyd das Glycerin $CH_2OH-CHOH-CH_2OH$, aus den Pentosen die Pentite $CH_2OH-CHOH-CHOH-CHOH-CH_2OH$, aus den Hexosen die Hexite
$CH_2OH-CHOH-CHOH-CHOH-CHOH-CH_2OH$.
Durch sehr intensive Reduktion gelingt es, auch die Hydroxylgruppe durch Wasserstoff zu ersetzen und zu Substanzen zu gelangen, welche den Fettsäuren nahestehen und im Organismus zu ihnen überleiten.

Auf die mannigfachen Verhältnisse, welche durch die große Anzahl isomerer Zuckerarten geschaffen werden, können wir hier nicht näher eingehen. Nur soviel sei erwähnt, dass die verschiedenen Zucker von gleicher Konstitution oft ein qualitativ und quantitativ verschiedenes Verhalten gegenüber dem polarisierten Licht zeigen, das auf ungleiche Konfiguration d. h. ungleiche räumliche Orientierung der gleichen Atome im Molekül zurückgeführt wird. Die Konfiguration spielt bei allen natürlichen Reaktionen eine große Rolle, da die in der Natur wirksamen Agentien meist nur auf eine bestimmte Konfiguration einwirken, auf andere Konfigurationen aber trotz der gleichen Zusammensetzung ohne Einfluss sind.

BIOCHEMIE

. Biosen

Vertreter der Biosen sind: Rohrzucker, Milchzucker und Malzzucker. Der Rohrzucker, $C_{12}H_{22}O_{11}$, eins der wichtigsten Nahrungsmittel, wird durch Säuren in je ein Molekül Traubenzucker und Fruchtzucker unter Wasserausnahme gespalten oder invertiert, ein Prozess, den man wegen der mit der Spaltung oder Inversion verbundenen Wasseraufnahme als Hydrolyse bezeichnet:

$$C_{12}H_{22}O_{11} + H_2O = C_6H_{12}O_6 + C_6H_{12}O_6.$$

Der Milchzucker, der die gleiche Bruttozusammensetzung hat wie der Rohrzucker, wird durch die Hydrolyse in Traubenzucker und Galaktose, der Malzzucker oder die Maltose in zwei Moleküle Traubenzucker zerlegt. Während der Rohrzucker im Pflanzenreich sehr verbreitet ist, kommt der Milchzucker fast nur im Tierreich als ein Produkt der Tätigkeit der Milchdrüsenzellen vor.

. Polyose

Über Polyosen weiß man, dass sie unter dem Einfluss der Hydrolyse allmählich unter Wasseraufnahme abgebaut werden und als physiologische Endprodukte Hexosen liefern. Die wichtigsten sind die Pflanzenstärke, die tierische Stärke und die Zellulose der Holzstoffe. Die tierische Polyose, das Glykogen, wird aus Hexosen im tierischen Organismus gebildet und zerfällt wieder durch Hydrolyse entsprechend dem Bedarf des tierischen Organismus in Hexosen. Die Polyosen haben die allgemeine Formel: $(C_6H_{10}O_5)x$.

B. Die Fette

Den Kohlenhydraten stehen die Fette durch die Tatsache, dass ein Bestandteil der Fette, das Glycerin, in engen Zusammenhang mit den Zuckerarten gebracht werden kann, chemisch nahe. Die Fette sind Ester des dreiwertigen Alkohols Glycerin, ...

$$CH_2OH-CHOH-CH_2OH,$$

... das seinerseits durch Deduktion des Glycerinaldehyds entsteht. Werden die drei alkoholischen Wasserstoffatome des Glycerins durch die Reste höherer Fettsäuren, wie der Palmitinsäure, der

Stearinsäure oder der Ölsäure ersetzt, so erhält man die neutralen Fettsäureester des Glycerins, die Fette. Natürliche Fette sind meist Gemische von solchen Estern, die je nach den gebundenen Fettsäuren als Tripalmitin, Tristearin und Triolein bezeichnet werden. Das Tripalmitin hat die Zusammensetzung:

$$\begin{array}{l} CH_2O - C_{16}H_{31}O \\ | \\ CH\ O - C_{16}H_{31}O \\ | \\ CH_2O - C_{16}H_{31}O. \end{array}$$

Die Reaktion der Fette, die im tierischen Organismus die größte Bedeutung besitzt, wird als Verseifung bezeichnet. Sie besteht in der Abspaltung des Glycerins von den Fettsäuren unter der Einwirkung von Alkalien, welche mit den Fettsäuren die löslichen Alkalisalze oder Seifen bilden. Solche Verseifung entsteht auch durch die Wirkung bestimmter, vom Organismus produzierter Stoffe, der Lipasen, wie wir später noch besprechen werden, häufig kommen in der Natur auch phosphorhaltige Fette vor, die so zusammengesetzt sind, dass nur zwei der alkoholischen Gruppen des Glycerins durch Fettsäurereste ersetzt sind, während in der dritten Gruppe ein phosphorhaltiger Komplex eingefügt ist. Man bezeichnet diese fettähnlichen Stoffe zusammenfassend als Phosphatide. Zu ihnen gehören als wichtigste Vertreter die Lezithine.

Das verbreiteste Lezithin enthält außer der Stearinsäure phosphorsaures Cholin und entspricht der Formel:

$$\begin{array}{l} CH_2O - C_{18}H_{35}O \\ | \\ CHO\ - C_{18}H_{35}O \\ | \qquad\qquad\ /OH \\ CH_2O - PO{\Large\langle} \\ \qquad\qquad\quad \backslash OC_2H_4 - N(CH_3)_3OH. \end{array}$$

Das Cholin ist eine organische Base, die zu den Ammoniumverbindungen in Beziehung steht. Erwähnt sei noch als fettähnlicher Stoff das Cholesterin, das in der Natur ungemein verbreitet ist. Es ist eine hydroaromatische Verbindung und steht den in Zellen gleichfalls vorkommenden Terpenen chemisch nahe.

C. Die Eiweißkörper

Die Eiweißkörper sind durch eine Reihe gemeinsamer Reaktionen als zusammengehörige Gruppe gekennzeichnet, die wichtigsten dieser Reaktionen sind: Die Spaltung durch Säuren unter Wasseraufnahme, die Hydrolyse, die zur Bildung der Albumosen, Peptone und schließlich der Aminosäuren führt, und die Fähigkeit, sich nur kolloidal zu lösen, d. h. Lösungen zu bilden, die durch tierische Membran nicht diffundieren. Ferner bestehen noch mehrere Einzelreaktionen, die alle Eiweißkörper ausweisen und einerseits mit dem Bestand der Eiweißkörper an Aminosäuren, andererseits mit ihrem ungemein großen Molekulargewicht zusammenhängen. Ein Eingehen aus alle diese Reaktionen würde zu weit führen; nur die allgemein wichtigen sollen erwähnt werden.

Die Eiweißstoffe enthalten die Elemente C, H, O, N und S, deren Mengen bei den verschiedenen Eiweißstoffen innerhalb beträchtlicher Spannweite schwanken:

C: 50 – 55 %; H: 6,5 – 7,3 %; N: 15 – 17,6 %;
O: 19 – 24 %; S : 0,3 – 2,4 %

Häufig sind auch noch andere Elemente, hauptsächlich Eisen und Phosphor, am Ausbau des Eiweißmoleküls beteiligt.

Eiweißkörper sind aus Proteinen aufgebaut. Ein Protein, umgangssprachlich Eiweiß, ist ein biologisches Riesenmolekül, das aus verschiedenen Aminosäuren aufgebaut ist. In einer grundsätzlichen Einteilung können wir die Eiweißstoffe nach äußerlichen Merkmalen klassifizieren. Solche Merkmale sind die Herkunft, die Löslichkeit, die Fällbarkeit und das Koagulierungs- oder Gerinnungsvermögen. Ferner unterscheidet man die von der Natur gelieferten, ursprünglichen oder genuinen Eiweißkörper, die Albumine, von ihren Umwandlungsprodukten, den Säure- und Alkaliderivaten, den bereits

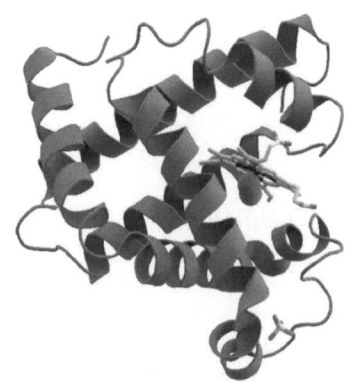

Fig 47: Eine Darstellung der 3D-Struktur von Myoglobin. Dies war das erste Protein, dessen Struktur mit Hilfe der Kristallstrukturanalyse aufgeklärt wurde. CC0

koagulierten Eiweißstoffen und ihren ersten hydrolytischen Spaltprodukten, den Albumosen und Peptonen, die noch sämtlich die typischen Eiweißreaktionen zeigen. Die Proteide lassen sich in Eiweiß und eine zweite organische Komponente spalten; zu ihnen gehört der Blutfarbstoff, das Hämoglobin. Die Nukleoproteide, die im Zellkern vorkommen, enthalten außer dem Eiweißrest Phosphor und Purinbasen (s. w. u.) und häufig auch eine Kohlenhydratgruppe.

Albuminoide nennt man die unlöslichen Eiweißkörper, welche an dem Aufbau des tierischen Gerüstes beteiligt sind; zu ihnen gehören das Elastin, die Grundsubstanz des elastischen Gewebes, die Keratine, welche in Haaren, Nägeln, Hufen, hörnern Vorkommen, und die Kollagene des Bindegewebes der Knorpel und Knochen, die durch Auskochen mit Wasser in die Leimarten, wie Glutin und Gelatine, übergeführt werden. Den besten Einblick in die Zusammensetzung der Eiweißstoffe erhält man durch die vollständige Hydrolyse, die bei längerer Behandlung mit Säuren zu den Bausteinen des Eiweißmoleküls, den Aminosäuren, führt.

Die wichtigsten Aminosäuren, die aus den Eiweißstoffen gewonnen sind, sind die folgenden:

Glykokoll, Glycin oder Aminoessigsäure,

$$NH_2CH_2COOH$$

Alanin oder Aminopropionsäure,

$$CH_2CHNH_2COOH$$

Leuzin oder Aminoisobutylessigsäure,

$$(CH_3)_2CHCH_2CHNH_2COOH$$

Asparaginsäure oder Aminobernsteinsäure,

$$COOH\ CHNH_2CH_2COOH$$

Glutaminsäure oder Aminoglutarsäure,

$$COOH\ CHNH_2CH_2CH_2COOH$$

Ornithin oder Diaminovaleriansäure,

$$CH_2NH_2CH_2CH_2CHNH_2COOH$$

Lysin oder Diaminocapronsäure,

BIOCHEMIE

$$CH_2NH_2CH_2CH_2CH_2CHNH_2COOH$$

Tyrosin oder Oxyphenylaminopropionsäure,

$$C_6H_3OHCH_2CHNH_2COOH$$

Prolin oder Pyrrolidincarbonsäure,

$$\underset{|_____|}{CH_2\,CH_2\,NH\,CH\,COOH\,CH_2}$$

Cystin oder Dithiodiaminomilchsäure,

$$[-SCH_2CHNH_2COOH]_2$$

Die Aminosäuren sind in der mannigfachsten Anordnung in sogenannter Peptidbindung, einer amidartigen Bindung, in Eiweißmolekülen enthalten, Amide oder Säureamide sind durch den Besitz der Gruppe $-CONH_2$ charakterisiert, in welcher der mit dem Stickstoff verbundene Wasserstoff durch organische Reste substituiert werden kann. Wird ein Wasserstoffatom durch eine Gruppe ersetzt, so erhält man Verbindungen vom Typus $-CONH-R$ (R = Rest). Das Amid des Glykokolls, das einfachste Aminosäureamid, hat die Zusammensetzung:

$$NH_2CH_2CONH_2.$$

Tritt an die Stelle eines Amidwasserstoffs als Rest R der einer weiteren Aminosäure, so entstehen die Peptide, deren einfachster vertreter das aus zwei Glykokollmolekülen gebildete Glycylglycin ...

$$NH_2CH_2CONHCH_2COOH$$

... ist. Die Carboxylgruppe $-COOH$ kann nun abermals durch Ammoniak in die Säureamidgruppe $-CONH_2$, verwandelt und aufs Neue mit weiteren Aminosäureresten verbunden werden. z. B. ...

$$\underset{\text{Glykokoll}}{NH_2\,CH_2\,CO\;OH} + \underset{\text{Glykokoll}}{H\;NHCH_2\,COOH}$$

$$= H_2O + \underset{\text{Glycylglycin}}{NH_2\,CH_2\,CONHCH_2\,COOH}$$

$$\underset{\text{Glycylglycin}}{NH_2\,CH_2\,CONHCH_2\,CO\;OH} + H\;NH \cdot \underset{\underset{\text{Alanin}}{CH_3}}{CH} \cdot COOH$$

$$= H_2O + \underset{\text{Glycylglycylalanin}}{NH_2\,CH_2\,CONH\,CH_2\,CONHCH\,COOH}.\;\underset{}{\overset{|}{CH_3}}$$

Auf synthetischem Wege sind Peptide zusammengesetzt worden, welche mehr als 18 Aminosäuremoleküle enthalten. Solche Peptide verhalten sich bereits wie die natürlichen Eiweißkörper in der Beziehung, dass sie durch Säuren und Alkalien und durch bestimmte Enzyme, Produkte, die vom lebenden Organismus hervorgebracht werden und in ihm eine große, noch zu besprechende Rolle spielen, hydrolytisch gespalten werden und bei dieser Spaltung die in ihnen enthaltenen Aminosäuren liefern.

Es ist von Interesse, die Zusammensetzungen der wichtigsten Eiweißkörper in der Weise zu vergleichen, dass man die durch die Hydrolyse entstehenden Aminosäuren ihrer Natur und ihrer Menge nach ermittelt. Einige Daten über die wichtigsten Eiweißstoffe sind im Folgenden zusammengestellt:

	Kasein %	Serumalbumin %	Keratin %
Glykokoll	0,00	0,00	4,70
Alanin	0,90	2,70	1,50
Leucin	10,50	20,00	7,10
Prolin	3,10	1,00	3,40
Lystin	0,06	2,30	0,60
Tyrosin	4,50	2,10	3,20

D. Kohlensäurederivate

Wir müssen noch kurz auf die stickstoffhaltigen Substanzen eingehen, welche als End- und Zwischenprodukte des biologischen, meist mit Oxidationen verbundenen Eiweißabbaues von Bedeutung sind.

$$\text{Harnstoff,} \quad CO\begin{smallmatrix}\diagup NH_2 \\ \diagdown NH_2\end{smallmatrix}$$

... das wichtigste stickstoffhaltige Endprodukt des tierischen Stoffwechsels, entsteht künstlich durch Umlagerung des isocyansauren Ammoniums $OCNNH_4$, (Synthese von Wöhler) und geht beim Erhitzen unter Abspaltung von Ammoniak in Biuret über:

$$2\ CO\begin{smallmatrix}\diagup NH_2 \\ \diagdown NH_2\end{smallmatrix} = NH_3 + NH_2CONHCONH_2.$$

BIOCHEMIE

Im tierischen Organismus entsteht Harnstoff durch Abbau des Eiweißes und durch Synthese aus Kohlensäure und Ammoniak, vornehmlich in der Leber.

Weitere wichtige, chemisch dem Harnstoff nahestehende Substanzen sind das in den Muskeln, im Blut usw. der Tiere vorkommende Kreatin ...

$$NH = C\diagdown_{N\diagdown CH_2COOH}^{NH_2CH_3}$$

... die Methylguanidinessigsäure und das im Harn enthaltene, durch Wasseraustritt aus dem Kreatin entstehende Kreatinin:

$$NH = C\diagdown_{N(CH_3) - CH_2}^{NH \text{———} CO}.$$

Eine große Bedeutung für den tierischen Stoffwechsel besitzen die Purine, zu denen die Harnsäure und eine Reihe von basischen Stoffen, die Purinbasen, gehören. Auch diese Substanzen verdanken dem Abbau von Eiweiß, und zwar vorwiegend der Nukleine, ihre Entstehung. Eine Störung in den Ausscheidungs-Verhältnissen der Harnsäure begleitet die Krankheitserscheinungen der Gicht.

Die Formeln der Harnsäure und zweier Purinbasen, des Xanthins und Hypoxanthins, sind die folgenden:

$$\begin{array}{c}
HN - CO \\
|\quad\quad | \\
OC\quad C - NH \\
|\quad\, \|\quad\quad\diagdown CO, \\
HN - C - NH \diagup
\end{array}$$
Harnsäure

$$\begin{array}{c}
HN - CO \\
|\quad\quad | \\
OC\quad C - NH \\
|\quad\, \|\quad\quad\diagdown CH, \\
HN - C - N \diagup\!\!\!\diagup
\end{array}$$
Xanthin

$$\begin{array}{c}
HN - CO \\
|\quad\quad | \\
HC\quad C - NH \\
\|\quad\, \|\quad\quad\diagdown CH. \\
N - C - N \diagup\!\!\!\diagup
\end{array}$$
Hypoxanthin

Synthetisch kann Harnsäure durch Zusammenschmelzen von Aminoessigsäure oder Glykokoll mit Harnstoff gewonnen werden.

4.3 Die Zelle

Fig 48: Tierische Zelle.
CC-BY-SA 4.0: Zaldua I., Equisoain J.J., Zabalza A., Gonzalez E.M., Marzo A., Public University of Navarre - Eigenes Werk.

4.3.1 Die Zelle, ihre chemischen und physikalischen Hilfsmittel

Der lebende Elementar-Organismus des pflanzlichen und tierischen Organismus ist die Zelle. In der lebenden Einzelzelle spielen sich die Reaktionen ab, die sich nachher in dem Gesamtorganismus oft in komplizierterer und modifizierter Form wiederholen. Die Zelle wird durch eine Membran in ihrer Form gehalten und besitzt im Innern eine ausfüllende Grundstruktur (Fig. 48), das sogenannte Zytoplasma, das aus Zytosol, Organellen und weiteren Einschlüssen innerhalb der umschließenden Zellmembran besteht. Das Zytosol ist der flüssige Bestandteil der Zellen. Im Zytosol verlaufen im Zusammenhang mit seiner Umgebung diejenigen Reaktionen, die für das Leben charakteristisch sind, d. h., die Zelle vermag Stoffe in sich aufzunehmen, sie chemisch zu verändern, das Unbrauchbare auszuscheiden, kurz, eine Stoffwechseltätigkeit auszuüben. Sie ist imstande, sich — in der einfachsten Form durch Teilung — zu vermehren, ferner zu wachsen und zu sterben. Über die in allen diesen Lebensvorgängen auftretenden chemischen Prozesse wollen wir einige ausgewählte betrachten, welche die chemischen und physiologischen Umformungen begleiten, und zwar solche, die mit der physikalischen und chemischen Natur der Zellhaut oder Zellmembran in nahem Zusammenhang stehen.

Die Membran ist nämlich, obgleich sie den inneren Organismus der Zelle begrenzt, nicht etwa eine dicht abschließende, undurchlässige Wand, sondern sie besitzt das Vermögen einer auswählenden Durchlässigkeit, oder wie man auch sagt, der Halbdurchlässigkeit oder Semipermeabilität. Diese Eigenschaft befähigt die Membran, den Stoffwechsel der Zelle zu besorgen, d. h. die für ihr Leben wichtigen Stoffe in sich aufzunehmen, sie nach ihrer Umformung nicht wieder herauszulassen, wohl aber die unbrauchbaren Reaktionsprodukte dieser Umwandlungen auszustoßen. Von welcher Bedeutung das Studium dieser Verhältnisse für die Erkenntnis der Lebensvorgänge ist, geht besonders aus den Forschungen des amerikanischen Physiologen J. Loeb hervor, dem es gelungen ist, die unbefruchteten Eier niederer Lebewesen, d. h. möglichst einfacher Zellorganisationen (er wählte zu seinen versuchen die Seeigeleier) lediglich dadurch zur Entwicklung zu bringen, dass er sie in spezifisch zusammengesetzte Flüssigkeiten brachte, wie z. B. in Salzlösungen. Der Eintritt bestimmter Stoffe aus der Salzlösung in das Zellinnere regte die Entwicklung an, sodass das nächsthöhere Stadium der Larvenbildung durch rein chemische Reize erreicht wurde.

4.3.2 Die Enzyme

Die Reaktionen, die sich im lebenden Organismus abspielen, unterscheiden sich ihrer Art nach wesentlich von den künstlich ausführbaren. Sie sind einerseits meist viel komplizierter, andererseits spielen sie sich bei verhältnismäßig niedriger Temperatur, nämlich der des lebenden Organismus, mit einer Geschwindigkeit und in einer Weise ab, die wir, wenn überhaupt, meist nur durch äußerst heftige chemische Einflüsse herbeiführen können. Ferner aber unterliegen sie einem regulierenden Prozess, der in dem lebenden Organismus selbst seinen Sitz hat und normalerweise die Reaktion so lenkt und leitet, dass der höchsten Aufgabe des lebenden Organismus, seiner Lebenserhaltung, gedient ist.

Die Reaktionen unterliegen also scheinbar einem zweckmäßigen Willen. Diese Erscheinung gab bis Ende des 19. Jahrhunderts den Philosophen Veranlassung, alle in einem lebenden Organismus sich abspielenden Reaktionen abseits der gewöhnlichen physikalischen und chemischen Vorgänge zu stellen, ihre Abhängigkeit von den physikalischen Gesetzen zu bestreiten und eine in dem Organismus sitzende Lebenskraft für seine Reaktionen verantwortlich zu machen.

Eine solche Auffassung würde eine naturwissenschaftliche Erkenntnis aller dieser Vorgänge unmöglich machen; denn indem sie außerhalb der chemischen Gesetze gestellt werden, erkennt man an, dass die naturwissenschaftliche Betrachtung eben nicht imstande ist, die erforderliche Aufklärung zu geben. Obgleich wir noch nicht alle Lebensprozesse aufgeklärt haben, zeigt sich doch immer wieder, dass man die Prozesse des lebenden Organismus unter die naturwissenschaftlichen Gesetze bringen kann. Die Problemstellung lautet folgendermaßen: Welche Hilfsmittel besitzt der Organismus, um Reaktionen zum Ablauf zu bringen und ihren Ablauf zu regulieren? Von welchen physikalischen und chemischen Faktoren ist die Tätigkeit dieser Hilfsmittel abhängig? Erst wenn diese Frage gelöst ist, kann die weitere in Angriff genommen werden, auf welchem Weg diese Hilfsmittel im Organismus entstanden sind und entstehen.

Um einer Antwort näherzukommen, wollen wir einige in dem lebenden Organismus sich abspielende Vorgänge etwas genauer betrachten, und zwar zunächst den Vorgang der Verdauung im Magen. Die Fähigkeit der Selbstregulierung eines lebenden Organismus zeigt sich darin, dass die chemischen Prozesse, die sich in ihm abspielen, sich in der Geschwindigkeit ihres Ablaufs und in ihrem Umfang den Lebensbedingungen des Organismus gerade anpassen. Wir wissen, dass ein Teil der Kohlenhydrate zur Erhaltung der Körpertemperatur, zur Ausführung der willkürlichen und unwillkürlichen Bewegung im Organismus verbrannt wird. Wir sehen, dass ein anderer Teil der Kohlenhydrate trotz der Gegenwart der gleichen Oxidationsmittel nicht verbrannt, sondern aufgespeichert und nur als Reservematerial abgelagert wird. Eiweißstoffe werden im Magen und im Darm verdaut und resorbiert. Gleichzeitig aber bleibt das Eiweiß der lebenden Zelle selbst gegen die verdauenden und oxidierenden Einflüsse geschützt. Der Sauerstoff zirkuliert im Blut, begabt mit starken Oxidationseigenschaften, und doch finden wir die leicht oxidablen Gewebe, die vom sauerstoffhaltigen Blute umspült werden, unempfindlich gegen diesen Sauerstoff. Um in diese verwickelten Verhältnisse einen Einblick zu gewinnen, gibt es nur den wissenschaftlichen Weg, zunächst nach einfacheren Fällen zu suchen, welche die gleiche Eigenschaft der Regulierung chemischer Prozesse bieten. Wir können die Frage, die uns hier beschäftigt, dahin präzisieren, dass die Geschwindigkeit, mit der eine Reaktion abläuft, innerhalb weiter Grenzen regulierbar ist. Eine unendlich kleine Reaktionsgeschwindigkeit ist praktisch gleichbedeutend mit einem Stillstand des chemischen Geschehens. Von diesem Nullpunkt aus sind alle Abstufungen in der Geschwindigkeit bis zum explosionsartigen Verlauf denkbar. Können wir bei einfachen Reaktionen diese Reaktionsgeschwindigkeit beeinflussen, und wenn ja, mit welchen Mitteln geschieht es?

Man weiß schon lange, dass bestimmte Reaktionen nur in Gegenwart eines sich anscheinend an der Reaktion nicht beteiligenden Stoffes eintreten; und zwar genügt merkwürdigerweise oft eine Spur dieses die Reaktion bedingenden Stoffes, um große Umsetzungen bei den reagierenden Bestandteilen zu erzielen. So bleibt das metallische Eisen an vollkommen trockener Luft trotz der Gegenwart des Sauerstoffs unoxidiert, solange man es auch dem Einfluss des Sauerstoffs aussetzen mag. Die geringste Spur Wasser aber genügt, um das Rosten des Eisens herbeizuführen, und zwar hält dieser Oxidationsprozess so lange an, als Eisen und Sauerstoff vorhanden sind, während die geringe Spur Wasser, die erst die Reaktion ermöglicht, der Menge und Zusammensetzung nach unverändert bleibt und sich anscheinend an der Reaktion überhaupt nicht beteiligt. Ein anderes Beispiel ist das folgende: Wenn Schwefel an der Luft verbrennt, so bildet sich die schweflige Säure SO_2, die niedrigste Oxidationsstufe des Schwefels. Durch weiteren Sauerstoff gelangt man zu der Verbindung SO_3, die mit Wasser die Schwefelsäure liefert und deshalb als Schwefelsäureanhydrid bezeichnet wird. Es gelingt nun nicht, dieses Schwefelsäureanhydrid aus der schwefligen Säure und Sauerstoff zu erzeugen, selbst wenn man die beiden Gase — SO_2 ist gleichfalls ein Gas — bei höherer Temperatur lange Zeit zusammenhält. Setzt man aber dem Gasgemisch eine Spur metallischen Platins zu, so vollzieht sich die Umsetzung zu Schwefelsäureanhydrid bei 300—400° mit großer Geschwindigkeit, sodass auf diese Tatsache eine neue Industrie der Schwefelsäurefabrikation aufgebaut werden konnte.

Bereits in der ersten Hälfte des vorigen Jahrhunderts hat der berühmte schwedische Forscher Berzelius solche Erscheinungen beobachtet und sie als Kontakt-(Berührungs-)Erscheinungen beschrieben, in der Annahme, dass das Wesentliche für die Auslösung der Reaktion in der Berührung der reagierenden Stoffe mit dem Stoff besteht, welcher an der Reaktion selbst nicht teilnimmt. Ohne auf die Ursache dieser Wirkungen hier einzugehen, kann man allgemein sagen, dass durch das Vorhandensein der Kontakt-Substanzen die Reaktion ausgelöst wird, und man nennt deshalb diese Substanzen Katalysatoren, d. h., Auslöser. Die Reaktion selbst, die sich unter dem Einfluss der Katalysatoren abspielt, bezeichnet man als katalytische Reaktion. Man kann also das Wesen der Katalysatoren aus den beobachteten Erscheinungen folgenderweise definieren: **Katalysatoren sind Stoffe, die, ohne anscheinend an der Reaktion teilzunehmen, die Geschwindigkeit ganz maßgebend beeinflussen.** Im weiteren Verlauf der wissenschaftlichen Untersuchung dieser Fragen lernte man Katalysatoren kennen, welche Reaktionen auch zu hemmen und zu verlangsamen vermögen. Es genügen daher auch die einfachen Hilfsmittel des Laboratoriums, nur im gewissen Sinne Reaktionen zu regulieren. Es ist, um tiefer in das Problem der Katalyse einzudringen, erforderlich, die Gesetze und Möglichkeiten kennenzulernen, die uns für die Erzielung bestimmter Beschleunigungen oder Hemmungen zugänglich sind, und es ist ersichtlich, dass wir im Besitz solcher Kenntnisse mit der Aussicht auf Erfolg auch das kompliziertere Problem in Angriff nehmen können, das die Reaktionstätigkeit des lebenden Organismus stellt. Wir werden sehen, dass auch er sich des Hilfsmittels der Katalysatoren ausgiebig bedient, um je nach seinen Bedürfnissen Reaktionen zum Ablauf zu bringen, ihre Geschwindigkeit zu begrenzen oder scheinbar ganz zu unterdrücken.

Eine der charakteristischen Eigenschaften der Katalysatoren ist ihre Fähigkeit, in äußerst geringer Menge sehr beträchtliche Umsetzungen herbeizuführen, ohne durch die Reaktion verbraucht zu werden. Dieselbe Eigenschaft findet man bei einer großen Anzahl von Stoffen, die entweder selbst lebendig sind oder aus einem lebenden Organismus stammen. Eins der ältesten und bekanntesten Beispiele hierfür bietet die alkoholische Gärung des Zuckers, in welcher durch die Gegenwart einer geringen Menge eines niederen Pilzes, des Hefepilzes, die Zersetzung großer Zuckermengen zu Alkohol und Kohlensäure herbeigeführt wird. Die Hefe bleibt dabei dauernd wirkungsfähig und kann, wenn sie dem allmählich vergiftenden Einfluss des immer reichlicher entstehenden Alkohols entzogen wird, stets neue Mengen Zucker in Gärung versetzen, hier finden wir also an einem lebenden Organismus die Eigenschaften wieder, die bei dem Rostprozess des Eisens das Wasser, bei der Entstehung des Schwefelsäureanhydrids das Platin ausüben. Man ist daher, wenigstens formal, berechtigt, die Hefewirkung als eine katalytische anzusprechen.

Im Magensaft findet eine Spaltung der unlöslichen Eiweißstoffe statt, durch welche lösliche Produkte, die von den Gewebesäften des Organismus ausgenommen werden können, entstehen. Diese Umwandlung tritt aber nur in Gegenwart eines von der Magenschleimhaut erzeugten Stoffes, des Pepsins, auf, das auch außerhalb des Magens die Fähigkeit der Verdauung der Eiweißkörper beibehält. Weil man die Hefe als ein Ferment, d. h. Gärungserreger bezeichnet, so hatte man Substanzen, die wie das Pepsin in gewissem Sinne eine ähnliche Funktion ausüben, gleichfalls Fermente genannt und den Unterschied, dass es sich bei der Hefe um einen lebenden Pilz, bei dem Pepsin um eine leblose Substanz handelt, dadurch hervorgehoben, dass man Ersteres ein geformtes, Letzteres ein ungeformtes Ferment genannt hat. Heute wissen wir, dass auch in den geformten Fermenten leblose Substanzen, wie das Pepsin, die wirksamen Agentien sind, und man bezeichnet deshalb alle derartigen Substanzen, auch wenn sie an geformte Fermente gebunden sind und noch nicht von ihnen getrennt werden können, wie es bei manchen Bakterien der Fall ist, als Enzyme, d. h. im lebenden Organismus erzeugte Substanzen. Außer dem Pepsin im Magensaft sind aus fast allen Organen und Organsäften Enzyme isoliert worden, die ganz bestimmte chemische Reaktionen katalytisch beeinflussen. So befindet sich im Speichel eine Substanz, Diastase, genannt, welche die Verzuckerung der

Stärkearten besorgt, im Blut Hämase und Oxidase, die beide die Verbrennungsvorgänge im Organismus regulieren, im Darm das Trypsin und Erepsin, das einen Teil der Eiweißverdauung besorgt, in den verschiedensten Organen fettspaltende Enzyme, Lipasen genannt, ferner in Leber, Galle, Pankreas eine große Anzahl dieser wirksamen Enzyme.

Eine Eigenschaft dieser Enzyme muss ganz besonders hervorgehoben werden, um den Reichtum an Mitteln, den die Natur dem Organismus zur Verfügung stellt, zu verstehen. Jedes Enzym ist nur einer ganz bestimmten Reaktion angepasst und ohne Einfluss auf irgendeine andere Reaktion, sodass jeder chemische Vorgang im Organismus einen eigenen Regulator besitzt, der genau auf die zu regulierende Umwandlung abgestimmt erscheint.

Wenn man einen kleinen elektrischen Lichtbogen zwischen zwei Metallspitzen in einer Weise, wie sie bei der Bogenlampe ausgeübt wird, überspringen lässt, so verdampft das Metall bei der ungemein hohen Temperatur, die etwa 3000° betragen mag. Man kann diesen Lichtbogen auch in reinem Wasser erzeugen, wenn man die Enden der mit einer starken elektrischen Stromquelle verbundenen Metallstäbe unter Wasser nahezu in Berührung bringt. Dann verdampft das Metall, wie in der Luft, kühlt sich aber sofort in dem umgebenden Wasser wieder ab und bleibt als äußerst fein verteilter Metallnebel im Wasser schwebend. Es entsteht so eine Art Lösung des Metalls in Wasser, die sich aber von einer gewöhnlichen Lösung, wie einer Salz- oder Zuckerlösung, durch viele Eigenschaften scharf unterscheidet. Wenn auch die einzelnen Metallnebelteilchen selbst bei starker Vergrößerung dem Auge unsichtbar bleiben, so muss man doch annehmen, dass es sich um sehr fein verteilte Suspensionen d. h. Schwebungen handelt. Das lässt sich dadurch erweisen, dass solche Metalllösungen nicht durch Pergament hindurchfiltrieren, sondern dass nur das Wasser die Poren des Pergaments durchdringt, das Metall aber zurückgehalten wird, während Salz- und Zuckerlösungen ungehindert durchzutreten vermögen. Man kennt eine große Anzahl von Substanzen, welche, in Wasser gebracht, in diesem Sinne nicht zu den wahren Lösungen gezählt werden können, sondern als ungemein feine Suspensionen oder Schwebungen betrachtet werden müssen. Alle Eiweißstoffe gehören zu ihnen und alle Enzyme. Man bezeichnet solche Lösungen, denen die Fähigkeit einer Diffusion durch tierische oder pflanzliche Membrane abgeht, als kolloidale Lösungen. Durch das elektrische Verfahren ist man imstande, kolloidale Metalllösungen herzustellen. Man hat je nach der Wahl der Metallstäbe, zwischen denen der Lichtbogen erzeugt wird, mit Leichtigkeit kolloidale Platin-, Gold-, Silber- usw. Lösungen herstellen können.

Zwischen den Enzymlösungen und den kolloidalen Metalllösungen zeigen sich ganz überraschende Übereinstimmungen, die nicht zum wenigsten aus den bei beiden vorhandenen kolloidalen Zustand zurückgeführt werden müssen. Jedenfalls spielt die äußerst feine Verteilung der im Wasser vorhandenen Schwebeteilchen, die eine sehr große Oberfläche der kolloidal gelösten Substanzen schaffen, bei allen diesen Prozessen eine maßgebende Rolle. Den Wert, den die kolloidalen Metalllösungen für die Erkenntnis der Enzymwirkungen besitzen, besteht in der Möglichkeit eines Vergleichs der die beiden Erscheinungskreise beherrschenden Gesetze.

Die meisten Enzyme können eine bestimmte Reaktion katalytisch beeinflussen, und die gleiche Reaktion wird von den kolloidalen Metalllösungen hervorgerufen. Es handelt sich um die Zersetzung des Wasserstoffperoxides in Wasser und Sauerstoff $H_2O_2 = H_2O + O$. Wasserstoffperoxid wird durch Zusatz einer geringen Menge eines Enzyms oder eines kolloidalen Metalls katalytisch sehr schnell zersetzt, und für beide Vorgänge bildet die Menge des in bestimmten Zeiten abgespaltenen Sauerstoffs ein Maß für die Reaktionsgeschwindigkeit, sodass ein unmittelbarer Vergleich der Wirkungen gegeben ist. Dabei zeigt sich, dass die Enzyme im wesentlichen denselben Gesetzen der Reaktionsgeschwindigkeit unterliegen wie die kolloidalen Metalle, und dass speziell die Art ihrer Einwirkung auf das Wasserstoffperoxid übereinstimmt. Die Ähnlichkeiten sind aber noch weitergehend, was wohl mit der Empfindlichkeit des kolloidalen Zustandes im Allgemeinen zusammenhängt. Enzyme und kolloidale Metalllösungen zeigen Temperaturoptima ihrer Wirkungen. Leide verlieren ihre Wirksamkeit bei Temperaturen, die in der Nähe des Siedepunktes des Wassers liegen, beide können durch dieselben Stoffe vorübergehend betäubt oder ganz vergiftet werden, d. h. ihre Wirksamkeit gegenüber H_2O_2 für einige Zeit oder dauernd verlieren, und zwar sind diese Stoffe die gleichen, die wie Anilin, Blausäure, Sublimat auch als Blutgifte für den lebenden Organismus von Wichtigkeit sind.

Da der lebende Organismus häufig darauf angewiesen ist, einzelne der für seinen Bestand notwendigen Teile gegen chemische Angriffe zu schützen, so besitzt er auch eine große Anzahl hemmender Katalysatoren, der Antienzyme. So wird die Eiweiß enthaltende Wandung des Magens vor der verdauenden Wirkung des Pepsins durch ein Antipepsin bewahrt. Ebenso enthalten die sauerstoffempfindlichen Zellen, die der Oxidation bei der Berührung mit sauerstoffhaltigem Blut entzogen werden müssen, Enzyme mit der Eigenschaft, den Sauerstoff inaktiv, also ohne oxidierende Kraft, abzuspalten. Näheres hierüber wird bei der Besprechung der Funktion des Blutes auszuführen sein.

4.3.3 Diffusion und osmotischer Druck

Der lebende Organismus stellt in seiner Tätigkeit eine physikalisch-chemische Maschine von ungemein komplizierter Zusammensetzung dar. Obgleich die physikalischen und chemischen Prozesse zusammengehören und sich gegenseitig bedingen, ist es zur Erlangung einer Übersicht über die sich abspielenden Vorgänge zweckmäßig, sie gesondert zu betrachten. Den Aufschluss über die chemischen Reaktionen im Organismus erhalten wir dadurch, dass wir einerseits die Natur der den Organismus bildenden Stoffe feststellen suchen, andererseits dadurch, dass wir die Veränderungen studieren, welche die Materie des Organismus selbst oder die Substanzen, die wir dem Organismus zuführen, erleiden. Die physikalische Seite der biochemischen Probleme liegt einerseits in der Erkenntnis der Versuchsbedingungen, unter denen die chemischen Reaktionen sich abspielen, d. h. in der Erkenntnis des physikalischen Zustandes des Organismus, andrerseits in den Erforschungen der physikalischen Verhältnisse, die durch die Vorgänge im Organismus herbeigeführt werden. Das Grenzgebiet, welches die physikalisch-chemischen Prozesse gleichzeitig umfasst, kann man als physikalische Biochemie oder als die physikalische Chemie des Organismus bezeichnen. Um diese Verhältnisse an einem einfachen Beispiel etwas klarer darzustellen, wollen wir die Vorgänge, die sich in einer Zelle abspielen, unter diesem Gesichtspunkte betrachten.

Mit den Lebensäußerungen der Zelle sind stoffliche Vorgänge, wie Aufnahme und Ausscheidung von Substanzen und Wachstum, ver-

BIOCHEMIE

bunden. Notwendigerweise bedeuten diese Vorgänge Neubildung und Zersetzung chemischer Verbindungen. Es werden entweder aus irgendwelchen Ausgangsmaterialien (Nahrung) neue Stoffe, die das Material des Organismus vergrößern und sein Wachstum herbeiführen, wie Eiweißstoffe, Kohlenhydrate, Fette, ausgenommen oder gebildet, oder es werden zur Gewinnung der für das Leben notwendigen Energie solche Stoffe zersetzt und in irgendwelche andere Substanzen übergeführt. So entstehen aus den Eiweißstoffen einfachere organische Säuren, wie Aminosäuren, Ammoniaksalze, Harnstoff. Aus den Kohlenhydraten und Fetten werden Kohlensäure und Wasser erzeugt. Alle diese Umwandlungen, seien sie synthetischer (aufbauender) oder analytischer (abbauender) Natur, gehören in das Gebiet der reinen Chemie. Die Bedingungen aber, unter denen diese Reaktionen zum Ablauf kommen, hängen vielfach von Faktoren ab, die in dieser rein chemischen Formulierung keinen Platz finden. So sind an den Aufbau- wie an den Abbaureaktionen, wie eben auseinandergesetzt, Katalysatoren oder Enzyme beteiligt, die weder in dem Ausgangsmaterial noch in dem Endprodukt der chemischen Reaktion selbst zum Vorschein kommen. Ihre Gegenwart ist aber für den Ablauf der Reaktion nötig; sie gehören mit zu den Bedingungen, die das Medium besitzen muss, in dem sich die Reaktion abspielen soll. Es handelt sich hier mithin um die Beschaffenheit des Systems, die für die chemische Reaktion maßgebend ist, d. h. um eine Versuchsbedingung für die chemische Reaktion, nicht aber um diese selbst. Gleichzeitig aber ist das Verhältnis zwischen chemischer Reaktion und physikalischer Versuchsbedingung ein so inniges, dass man die Reaktion nicht ohne die begleitenden und notwendigen Bedingungen verstehen kann, die Gegenwart der Bedingungen hingegen erst ihre Erklärung in ihrem Zweck findet, in der chemischen Reaktion. Man wird deshalb mit Recht das Studium dieser, die Reaktion erst ermöglichenden Bedingungen als das der physikalisch-chemischen Seite des Problems bezeichnen dürfen.

Ferner bietet die Zelle, die wir uns etwa in einer Nährsalzlösung schwimmend denken wollen, noch andere Vorgänge, die, obgleich sie materielle Veränderungen der Zelle veranlassen, doch nicht das Wesen einer chemischen Reaktion besitzen. Es treten z. B. aus der Nährsalzlösung bestimmte Stoffe, ohne ihre Zusammensetzung zu verändern, durch die Zellmembran in die Zelle ein und andere Stoffe aus der Zelle in die Nährsalzlösung. Dadurch wird freilich die chemische Zusammensetzung der Zelle verändert, aber nicht durch eine chemische Reaktion, sondern durch einen physikalischen Vorgang, den man als Osmose (Wanderung) bezeichnet. Auch hier ist der Zusammenhang zwischen physikalischem und chemischem Geschehen ein so inniger, dass man den Gesamtprozess nur als einen physikalischen und chemischen einheitlich begreifen kann. Aber auch rein physikalische Vorgänge scheint die Zelle zu bieten; so die mechanischen Leistungen, zu denen die Zelle, freilich vermöge der von chemischen Reaktionen gespendeten Energie, befähigt ist, oder die elektrischen Erscheinungen, die sich an verschiedenen Organen eines zusammengesetzteren Organismus zeigen. Aus diesen Betrachtungen geht die Größe und Kompliziertheit der biochemischen Aufgabe hervor, ein möglichst vollständiges Bild der in einem Organismus tätigen Reaktionen zu gewinnen.

Auf die Erscheinung der Diffusion und einiger durch sie veranlassen Vorgänge wollen wir noch mit wenigen Worten eingehen. Wenn man zwei Gase mit verschiedenen Molekulargewichten, wie etwa Sauerstoff und Wasserstoff, vorsichtig übereinander schichtet, sodass eine direkte Mischung möglichst vermieden wird, so findet doch bald und schnell eine durchaus gleichartige Verteilung der beiden Gase, eine homogene Mischung, statt. Nach kurzer Zeit ist in jedem Raumteil des Gasgemisches der Gehalt an Sauerstoff und Wasserstoff ein konstanter. Man führt diese Erscheinung, die unabhängig von der Schwerewirkung eintritt, auf die Beweglichkeit der Moleküle zurück, die zu einer gleichmäßigen Verteilung sämtlicher Molekülarten führt. Man nennt sie Diffusion.

Nicht nur an Gasen, sondern auch an Flüssigkeiten beobachten wir die Diffusion. Überschichtet man z. B. eine konzentrierte Salzlösung mit reinem Wasser, so bewegen sich die gelösten Salzteilchen gegen die Schwerkraft in das reine Wasser, und die Diffusion des gelösten Salzes dauert so lange, bis eine homogene, d. h. gleichartige Lösung entstanden ist. Statt des reinen Wassers können wir auch eine anders konzentrierte Salzlösung oder eine wässrige Lösung irgendeines anderen Stoffes wählen. Nur die eine Bedingung muss erfüllt sein, dass in der durch die Diffusion geschaffenen Lösung keine chemischen Reaktionen sich zwischen den Bestandteilen abspielen, vermeidet man solche Stoffe, die miteinander in Reaktion treten, so beobachtet man, welche wässrigen Lösungen man auch zusammen-

BIOCHEMIE

bringt, den Vorgang der Diffusion. Derselbe ist nicht auf wässrige Lösungen beschränkt, sondern findet auch zwischen allen anderen Lösungsmitteln statt, falls dieselben sich mischen. So kann man Wasser und Alkohol gegeneinander bis zur Homogenität diffundieren lassen; ebenso wässrige und alkoholische Lösungen irgendwelcher Substanzen. Nur dürfen die Lösungsmittel nicht die Eigenschaft haben, durch ihre Mischungen eine oder mehrere der gelösten Substanzen zur Ausscheidung zu bringen. In den natürlichen Gebilden handelt es sich lediglich um Wasser bzw. um wässrige Lösungen, sodass wir auf diese unsere Betrachtungen beschränken.

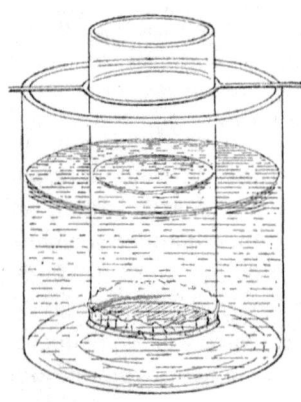

Fig 49: Dialysator.

Der Vorgang der Diffusion findet nun auch statt, wenn man zwei verschiedene Lösungen voneinander durch poröse Wandungen trennt, die aber die Eigenschaft haben, sowohl Wasser wie die gelösten Substanzen hindurch zulassen. Z. B. findet man, wenn eine Salzlösung von reinem Wasser durch eine Pergamentwand getrennt ist, dass das Salz durch die Pergamentwand so lange hindurchwandert, bis auf beiden Seiten der Wandung dieselbe Salzkonzentration herrscht. Diese Vorgänge lassen sich im Dialysator beobachten und verwerten, der aus einem oben offenen, unten mit einer porösen Membran verschlossenen Glaszylinder besteht, welcher in ein weiteres Glasgefäß gehängt wird, sodass durch die poröse Membran die Diffusion zwischen der im Innern des Zylinders und der im weiteren Glasgefäß befindlichen Flüssigkeit stattfindet (Fig. 49). Man nennt diesen Diffusionsvorgang durch eine Membran hindurch Osmose (S. 155). Da die Zellmembran eine in vielen Beziehungen diffusionsfähige Wand darstellt, so ist es ohne Weiteres verständlich, dass bei der Durchtränkung des Organismus mit wässrigen Lösungen wechselnder Konzentration der Diffusionsvorgang eine große Rolle für die Biochemie besitzen muss. Von den allgemeinen Gesetzen der Diffusion wollen wir nur das eine erwähnen, dass sich der Diffusionsvorgang um so schneller abspielt, je größer das Konzentrationsgefälle, d. h. der Konzentrationsunterschied des gelösten Körpers auf beiden Seiten der Diffusionswand oder Membran, ist.

Da man die Diffusion auf die Beweglichkeit der gelösten Moleküle zurückführt, so erscheint als eine Konsequenz die Annahme, dass diese gelösten Moleküle einen Druck gegen die Membran ausüben, wenn dieselbe die Eigenschaft der Durchlässigkeit für sie nicht besitzt. Dann ist der Möglichkeit des Ausgleichs der Konzentration der Weg verschlossen; die Membran empfängt die Bewegungen der Moleküle als Stöße oder als Druck. Man nennt diesen Druck den osmotischen. Uns interessiert hier die Frage: unter welchen Bedingungen tritt der osmotische Druck in Zellverbänden in Erscheinung, und welche Wirkungen kann er ausüben.

Es ist klar, dass er nur dann wirksam werden kann, wenn die zwei Lösungen trennende Membran für die gelösten Moleküle undurchlässig ist, durchlässig hingegen für Wasser. Wir können einen Druck an der Fähigkeit des den Druck ausübenden Systems erkennen, sein Volumen oder seine Raumerfüllung zu vergrößern. Sobald wir, natürlich unter Vermeidung eines Ansatzes fester Materialien wie beim Wachstum, in Gasen oder Flüssigkeiten die Fähigkeit einer Volumenvergrößerung erkennen, führen wir dieselbe auf die Betätigung von Druckgrößen zurück, wenn also eine Lösung von einer zweiten durch eine Membran getrennt ist, und es wird durch die Moleküle der ersten Lösung ein größerer Druck ausgeübt als von denjenigen der zweiten, so muss sich jener durch eine Volumenvergrößerung der ersten Lösung dokumentieren. Diese Volumenzunahme kann aber nur dadurch zustande kommen, dass Wasser von der einen Seite der Membran durch diese hindurch, und zwar von der zweiten Lösung in die erste, auf die andere Seite gelangt. Die Bedingung für das Zustandekommen eines osmotischen Drucks besteht also darin, dass die Membran die Eigenschaft hat, durchlässig für Wasser zu sein, aber undurchlässig für die gelöste Substanz. Wäre sie durchlässig, so hätten wir den Vorgang der reinen Diffusion. Die Tätigkeit des osmotischen Drucks besteht also in einer Wasseranziehung. Die meisten Gewebe und Membrane im lebenden Organismus sind in dieser Weise halbdurchlässig oder semipermeabel und bieten daher die Bedingungen zur Betätigung des osmotischen Druckes.

Der Vorgang der Osmose kommt erst zur Ruhe, wenn auf beiden Seiten der Membran Gleichgewicht d. h. gleicher osmotischer Druck herrscht. Da durch die Aufnahme fester Substanzen im pflanzlichen und tierischen Organismus der ursprüngliche Gleichgewichtszustand zwischen den Säften des Organismus und den in ihnen befindlichen Zellen gestört und durch die osmotische Druckarbeit wieder ausgeglichen wird, so kommt dem osmotischen Druck eine bedeutsame Rolle in der Flüssigkeitsregulierung des lebenden Organismus zu.

Für eine Reihe von Stoffen sind manche Zellwandungen durchlässig, so für einige Salze und Säuren. Dieselben können durch Diffusion ausgenommen werden. Die hierdurch bedingte Konzentrationserhöhung ruft aber eine Vergrößerung des osmotischen Drucks hervor, die durch Wasseraufnahme oder Abgabe anderer Stoffe reguliert werden muss, bis der Zustand gleichen osmotischen Drucks, die Isotonie, im Organismus wiederhergestellt ist.

So bilden Diffusion und osmotischer Druck zwei wichtige Hilfsmittel des Flüssigkeits- und Stofftransportes im lebenden Organismus und sind als solche häufig Vorbedingungen für den Eintritt biochemischer Reaktionen.

4.4 Die Assimilation der Kohlensäure und des Stickstoffs

Nachdem wir die allgemeine Bedeutung der biochemischen Reaktionen sowie die Hilfsmittel, welche die Natur ihrem Ablauf im lebenden Organismus zur Verfügung stellt, kennengelernt haben, wollen wir uns nunmehr den wichtigsten biochemischen Reaktionen selbst zuwenden.

Dieselben lassen sich vom Standpunkte des Energiegesetzes in zwei Klassen teilen, in solche, die der Energie-Aufspeicherung dienen, also endotherm verlaufen, und solche, die der Energie-Lieferung dienen, die exothermen. Wie bereits erwähnt, spielen die Ersteren im pflanzlichen Organismus die überwiegende Rolle, während sie im tierischen Organismus in untergeordneterem Maße auftreten. Man bezeichnet sie als Assimilationsvorgänge. Sie sind für die Pflanze dadurch gekennzeichnet, dass ihre Ausgangsmaterialien anorganischer Natur sind und aus der Luft und dem

Erdboden stammen. Die entgegengesetzt gerichteten Reaktionen, die Dissimilationsvorgänge, setzen Energie frei; die Hauptstätte ihres Ablaufs ist daher der tierische Organismus, wenn sie auch für den Energieverbrauch der Pflanze Bedeutung besitzen.

Die wichtigen Lebenssubstanzen, zu denen die Assimilation führt, Kohlenhydrate, Fette und Eiweißstoffe werden die Ausgangsmaterialien der Dissimilationsreaktionen, deren Endprodukte je nach der Art des die Dissimilation ausführenden Organismus verschieden sein können. Da der wirksame Träger des für die tierischen Dissimilationsprozesse unentbehrlichen Sauerstoffs das Blut ist, wird es nötig sein, auch auf seine Rolle einzugehen.

4.4.1 Die Assimilation der Kohlensäure (Fotosynthese)

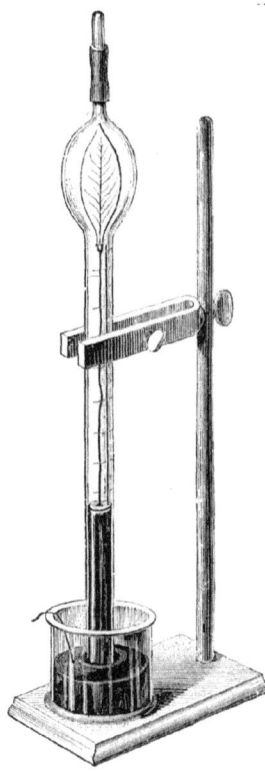

Fig 50: Nachweis der Assimilation der Kohlensäure.

Es ist eine bekannte Tatsache, dass die Pflanzen die Kohlensäure der Luft unter der Einwirkung des Sonnenlichtes in sich aufnehmen und dafür Sauerstoff ausatmen. Im Dunklen dagegen atmen die Pflanzen Sauerstoff ein und Kohlensäure aus. Der erstere Vorgang ist der, den man als die Assimilation der Kohlensäure bezeichnet, und den man durch einen einfachen Versuch im Laboratorium sich vergegenwärtigen kann (Fig. 50). In ein oben geschlossenes Glasrohr bringt man ein größeres Blatt und lässt eine erheblichere Menge Kohlensäure eintreten. Das vollständig mit diesem Gas gefüllte Glasrohr, das unten offen ist, verschließen wir dadurch, dass wir es in ein Gefäß mit Quecksilber tauchen. Lassen wir den Apparat mehrere Stunden in der Sonne stehen, so bemerken wir keine Veränderung des Gasvolumens; aber die chemische Untersuchung des Gases zeigt, dass die Kohlensäure vollständig verschwunden und an ihre Stelle ein anderes Gas, der Sauerstoff, getreten ist. Die Pflanze

BIOCHEMIE

vermag also im Sonnenlicht Kohlensäure aufzunehmen und Sauerstoff abzugeben. Bringen wir den ursprünglich mit Kohlensäure gefüllten Apparat in einen dunklen Raum, so findet keine Kohlensäureaufnahme statt, sondern im Gegenteil, das Volumen der Kohlensäure vergrößert sich.

Das Produkt, das sich unter Aufnahme der Kohlensäure in der Pflanze zuerst nachweisbar bildet, ist die Stärke, die somit als das erste Assimilationsprodukt der Pflanze zu bezeichnen ist (Fig. 51).

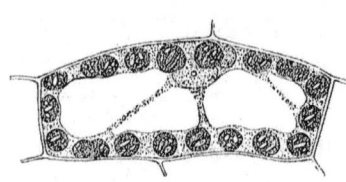

Fig 51: Stärke in Chlorophyllkörpern.

Die chemischen Reaktionen, die von der Kohlensäure zur Stärke führen, bezeichnet man als Fotosynthese. Selbst in neuester Zeit sind noch nicht alle Details der Fotosynthese bekannt. Die Stärke ist ein Kohlenhydrat, d. h., sie enthält in chemischer Bindung Kohlenstoff mit den Elementen des Wassers. Es muss sich also zweifellos das Wasser an der Reaktion beteiligen und die Kohlensäure ihres Sauerstoffgehaltes zum Teil beraubt werden. Dadurch lässt sich der chemische Prozess der Assimilation auf eine Reduktion der Kohlensäure unter Mitwirkung des Wassers zurückführen. Zu den Kohlenhydraten gehören sämtliche Zuckerarten. Es ist so, dass, wenn auch die Stärke das erste sichtbare Assimilationsprodukt ist, der Aufbau zu dieser komplizierten Verbindung in schneller Folge über einige Zwischenphasen führt, in erster Linie über Zuckerarten.

Letztere entstehen nun äußerst leicht aus einer sehr einfachen kohlenstoffhaltigen Verbindung, dem Formaldehyd CH_2O (S. 134), sodass der Assimilationsweg als schnellvergänglichen Zwischenstoff den Formaldehyd benutzt. Nimmt man den Zusammenschluss mehrerer Formaldehydmoleküle zu Kohlenhydrat, wie Zucker oder Stärke, als den sekundären Vorgang an, so bleibt als erste chemische Frage: Auf welchem Weg entsteht aus Kohlensäure und Wasser Formaldehyd? Nach Versuchen unter Bedingungen, die mit den natürlichen Assimilationsbedingungen im Zusammenhang stehen, ist der Vorgang so auszufassen, dass gleichzeitig eine Spaltung der Kohlensäure in Kohlenoxid und Sauerstoff, und eine Spaltung des Wassers in Wasserstoff und Sauerstoff stattfindet und das Kohlenoxid sich mit Wasserstoff direkt zu Formaldehyd verbindet.

$$\left.\begin{array}{l}CO_2 = CO + O\\ H_2O = H_2 + O\end{array}\right\} = COH_2 + O_2.$$

Aus dieser Formulierung ist auch ohne Weiteres ersichtlich, dass das bei der Assimilation entstehende Sauerstoffvolumen gleich dem aufgenommenen Kohlensäurevolumen sein muss. Der Zusammenschluss oder die Polymerisation des Formaldehyds, der nicht im freien Zustande, sondern an Eiweiß oder andere Substanzen gebunden in der Pflanze austritt, kann zu allen möglichen Zuckerarten führen, die im Pflanzenreich verbreitet sind, z. B. $6(CH_2O) = C_6H_{12}O_6$ = Fruchtzucker oder Traubenzucker. Aus diesen mit sechs Kohlenstoffatomen versehenen Hexosen bilden sich dann unter Wasserabspaltung die höheren Kohlenhydrate, wie Rohrzucker, Stärke und andere.

Um die experimentellen Gründe für die Annahme eines derartigen Vorganges, der aus den anorganischen Bestandteilen der Atmosphäre zu den ersten organischen Verbindungen führt, zu erläutern, ist es notwendig, auch auf die physikalische Seite der Fotosynthese etwas näher einzugehen. In den grünen Pflanzenteilen,

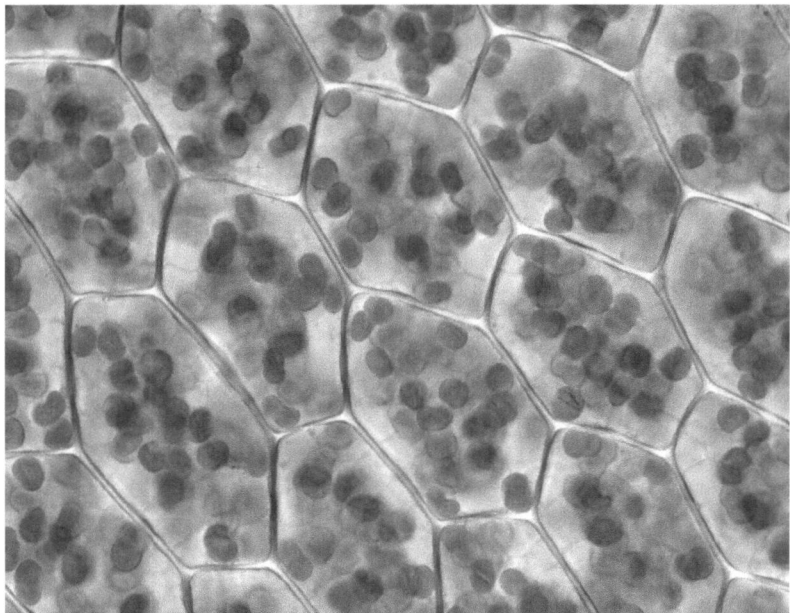

Fig 52: Chloroplasten in der Blattspreite des Laubmooses Plagiomnium affine.
Von Kristian Peters -- Fabelfroh - photographed by myself, CC BY-SA 3.0, https://commons.wikimedia.org/w/index.php?curid=1350193

innerhalb der Assimilationsorgane, der Chloroplasten, assimiliert die Pflanze. Die Chloroplasten sind Zellen, in denen der grüne Blattfarbstoff, das Chlorophyll, eingebettet ist (Fig. 52). Nur die lebenden Chloroplasten können unter Aufnahme der Lichtenergie Stärke ausbauen; die abgestorbene Pflanze und das von den Chloroplasten getrennte Chlorophyll besitzen dieses vermögen nicht mehr.

Es lag nahe, zunächst zu untersuchen, ob man die in der Farbstoffnatur des Chlorophylls ausgeprägten Beziehungen zu den Lichtstrahlen experimentell feststellen könne. Das Licht beeinflusst viele chemische Prozesse: Die Silbersalze der fotografischen Platte werden verändert, Farbstoffe bleichen in der Sonne, Substanzen, die, wie Wasserstoff und Chlor, im Dunkeln fast unverändert nebeneinander bestehen, vereinigen sich unter dem Einfluss der strahlenden Energie zu Salzsäure. Man fand das wichtige fotochemische Gesetz, dass nur diejenigen Strahlen in einem chemischen System wirksam sind, die von ihm absorbiert werden.

Die Sonne sendet, wie das Spektrum lehrt, eine große Anzahl von Strahlen aus, deren verschiedene Wellenlängen wir als verschiedene Farben empfinden. Die langwelligen gelben und roten und die noch jenseits der roten liegenden, unsichtbaren, ultraroten Strahlen erzeugen hauptsächlich Wärme und üben, wie aus der fotografischen Praxis bekannt ist, fast keine chemischen Wirkungen aus. Je mehr man sich durch Grün und Blau dem Violett des Spektrums nähert, um so kürzer werden die Wellen der Strahlen, um so geringer wird die Wärmewirkung, um so größer die chemische, die ihr Maximum jenseits des violett im unsichtbaren Ultraviolett erreicht.

Merkwürdigerweise absorbiert das Chlorophyll am stärksten die roten und gelben, also die chemisch schwächsten Strahlen, und im Einklang mit dem eben erwähnten fotochemischen Gesetz ist auch der chemische Effekt, die Assimilation der Kohlensäure, unter dem Einfluss des gelben und roten Lichtes in der Pflanze am kräftigsten. Versuche mit Strahlenfiltern, Anordnungen, die mittels farbiger Lösungen oder Gläser nur bestimmten Strahlen Durchgang gestatten, brachten diese Frage zur einwandfreien Entscheidung. Die chemisch wirksamsten ultravioletten Strahlen gelangen zudem nur in geringerem Maße auf die Erdoberfläche, da sie zum Teil bereits in der Atmosphäre absorbiert werden.

Es ergab sich also das merkwürdige Resultat, dass von der Pflanze hauptsächlich Wärmestrahlen aufgenommen und zu chemischen Synthesen verwertet werden, während die chemisch wirksameren ultravioletten Strahlen nur eine untergeordnete Rolle bei der Assimilation ausüben. Aber dieser Widerspruch ist nur ein scheinbarer. Man kennt seit längerer Zeit in der Fotografie die Sensibilisatoren, Substanzen — meist Farbstoffe —, die die Eigenschaft besitzen, Wärmestrahlen in chemisch wirksame umzuwandeln. Setzt man einem gegen Rot und Gelb wenig empfindlichen Silbersalz eine geringe Menge des Teerfarbstoffes Cyanin zu, so wird das Salz sensibilisiert, d. h. gegen rotes und gelbes Licht empfindlich. (Farbenempfindliche Platten sind solche mit Sensibilisatoren.) Ein solcher Sensibilisator, der auch in der Fotografie verwendet wird, ist das Chlorophyll. Es erfüllt in den Pflanzen die Funktion, absorbierte Wärmestrahlen in chemische wirksamere umzuformen. Es dient als Umwandlungsapparat[6] der Wärmeenergie in chemische Energie, wie etwa ein Akkumulator elektrische Energie aus chemischer erzeugt.

Keine Frage aber ist, dass das Chlorophyll außer dieser noch eine Reihe andrer Funktionen ausübt; vor allem scheint es auch aktiv an der Sauerstofflösung aus der Kohlensäure, einem Vorgang, der ja mit der Assimilation verbunden ist, beteiligt. In chemischer Beziehung ist das Chlorophyll, gleichsam der Blutfarbstoff der Pflanzen, mit dem Hämoglobin, dem Blutfarbstoff der Tiere, nahe verwandt. Wie dieser durch seine Fähigkeit, Sauerstoff aufzunehmen und durch den Organismus zu transportieren, ein wesentlicher Faktor der Zuckerverbrennung ist, so scheint das Chlorophyll durch Vermittlung der Sauerstoffabgabe an die Atmosphäre den der Oxidation entgegengesetzten Vorgang der Zuckersynthese zu unterstützen.

Neben den Kohlenhydraten kommen als Endprodukte der Kohlensäureassimilation in den Pflanzen die Fette vor. Zweifellos stehen Zucker- und Fettbildung in nahem Zusammenhang, der

---

6 Wie diese Umwandlung unter Berücksichtigung der Quantentheorie funktioniert, ist im Buch mit dem Titel „Die Lebenskraft: Wie Enzyme, Bewusstsein und quantenbiologische Effekte das Leben regulieren", von Sedlacek, K.-D. u. Wrobel, N.,S. 213 ff. beschrieben.

durch einen mehr oder weniger direkten Übergang der Kohlenhydrate in Fette durch enzymatische Reaktionen hergestellt wird. Die Zusammensetzung der Fette besteht, wie eingangs auseinandergesetzt, in einer Verkettung von Glycerin und Fettsäuren. Während ersteres leicht aus einer Spaltung des Zuckers hervorgehen kann, lässt sich die Bildung der Fettsäuren auf eine Reduktion des Zuckermoleküls zurückführen. Auch ist es so, dass Spaltprodukte des Zuckers wie Glycerinaldehyd durch Wasserverlust in ungesättigte Aldehyde übergehen, die unter Wasseraufnahme und Kondensation leicht imstande sind, Fettsäuren zu bilden. Es steht fest, dass der Fettbildung die Assimilation der Kohlensäure vorausgehen muss, sodass diese beiden biologisch so wichtigen Körperklassen aus dem gleichen Fundamentalprozess, der Assimilation der Kohlensäure, hervorgehen.

In den Pflanzen üben die Fette, ebenso wie in dem tierischen Organismus, zweierlei Funktionen aus. Sie dienen dem Organismus als Bausteine und als Energiequelle. Die letzte Funktion wird natürlich erst durch die Verbrennung der Fette herbeigeführt, die bei den Keimungsvorgängen der Pflanzen, welche relativ viel Energie benötigen, einen ganz erheblichen Umfang annehmen kann.

4.4.2 Die Assimilation des Stickstoffs

Über die Reaktionen, welche den Stickstoff in den Kreislauf des Lebens bringen, d. h. ihn mit den organischen Substanzen zusammenschließen zu den für die Zelle wichtigsten Verbindungen, den Eiweißstoffen, nur so viel: Die Pflanze ist nicht imstande, den elementaren Stickstoff der Atmosphäre unmittelbar in sich aufzunehmen, sondern sie nimmt ihn meist in Form löslicher Stickstoffverbindungen, wie der salpetersauren Salze oder als Ammoniaksalze aus dem Erdboden durch die Wurzeln in sich auf. Auch gibt es bestimmte Bakterienarten, die den Übergang des freien Stickstoffs in salpetersaure Salze vermitteln und ihn so dem pflanzlichen Organismus zugänglich machen. Durch diese Sachlage ist es erklärlich, dass zum Gedeihen der Pflanze der Stickstoffgehalt der Atmosphäre nicht maßgebend ist, sondern dass der Erdboden die wichtigste Stickstoffquelle darstellt. Enthält nun auch der Ackerboden im Allgemeinen stickstoffhaltige lösliche Substanzen, die diesem aus der Atmosphäre durch die bei elektrischen Entladungen vor sich gehende Vereinigung von Stickstoff und Sauerstoff zugeführt werden, so ist doch meist der Vorrat an assimilierbarem Stickstoff durch das Pflanzenwachstum aufgebraucht, wenn man die Pflanzen, wie es bei den Nutzpflanzen geschieht, vom Erdboden entfernt und dadurch ihre Verwesung und die Rückkehr des Stickstoffs in den Erdboden verhindert. Dann wird es notwendig, dem Boden neue Stickstoffnahrung zuzuführen in Gestalt des Düngers, der besonders als künstlicher Salpeterdünger den Stickstoff als Nitrat den Pflanzen in direkt assimilierbarer Form darbietet. Der Stickstoff reagiert als Ammoniak NH_3 oder als Salz des Ammoniaks mit den Zwischenprodukten der Kohlensäureassimilation, etwa dem Formaldehyd oder den Kohlenhydraten selbst, oder auch mit den durch die noch zu besprechende Dissimilation entstehenden Abbauprodukten, z. B. mit organischen Säuren, und bildet als erste Stufe der natürlichen Eiweißsynthese die Aminosäuren, die außer Kohlenstoff, Wasserstoff und Sauerstoff noch den Rest des Ammoniaks enthalten. Diese Aminosäuren können sich, wie durch Emil Fischers epochemachende Untersuchungen erwiesen ist, zu hochmolekularen Substanzen vereinen, welche allmählich zu den Eiweißkomplexen führen (siehe Kapitel „Die Eiweißkörper", S. 140ff).

Bezüglich der Salze lässt sich nur so viel sagen, dass sie für den Stoffhaushalt der Pflanze notwendig sind und meist direkt aus dem Erdboden den Pflanzensäften zugeführt werden.

4.5 Die Dissimilationsvorgänge im pflanzlichen Organismus

4.5.1 Die Dissimilation der Kohlenhydrate in den Pflanzen

Die Assimilation der Kohlensäure zu Stärke ist, wie bereits erörtert, ein Vorgang, der mit Energieaufspeicherung verknüpft ist. Die Pflanze verwendet in ihrem Leben, um die Energie des Wachstums, um den Kreislauf der Säfte in ihrem Gewebe zu erhalten, Energie, die sie den durch die Assimilation aufgespeicherten Vorräten entnimmt. Ein diesem Zwecke dienender Vorgang besteht in einer Umkehrung des Assimilationsprozesses. Die Stärke wird wieder in die Bestandteile zerlegt, aus denen sie entstanden ist, und gibt dabei die Energie wieder ab, welche sie bei ihrer Bildung aus der Lichtenergie ausgenommen hat. Es ist nun nicht notwendig, dass dieser Stärkezerfall, den man die Dissimilation der Kohlenhydrate nennt, direkt bis zu dem Endprodukt Kohlensäure und Wasser, dem Ausgangspunkt der Assimilation, führt. Auch ein nur teilweiser Zerfall des Stärkemoleküls kann genügen, um die immerhin geringen Energiebedürfnisse der Pflanze oder einzelner Pflanzenteile zu befriedigen.

Solche teilweise Spaltung des Stärkemoleküls kann in der Weise stattfinden, dass der Sauerstoff der Luft dabei beteiligt ist und, ohne bis zur Kohlensäure zu oxidieren, irgendwelche anderen organischen Oxidationsprodukte schafft. Der Vorgang kann sich aber auch in der Weise abspielen, dass ohne Mitwirkung des äußeren Sauerstoffs Spaltungen eintreten unter gleichzeitiger Verschiebung des in der Stärke bereits enthaltenen Sauerstoffs. Dadurch wird ein Teil des Stärkemoleküls oxidiert, während der andere Teil des Stärkemoleküls, der seinen Sauerstoff abgibt, sauerstoffärmer oder reduziert wird. Man nennt die mit der Dissimilation der Stärke verbundenen Vorgänge in der Pflanze die Atmung der Pflanze, die also bei vollständiger Oxidation unter Mitwirkung des Sauerstoffs zu Kohlensäure und Wasser führt, die bei nicht vollständiger Oxidation unter Mitwirkung des Sauerstoffs zu irgendwelchen anderen organischen Oxidationsprodukten führt, oder die schließlich bei Fehlen des Sauerstoffs in Spaltungen des Stärkemoleküls besteht. Die letztgenannte Form der Atmung bezeichnet man deshalb auch als intramolekulare Atmung, pflanzliche Gebilde oder niedrigere Lebewesen, welche lediglich durch intramolekulare Atmung ihr Energiebedürfnis bestreiten, nennt man anaerob, d. h. ohne Zufuhr von Luft lebensfähig. Diejenigen Gebilde, die des Sauerstoffs der Luft bedürfen, nennt man aerob. Zu letzteren gehören die meisten höheren Pflanzen, zu ersteren viele Pilze, vornehmlich der Hefepilz.

A. Die anaerobe Atmung

Der wichtigste Typus der anaeroben Atmung ist die Gärung, die je nach dem Endprodukt, das entsteht, als alkoholische, Milch- oder Buttersäuregärung bezeichnet wird. In diesen Fällen handelt es sich um intramolekulare Atmung oder um Spaltungen mit gleichzeitiger Sauerstoffverschiebung. Wir wissen, dass diese Gärungserscheinungen bedingt sind durch die Gegenwart gewisser in den Zellen enthaltener und von ihnen produzierter Stoffe, der Enzyme. Es ist gelungen, die Enzyme zum Teil von den organisierten Gebilden, in denen sie entstehen, zu trennen und unabhängig von den Lebensvorgängen ihre eigentümliche Wirkungsweise zu studieren. Vor allem lässt sich aus dem Hefepilz die Zymase in Form eines wasserlöslichen Pulvers gewinnen, das die Eigenschaft hat, Zuckerlösungen (der Zucker entsteht zunächst unter Wasseraufnahme aus der Stärke) in Gärung zu versetzen, d. h. den Zucker in Kohlensäure und Alkohol zu verwandeln:

$$C_6H_{12}O_6 = 2\ CO_2 + 2\ C_2H_6O.$$

Die Milchsäuregärung lässt sich durch die Gleichung wiedergeben:

$$C_6H_{12}O_6 = 2\ C_3H_6O_3.$$

Der Vorgang der Buttersäuregärung verläuft komplizierter, da hierbei noch eine Reihe Nebenprodukte entsteht.

B. Die aerobe Atmung

Die aerobe Atmung bietet, wenn die Oxidation vollständig ist und bis zu Kohlensäure und Wasser verläuft, das Bild einer einfachen Umkehrung der Assimilationsgleichung

$$C_6H_{12}O_6 + 6\ O_2 = 6\ CO_2 + 6\ H_2O.$$

Etwas komplizierter liegen die Verhältnisse, wenn die Oxidation bei irgendeinem der vielen möglichen Zwischenprodukte haltmacht. So ist es bei den meisten pflanzlichen Vorgängen der Fall, dass sich die vollständige Oxidation neben der teilweisen Oxidation gleichzeitig abspielt. Es würde zu weit führen, die Endprodukte dieser teilweisen Oxidation im einzelnen zu betrachten. Es genügt hier, darauf hinzuweisen, dass eine große Anzahl der beständigeren organischen Säuren mit einem geringeren Kohlenstoffgehalt, als er dem Zucker eigen ist, die Schlussetappe dieses teilweisen Oxidationsvorganges bilden kann; so die Ameisensäure, die Oxalsäure, die Essigsäure und andere Fettsäuren. Auch einige Gärungsprozesse der Zuckerarten verlaufen aerob, so die Essigsäuregärung, bei der zunächst entstandener Alkohol durch Sauerstoff zur Essigsäure oxidiert wird.

BIOCHEMIE

Es ist notwendig, die wichtigsten Formen der aeroben und anaeroben Atmung gesondert kurz zu besprechen.

C. Die Gärungsvorgänge

. Die alkoholische Gärung

Wie bereits mehrfach ausgeführt ist, gebrauchen die Lebewesen Energie, die sie sich meistens, soweit tierische Zellen in Betracht kommen, in Form chemischer Spannkraft beschaffen. Um in die hier waltenden, sehr verwickelten Verhältnisse Einblick zu erhalten, ist es zweckmäßig, zunächst die chemischen Stoffwechselvorgänge der einfachsten Organismen zu untersuchen, solche, die möglichst nur durch eine Reaktion die Betriebskraft herzustellen vermögen. Die an der Grenze der pflanzlichen und tierischen Formen stehenden Zellen sind für diese Aufgabe am geeignetsten. Man kennt solche einzellige Lebewesen, Protisten genannt, die gewisse tierische Funktionen mit pflanzlichen verbinden. Es gehören dazu Bakterien, Amöben, und niedere Pilze, Zellformen, welche teils eigene Beweglichkeit besitzen, teils nicht, die sich durch Teilung fortpflanzen, in vielen Punkten ein pflanzliches Dasein zeigen, sich aber von den typischen Pflanzen dadurch unterscheiden, dass sie nicht in ihrem Nährboden wurzeln, sondern von einem in den andern leicht übertragbar und innerhalb desselben passiv oder aktiv beweglich sind. Ihr Stoffwechsel kommt dadurch zustande, dass sie aus dem Nährboden durch ihre Zellmembran geeignete Stoffe aufnehmen, im Zellinnern verarbeiten und die Zersetzungsprodukte auf demselben Wege durch die Membran abscheiden. Ganz besondere Bedeutung besitzt der an der Erdoberfläche weitverbreitete Hefepilz (Fig. 53), eine einfache Zelle, die, unter dem Mikroskop betrachtet, im Innern einen Kern besitzt und eine fast kreisrunde Form aufweist. Die Bedeutung des Hefepilzes liegt darin, dass er als energieliefernde Substanz den Zucker benutzt und diesen zur Beschaffung

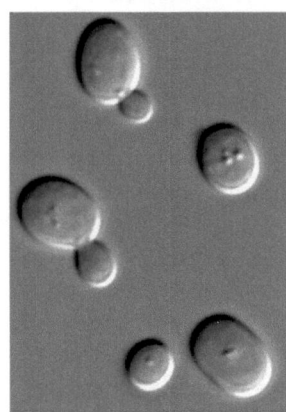

Fig 53: Hefezellen
Saccharomyces cerevisiae unterm Mikroskop. CC0

der nötigen Lebensenergie in Alkohol und Kohlensäure zerlegt. Es ist gelungen, den Hefepilz in Reinkultur zu züchten, indem man sorgfältig ausgesuchte Hefezellen sich aus geeigneten Nährlösungen dauernd vermehren lässt und dann nach Erschöpfung des Nährbodens einen Teil der Hefe zur weiteren Entwicklung und Fortpflanzung auf frische Nährböden überträgt.

Die Branntweinbrennerei, die Brennspirituserzeugung und die Herstellung der alkoholischen Getränke beruhen auf der Wirkung der Hefe, den Zucker in Alkohol und Kohlensäure zu spalten. Lange war man über die Natur des Vorganges völlig im unklaren, handelte es sich um eine Tätigkeit des Lebens, die auf rein chemischem Wege nicht nachahmbar ist, oder spielt sich hier eine chemische Reaktion ab, die im Reagenzglas durch leblose Substanzen wiederholt werden kann? Beide Ansichten fanden ihre Vertreter. Während Pasteur die vitalistische Theorie (Annahme einer Lebenstätigkeit) vertrat, stand Liebig auf dem Standpunkt, dass hier eine rein chemische Reaktion stattfindet, bei der die Hefe als sogenannte Kontakt-Substanz wirkt, d. h. durch ihre Berührung mit dem Zucker einen Zerfall einleitet, der auch ohne Hilfe der Zelle durchführbar ist. Dieser, in der zweiten Hälfte des vorigen Jahrhunderts lebhaft geführte Streit ist durch die Untersuchungen Buchners entschieden worden. Es gelang Buchner, die Hefezelle mit Quarz und Kieselgur so zu zerreiben, dass die Zelle vollständig zerstört wurde, und die Zellflüssigkeit aus den zerstörten Zellen austrat. Wird ein solches Gemisch von Zellflüssigkeit, zerfetzten Zellmembranen, Quarz und Kieselgur unter einer hydraulischen Filterpresse ausgepresst, so gewinnt man eine Flüssigkeit, die natürlich nichts Lebendes mehr enthält, die aber, einer Zuckerlösung zugesetzt, alsbald Kohlensäure und Alkohol erzeugt, sie, wie man sagt, in Gärung versetzt. Damit war die pasteursche Anschauung widerlegt, denn der Hefepresssaft enthält keine lebenden Elemente mehr. Buchner konnte nun nachweisen, dass in dem Hefepresssaft eine eigentümliche feste Substanz gelöst ist, welche die alkoholische Gärung verursacht und auch aus der Lösung abgeschieden werden konnte. Er nannte diesen wirksamen Stoff Zymase. Die Zymase gehört zu der großen Klasse der Enzyme. Wenn Liebig auch darin recht hat, dass die alkoholische Gärung eine rein chemische Reaktion ist, so ist doch gleichzeitig der pasteursche Standpunkt soweit gerechtfertigt, dass die die Reaktion

BIOCHEMIE

anregende Zymase selbst ein Produkt der Tätigkeit eines lebenden Organismus ist.

Der Zucker zerfällt, wie es seine chemische Zusammensetzung gestattet, glatt in Alkohol und Kohlensäure, ohne dass bei dieser Reaktion andere Stoffe von außen aufgenommen zu werden brauchen. Während der entwickelte tierische Organismus sich die Betriebsenergie durch Verbrennung der organischen Substanzen und vor allem der Zuckerarten unter Sauerstoffaufnahme aus der Atmosphäre verschafft, arbeitet die alkoholische Gärung in der Weise, dass sie den zur Erzeugung der Kohlensäure notwendigen Sauerstoff dem Zuckermoleküle selbst entreißt, wobei der außer der Kohlensäure entstehende Alkohol natürlich als eine Verbindung erscheint, die dem Zucker gegenüber sauerstoffärmer ist. Es wird ein Teil des Zuckers auf Kosten des andern oxidiert und letzterer dabei reduziert. Wie sich durch kalorimetrische Versuche leicht feststellen lässt, verläuft die Reaktion exotherm, d. h., es wird Wärme dabei entwickelt, die von der Hefe in andere Energieformen überführt werden kann. Durch diese positive Wärmetönung ist die Reaktion der alkoholischen Gärung befähigt, als Lebensquelle zu dienen.

Bringt man die Hefe oder den Buchnerschen Hefepresssaft in eine Zuckerlösung, so treten fast momentan die Zersetzungsprodukte Alkohol und Kohlensäure auf. Es ist aber keine Frage, dass sich die chemischen Prozesse in ungemein schneller Folge über Zwischenprodukte abspielen. Da sich die alkoholische Gärung an einem Zuckermolekül vollständig abspielen kann, ohne Hinzutreten anderer an der Reaktion teilnehmender Stoffe, so bietet sie ein lehrreiches Beispiel der intramolekularen Oxidation oder der intramolekularen Atmung.

Die Milchsäuregärung und andere Gärungen

Die Milchsäuregärung ist ein reiner Spaltungsvorgang, durch den ein Molekül einer Hexose in zwei Moleküle Milchsäure aufgelöst wird, viele Bakterien haben die Fähigkeit, Zuckerarten in Milchsäuregärung zu versetzen, insbesondere die Milchsäurebakterien, die den Milchzucker angreifen und das Sauerwerden der Milch veranlassen. Allem Anschein nach sind die einleitenden Prozesse bei der alkoholischen und der Milchsäuregärung identisch und bestehen in einer symmetrischen Spaltung des Zuckermoleküls, durch welche zunächst Glyzerinaldehyd und Dioxyaceton gebildet werden.

$$CH_2OH-CHOH-CHOH-CHOH-CHOH-CHO$$
$$\text{Traubenzucker}$$
$$\rightarrow CH_2OH-CHOH-CHO + CH_2OH-CHOH-CHO$$
$$\text{Glycerinaldchyd} \quad \text{Glycerinaldehyd}$$

oder

$$CH_2OH-CHOH-CHOH-CHOH-CO-CH_2OH.$$
$$\text{Fruchtzucker}$$
$$\rightarrow CH_2OH-CHOH-CHO + CH_2OH-CO-CH_2OH$$
$$\text{Glycerinaldehyd} \quad \text{Dioxyaceton}$$

Je nach der biologischen Einrichtung des die Gärung besorgenden Substrates kann nun jede dieser beiden Substanzen entweder zu Milchsäure umgelagert werden oder in Alkohol und Kohlensäure zerlegt werden.

$$\begin{matrix} CH_2OH \cdot CHOH \cdot CHO \\ \text{Glycerinaldehyd} \\ CH_2OH \cdot CO \cdot CH_2OH \\ \text{Dioxyaceton} \end{matrix} \rightarrow \begin{matrix} CH_3 \cdot CHOH \cdot COOH. \\ \text{Milchsäure} \end{matrix}$$

Wie die alkoholische, so ist auch die Milchsäuregärung ein exothermer Prozess und spielt biologisch die Rolle, den Bakterien und Pilzen einen Teil der notwendigen Lebensenergie zu liefern.

Zu den Gärungsvorgängen, welche nicht wie die bisher besprochenen anaerob verlaufen, sondern der Mitwirkung des Sauerstoffs bedürfen, gehört vor allen Dingen die Essigsäuregärung; denn sie beruht auf einer Oxidation des durch Spaltung des Zuckers entstandenen Alkohols zu Essigsäure. Sie wird von mehreren Bakterienarten hervorgerufen. Die Buttersäuregärung schließlich beruht auf einer über den Glycerinaldehyd hinausgehenden Spaltung des Zuckermoleküls, durch die Acetaldehyd erzeugt wird, der durch eine Synthese über das Aldol erst in die Buttersäure übergeführt wird.

$$CH_3 \cdot CHO + CH_3 \cdot CHO \rightarrow$$
$$\text{Acetaldehyd}$$
$$CH_3 \cdot CHOH \cdot CH_2 \cdot CHO \rightarrow$$
$$\text{Aldol}$$
$$CH_3 \cdot CH_2 \cdot CH_2 \cdot COOH$$
$$\text{Buttersäure}$$

BIOCHEMIE

Von der Zellulosegärung sei hier nur bemerkt, dass sie mit einer Methan-(Sumpfgas)-Entwicklung und Wasserstoff-, sowie Kohlensäurebildung verbunden ist. Es gibt noch weitere Gärungsvorgänge, wie die schleimige Gärung der Zucker, wobei gummiartige Substanzen entstehen, die Zitronensäuregärung, welche die Zitronensäurebildung in höheren und niederen Pflanzen aus Zucker veranlasst.

Bei der aeroben Atmung der Pflanzen entstehen, wie bereits erwähnt, nicht direkt die Endprodukte Kohlensäure und Wasser aus den Kohlenhydraten, sondern es treten Pflanzensäuren als Zwischenprodukte der physiologischen Zuckerverbrennung auf. Allgemein kann man sagen, dass solche Säuren um so reichlicher entstehen, je geringer die Sauerstoffkonzentration ist, und je schwächer die Lichtenergie an der vollkommenen Verbrennung mitzuarbeiten vermag. Nach der Natur der Pflanzensäuren ist es so, dass auch hier zunächst eine symmetrische Spaltung des Zuckermoleküls in Glycerinaldehyd oder in Glykolaldehyd oder auch in Formaldehyd stattfindet, und dass diese Aldehyde mehr oder weniger stark oxidiert werden, ohne jedoch in die Endprodukte der Oxidation, d. h. Kohlensäure und Wasser, übergeführt zu werden.

4.5.2 Die Dissimilation der Eiweißstoffe in den Pflanzen

Trotz des relativ geringen Energiebedürfnisses der Pflanzen findet auch in ihnen nicht nur ein Eiweißaufbau, sondern unter positiver Wärmetönung ein Eiweißabbau statt, wenn auch derselbe naturgemäß den Betrag im tierischen Organismus nicht erreicht. Wir wissen aber, dass eine ganze Reihe von Schimmelpilzen und Bakterien aus Eiweißlösungen Ammoniak abzuspalten vermögen. Auch kompliziertere Zwischenprodukte des Eiweißabbaus, wie Asparagin- und andere Aminosäuren (S. 140f) werden in den Pflanzen angetroffen; jedoch dürfen diese Abbauprodukte des Eiweißes nicht als Endprodukte des pflanzlichen Stoffwechsels angesehen werden, weil sie nach ihrer Bildung durch Synthese zu neuen Eiweißmolekülen verschwinden können, wenn die äußeren Bedingungen, wie reichliche Lichtzufuhr, den synthetischen Vorgängen förderlich sind. Die Abbauprodukte der Kohlenhydrate, die zum Teil zweifellos auch als Zwischenprodukte des Zuckeraufbaus in der Assimilation, wenn auch nur vorübergehend, berührt werden, sind die Substanzen, welche von den stickstofffreien organischen Pflanzenprodukten zu den Eiweißstoffen hinüberführen. Durch Einwirkung von Ammoniak auf Milchsäure können Aminosäuren, wie Alanin, oder Serin usw. entstehen. Durch Zusammenschluss von Aminosäuren aber ist die Eiweißsynthese eingeleitet.

Was die Dissimilation der Fette in den Pflanzen betrifft, so übt das in den Pflanzen aufgespeicherte Fett sowohl die Funktion des Baumaterials des Pflanzenkörpers, wie auch die einer Kraftquelle durch Verbrennung besonders bei der Keimung aus. Wir werden der wichtigen Frage der Fettdissimilation etwas eingehender bei den tierischen Verhältnissen nähertreten.

4.5.3 Die Endprodukte des pflanzlichen Stoffwechsels

Während bei den Tieren die Endprodukte des Stoffwechsels, die für den tierischen Organismus ihre Funktion erfüllt haben, aus diesem ausgeschieden werden, bleiben die pflanzlichen Stoffwechselprodukte, soweit sie nicht als Gase den pflanzlichen Organismus verlassen, ihm erhalten, und zwar nicht als Ballast, sondern als ein Teil des Pflanzenkörpers, der wieder bestimmte Funktionen zu erfüllen hat. Die chemische Natur dieser Endprodukte des pflanzlichen Stoffwechsels ist oft sehr kompliziert. Die Substanzen bilden sowohl die beständige Endreihe synthetischer Vorgänge, wie auch beständige Glieder der Abbauprozesse. Zu den ersteren gehört vor allen Dingen das Kohlenhydrat Zellulose, das als Holzstoff das Gerüst der Pflanzen aufbaut, ohne nach seiner Bildung sich an den biochemischen Reaktionen weiter zu beteiligen. Zu den Endprodukten gehören die Wachsarten, die Harze und Glukoside. Möglicherweise stellen sie einen Teil des Schutzapparates der Pflanzen gegen Schädigungen durch äußere Einflüsse und durch Tiere dar, ebenso wie die ätherischen Öle und Kampferarten. Doch das ist eine Frage, deren Beantwortung nicht Aufgabe der Biochemie ist.

Zu den unter Mitwirkung des Sauerstoffs entstehenden Endprodukten zählen die Gerbstoffe und ihre Oxidationsprodukte, aromatische Verbindungen, die als regelmäßige Bestandteile bestimmter Pflanzen angetroffen werden. Die Alkaloide sind als spezifische Stoffwechselprodukte der Eiweißkörper aufzufassen, sie sind als solche stickstoffhaltig und meist mit den Pflanzensäuren zu

Salzen verbunden. Die Pflanzensäuren selbst können, wie bereits hervorgehoben, nicht als eigentliche Endprodukte angesprochen werden, weil sie Zwischenstufen einer noch unvollendeten Oxidation darstellen, die unter geeigneten Bedingungen weiter bis zu den Endprodukten Kohlensäure und Wasser durchgeführt werden kann. Auch die Alkaloide und die Gerbstoffe können unter Umständen einer aeroben Atmung anheimfallen, d. h. wieder aus den Pflanzen verschwinden, sodass der Begriff dieser Stoffe als Endprodukte kein definierter, sondern nur ein aus der großen Regelmäßigkeit des Vorkommens dieser Körper abgeleiteter ist.

4.6 Die Dissimilationsvorgänge im tierischen Organismus

4.6.1 Zusammenhang zwischen Assimilation und Dissimilation

Bevor wir auf die Abbauprozesse, die sich im tierischen Organismus abspielen, eingehen, ist es nötig, einige allgemeinere Gesichtspunkte zu erwähnen, welche die Assimilations- und Dissimilationsvorgänge in eine enge Verbindung bringen. Man weiß, dass ein Teil der zugeführten typischen Nahrungsstoffe, d. h. der Kohlenhydrate, der Fette und der Eiweißkörper von dem Organismus zur Erhaltung seines stofflichen Bestandes und zur Herstellung bestimmter Reservematerialien für die Energielieferung dauernd oder jedenfalls für längere Zeit deponiert wird. Diese Ablagerung geschieht aber nicht in einem direkten Prozess, der die zugeführten Stoffe einfach an die Stellen der Ablagerung überführt, sondern es treten hierbei chemische Reaktionen von einer allgemeinen biologischen Bedeutung auf. Jeder tierische Organismus verfügt über ganz bestimmte chemische Formen der Kohlenhydrate, Fette und Eiweißkörper und kann meist diese Stoffe nur in der seiner Art eigentümlichen Form als Material aufbewahren. Bei der Verschiedenartigkeit der chemischen Form, in der die drei erwähnten Klassen der Nahrungsmittel vom Organismus aufgenommen werden, ist deshalb eine Überführung in die arteigene Form durch den Organismus selbst häufig nötig. Diese Überführung geschieht so, dass die komplizierten Moleküle der Nahrungsstoffe unter Mitwirkung von Enzymen in einfachere Bestandteile zerlegt werden, um dann aufs Neue zu der arteigenen Form aufgebaut zu werden. Denn auch diese Vorgänge, wie wir noch genauer sehen werden, für die Kohlenhydrate und Fette, nicht eine so allgemeine Bedeutung besitzen wie für die Eiweißstoffe, so ist trotzdem das Prinzip des Abbaus und der erneuten Synthese ein ganz allgemeines Hilfsmittel des tierischen Organismus, die verschiedenartigen Komplexe, die ihm als Nahrungsmittel zugeführt werden, nach individuellen Richtungen zu verarbeiten. Die Synthese tritt natürlich dann ein, wenn die Bedingungen für eine dauernde Deponierung der betreffenden Stoffe gegeben sind. So weit die Nahrungsmittel als Energiequelle dienen, wird der die Energie liefernde Vorgang, also im allgemeinsten Fall die Oxidation, sich abspielen, wenn sich diesem Prozess ein geeignetes Material darbietet, gleichgültig, ob es bereits in die arteigene Form übergeführt ist, oder nicht.

Da der als „Reservematerial" ausgespeicherte Stoff jederzeit, wenn die Leistungen des Organismus es erfordern, als Energiequelle ausgenutzt werden kann, so sind die synthetischen Vorgänge mit dem Dissimilationsprozess oder den Abbauvorgängen aufs Engste verbunden. Wir werden also bei der Besprechung der tierischen Dissimilation einer Reihe synthetischer Vorgänge begegnen, die nicht streng zu den Dissimilationsvorgängen gehörend diese nur vorbereiten.

4.6.2 Die Dissimilation der Kohlenhydrate

Um ein Bild über die Dissimilationsvorgänge der Kohlenhydrate zu erhalten, ist es am zweckmäßigsten, den Weg der Kohlenhydrate durch den tierischen Organismus etwas genauer zu verfolgen. Das allgemeinste zu den Kohlenhydraten gehörende Nahrungsmittel ist die Stärke. Dieselbe unterliegt bereits durch ein Enzym des Speichels, das man als Diastase oder Ptyalin bezeichnet, einer Spaltung, und zwar entstehen zunächst niedere Kohlenhydrate, dextrinartige Stoffe, die unter der Wirkung desselben Enzyms bis zu einem hochmolekularen Zucker, der Maltose, abgebaut werden. Dieser Prozess ist aber kein vollständig verlaufender, sondern Stärke, Dextrin und Maltose gelangen noch gemischt in den Magen; dort unterliegen die Kohlenhydrate keiner Einwirkung, die erst im weiteren Gang der Verdauung durch das Sekret der Pankreasdrüse fortgeführt wird. Eine in diesem enthaltene Diastase zerlegt den Rest der Stärke und der Dextrine in Maltose. Dieser Zucker besteht aus zwei chemisch verbundenen Molekülen Traubenzucker.

BIOCHEMIE

Die Zerlegung in dieses Endprodukt der Stärkespaltung geschieht gleichfalls im Pankreassaft durch ein Enzym, das man als Invertase oder speziell als Glukase bezeichnet. (Traubenzucker trägt auch den Namen Glukose.) Der Traubenzucker ist dasjenige Material, das nun sowohl der Umwandlung in die arteigene Form der Kohlenhydrate, das Glykogen, sowie auch den weiteren Oxidationsprozessen unterliegt. Bevor wir hierauf eingehen, sei erwähnt, dass von anderen wichtigen Kohlenhydraten der Rohrzucker in ähnlicher Weise in Traubenzucker und Fruchtzucker zerlegt wird, ein Prozess, der hauptsächlich im Darm stattfindet, wo auch die Aufspaltung des Milchzuckers in die Hexosen Galaktose und Traubenzucker (Hexosen nennt man alle Kohlenhydrate mit 6 Kohlenstoffatomen, wie Traubenzucker, Fruchtzucker, Galaktose usw. s. S. 134f) vor sich geht. Die Zellulose ist schon als ein Endprodukt des pflanzlichen Stoffwechsels erwähnt worden. Sie ist gleichfalls ein Kohlenhydrat, das aber für die Fleischfresser und für die von gemischter Kost lebenden Wesen ohne Bedeutung ist, da es unverändert den Organismus wieder verlässt, während die Pflanzenfresser auch die Zellulose zu dissimilieren vermögen, wobei Kohlensäure, Methan, Essigsäure, Buttersäure und Valeriansäure entstehen. Beiläufig erwähnt sei, dass auch die im Magen-Darm-Kanal reichlich auftretenden Bakterien und Spaltpilze die Kohlenhydrate zu zersetzen vermögen.

Wir haben gesehen, dass im Allgemeinen die Kohlenhydrate im Darm das Endprodukt ihrer diastatischen Zersetzung, d. h. die Hexosenbildung erfahren. Das weitere Schicksal des Traubenzuckers, den wir als wichtigsten Vertreter der Hexosen ansehen dürfen, ist das folgende: Vom Darm aus gelangt der Traubenzucker in den Blutkreislauf und durchströmt, im Blut gelöst, Organe und Gewebe. Das Blut trägt ihn zunächst in die Leber, welche die Hauptablagerungsstätte für diejenigen Kohlenhydrate bildet, die als Reservematerialien für Arbeitsleistungen des tierischen Organismus aufbewahrt werden. Es findet hier ein Aufbau in ein

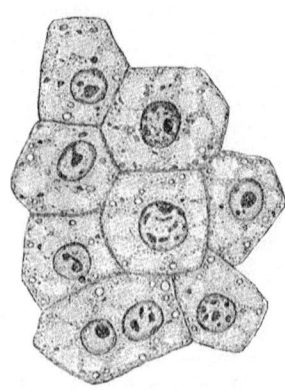
Fig 54: Leberzellen mit Glykogen.

stärkeähnliches Kohlenhydrat, das Glykogen (Fig. 54), unter Mitwirkung von Enzymen statt. Das Vermögen der Glykogenbildung ist spezifisch an die Leberzelle gebunden. Das Fassungsvermögen der Leber für Glykogen ist ein beschränktes. Für eine Menschenleber beträgt es etwa 150 g; der Überschuss von Zucker wird weiter vom Blut transportiert und entweder als Fett aufgespeichert oder verbrannt. Der Zuckergehalt des Blutes ist normalerweise ein ganz bestimmter, etwa 0,1 %; was über diesen Wert hinausgeht, wird durch das Regulierungsvermögen des Organismus, soweit es nicht als Leberglykogen und Fett beiseitegeschafft ist, in den Muskeln als Glykogen deponiert oder verbrannt.

Mit der Glykogenbildung hat der Assimilationsprozess der Kohlenhydrate im tierischen Organismus sein Ende erreicht. Der Traubenzucker bildet das Ausgangsmaterial des eigentlichen Dissimilationsprozesses. Die Frage, wie der Traubenzucker in die Endprodukte der Oxidation, in Kohlensäure und Wasser, übergeführt wird, ist ungemein wichtig, weil eine Störung dieses Vermögens zu einer der schwersten Stoffwechselkrankheiten, dem Diabetes mellitus oder der Zuckerkrankheit, führt.

Zunächst die chemischen Seiten. Die Zuckerverbrennung zu den Endprodukten stellt die Umkehrung der Assimilation der Kohlensäure dar, und es ist sehr wahrscheinlich, dass beide Vorgänge in ähnlicher Weise, aber in entgegengesetzter Richtung verlaufen. Danach wird der Traubenzucker weiter abgebaut zu zahlreichen Zwischenprodukten, und diese Spaltprodukte des Zuckers werden durch die Oxidation in Kohlensäure und Wasser übergeführt, ebenso wie sie durch Reduktion aus Kohlensäure und Wasser entstanden sind und durch weitere Synthese den Zucker gebildet haben. Der gesamte Prozess ist allerdings so komplex, dass hier eine detaillierte Darstellung der Vorgänge nicht möglich ist.

Außer der vollständigen Verbrennung des Traubenzuckers, die natürlich das Maximum an Energie zu liefern vermag, unterliegt der Zucker im tierischen Organismus noch Spaltungen anaerober Art, die den Gärungsvorgängen nahe stehen. So weiß man seit lange, dass ein arbeitender Muskel eine saure Reaktion annimmt, und dass diese auf das Auftreten von Milchsäure, der sogenannten Fleischmilchsäure, zurückzuführen ist. Zweifellos liegt in der Spaltung des Traubenzuckers in Milchsäure ein Prozess vor, der bei

BIOCHEMIE

nicht genügender Sauerstoffzufuhr oder überhaupt bei Bedingungen, die eine vollständige Verbrennung des Zuckers erschweren, ebenso wie die bakterielle Milchsäuregärung, zum Zwecke der Energiegewinnung zum Ablauf gebracht wird.

Die Kohlensäure, die bei der Zuckerverbrennung entsteht, wird von dem venösen Blut aufgenommen und bei dem Blutkreislauf an die Lunge abgegeben, von wo aus sie in die Exspirationsluft gelangt.

4.6.3 Die Dissimilation der Fette

Die Fette, welche im pflanzlichen und tierischen Organismus sehr verbreitet sind, besitzen wegen ihres hohen Verbrennungswertes als Reservestoff für die Kraftleistung des tierischen Organismus besondere Bedeutung (s. w. u.). Alle natürlich vorkommenden Fette sind neutrale Fette; d. h. Verbindungen des Glycerins mit höheren Fettsäuren, die derart aufgebaut sind, dass sich drei Moleküle der Säuren mit je einem Molekül Glycerin in esterartiger Bindung befinden (S. 138f). Die biologisch-chemischen Reaktionen werden, soweit die Fette nicht direkt als solche aufgespeichert werden, stets durch den Verseifungsvorgang eingeleitet, dem sich wahrscheinlich auch wieder eine Synthese zur Fettbildung anschließen kann. Die Produkte der Verseifung können als Material für die Energielieferung unter der Mitwirkung des Sauerstoffs in die Endprodukte der Verbrennung, in Kohlensäure und Wasser, übergeführt werden; sie verhalten sich also darin den Kohlenhydraten gleich.

Um einen Einblick in die Dissimilation der Fette zu gewinnen, genügt es, wie bei den Kohlenhydraten, ihren Weg durch den tierischen Organismus zu verfolgen. Der Speichel ist auf die Fette ohne Einwirkung, und auch der Magensaft scheint nur in sehr geringem Umfange eine Verseifung einzuleiten. Erst im Darm tritt unter der Einwirkung der Lipasen die Seifenbildung in größerem Umfang ein. Hierbei wird das noch vorhandene Fett, gleichfalls unter der Einwirkung eines Enzyms, des Emulsins, in feinsten Tröpfchen innerhalb der Seifenlösung verteilt, wodurch die Resorptionsfähigkeit der Fette durch die Gewebe und auch die angreifende Tätigkeit der Lipasen erleichtert wird. Im Darm findet aus den verseiften Anteilen gleichzeitig wieder eine Assimilation der Fette in einem durch die Bedürfnisse des Organismus bestimmten Umfang statt.

Als weitere, für die Fettverarbeitung wichtige Organe treten die Sekrete der Pankreasdrüse und der Galle in Funktion. Das Sekret der ersteren befördert durch seine alkalische Reaktion die Seifenbildung energisch; die Gallenflüssigkeit bildet ein vorzügliches Lösungsmittel für die Fettsäuren und Seifen.

Das nicht vom Organismus verarbeitete Fett wird als solches hauptsächlich im Gewebe aufgestapelt und übt als schlechter Wärmeleiter eine wichtige Funktion bezüglich des Wärmeschutzes aus, oder es verlässt den Organismus unausgenutzt.

Das den Fetten nahestehende Lezithin wird durch Lipasen in freie Fettsäuren, Glycerinphosphorsäure und Cholin, zerlegt. Von Bedeutung ist seine Fähigkeit, hämolytisch zu wirken, d. h. die roten Blutkörperchen zu lösen.

4.6.4 Die Dissimilation der Eiweißstoffe.

Der für den tierischen Organismus wichtigste Nahrungsstoff ist das Eiweiß, weil es außer den in den Kohlenhydraten und Fetten vorkommenden Elementen noch den für den Organismus unentbehrlichen Stickstoff enthält. Bei der Kompliziertheit der chemischen Zusammensetzung der Eiweißstoffe ist das Bild ihrer Umwandlung im Organismus ein weit reichhaltigeres als bei den eben erwähnten Körperklassen. Das Eiweiß vermag jede Funktion eines Nahrungsmittels auszuüben; d. h., es vermag sowohl den Organismus mit Material zu versehen, wie auch durch seinen Abbau und seine Oxidation Betriebsenergie zu schaffen. Gleichzeitig ist eine Umwandlung eines Teiles seines Moleküls in Kohlenhydrate und damit auch in Fette möglich.

Wie bereits im Kapitel „Die Eiweißkörper" (S. 140ff) auseinandergesetzt ist, besteht das Eiweißmolekül aus einer großen Anzahl von peptidartig miteinander verknüpften Molekülen einfacherer und komplizierterer Aminosäuren, zu denen die Hydrolyse der Eiweißkörper führt. Die Aminosäuren bilden nicht die Endprodukte der tierischen Eiweißverarbeitung, wohl aber die letzten Spaltteile, aus denen der tierische Organismus selbst das Eiweiß wieder aufzubauen vermag. Es gibt eine ungemein große Unzahl verschiedener Eiweißkörper, unterschieden nicht nur durch die Natur der sie bildenden Aminokörper, sondern auch durch die Gruppierung der letzteren innerhalb des Eiweißmoleküls. Soweit der Organismus das Eiweiß als eigenes Baumaterial verwertet, ist er deshalb darauf angewiesen, ein fremdes Nahrungseiweiß in das arteigene überzuführen. Dieser Prozess kann erst durch die Synthese vor sich gehen, wenn die geeigneten Bausteine für diese Umwandlung, die Aminosäuren, durch eine weitgehende Spaltung geschaffen sind. Auch für die Eiweißkörper bietet sich am leichtesten ein Einblick, wenn wir ihren Weg im Organismus und die Umwandlungen, die sie dort erleiden, verfolgen.

Wie bei den Fetten, so findet auch bei den Eiweißstoffen durch den Speichel keinerlei Veränderung statt. Wohl aber setzt dieselbe im Magensaft unter der Mitwirkung der Salzsäure und des Verdauungsenzyms des Magens, des Pepsins, ein, und zwar in der Art, dass die unlöslichen Eiweißstoffe oder Proteine (auch Albumine genannt) in die wasserlöslichen Albumosen und Peptone übergeführt werden. Durch diesen Prozess des Löslichmachens wird die weitere Verarbeitung der Eiweißkörper eingeleitet. Die Albumosen und Peptone unterliegen im Darm der Einwirkung des Pankreassaftes, der ein unter Mitwirkung des Darmsaftes sehr energisch wirkendes Enzym, das Trypsin, enthält. Die Wirkung des Trypsins, welche in einem Abbau der Albumosen und Peptone bis zu den Aminosäuren besteht, wird durch ein vom Darm geliefertes Enzym, des Erepsin, unterstützt. Es sind aber noch weitere Enzyme an dem Eiweißabbau beteiligt, durch welche die zur Synthese oder zur Oxidation geeigneten Spaltprodukte geschaffen werden. Die stickstoffhaltigen Endprodukte des Eiweißstoffwechsels sind nicht wie diejenigen der Kohlenhydrate und Fette gasförmiger Natur, sondern meist feste Stoffe, wie Harnstoff, Harnsäure, Purinbasen, und gelangen vorwiegend in Wasser gelöst im Urin zur Ausscheidung.

4.7 Die Stoffwechselendprodukte des tierischen Organismus

Im letzten Kapitel ist der Mechanismus der Kohlenhydrat-, Fett- und Eiweißspaltung im Organismus dargelegt worden. Wir lernten hierbei die Hilfsmittel kennen, welche die Natur zur Erreichung des Zweckes, entweder Substanzen im Organismus abzulagern, oder durch ihre Umwandlung Energie zu gewinnen, zur Verfügung stellt.

Die Stoffwechselendprodukte des tierischen Organismus

Da es unmöglich ist, den Zerfall innerhalb des lebenden Organismus in seinen Einzelphasen zu verfolgen, so bringen hier die Stoffwechselendprodukte, welche als Ballast aus dem Organismus ausgeschieden werden, Auskunft über das Schicksal der Substanzen im Körper. Nur bei dem tierischen Organismus kann im Gegensatz zum pflanzlichen von einem derartigen chemischen Stoffwechsel in erheblicherem Umfang gesprochen werden. Die Stoffwechselendprodukte sind in den Ausscheidungen des Organismus vorhanden, da sie, ihrer Natur als Endprodukte entsprechend, einer weiteren Ausnutzung unfähig sind. Die wesentlichsten Formen der Ausscheidungen finden sich in der Exspirationsluft und in den flüssigen und festen Exkrementen. Während der Übergang der Kohlenhydrate durch Spaltung oder Oxidation in die Endprodukte chemisch noch ziemlich einfach erscheint, liegen die Verhältnisse bei den Eiweißstoffen weit komplizierter.

Die Fette sind in mancher Beziehung an die Seite der Kohlenhydrate zu stellen. Soweit die Fette nicht der vollständigen Oxidation zu Kohlensäure und Wasser anheimfallen oder in ihre Bestandteile, d. h. Fettsäuren und Glycerin gespalten werden, vermag sie der Organismus als Fett selbst aufzunehmen und abzulagern. Auch die infrage kommenden Spaltungen und Oxidationen der Kohlenhydratgruppe haben wir bereits besprochen, sodass nur der Abbau des Eiweißes vom chemischen Standpunkt aus noch einer etwas eingehenderen Betrachtung bedarf.

Das wesentliche Stoffwechselendprodukt des Eiweißumsatzes ist der Harnstoff, ...

$$CO\begin{cases} NH_2 \\ NH_2 \end{cases},$$

... der in Abhängigkeit von der Eiweißzufuhr und dem Eiweißzerfall im Organismus in mehr oder weniger beträchtlichem Maß im Harn zur Ausscheidung gelangt. (Beim gesunden Menschen in 24 Stunden etwa 30 g.) Da, seiner Zusammensetzung nach, der Harnstoff wegen seines Stickstoffgehaltes nur dem Eiweiß entstammen kann, so ist die Frage nach dem genetischen Zusammenhang des ersteren mit dem Eiweiß eine ungemein wichtige, die gleichzeitig Aufschluss über die Spaltungen des Eiweißes zu geben vermag. Nach den bisherigen Untersuchungen kann Harnstoff direkt durch hydrolytische Spaltungen aus Eiweiß erzeugt werden, aber nur, wenn bei dieser hydrolytischen Spaltung zunächst eine Aminosäure, das Arginin ...

$$NH = \underset{\underset{NH_2}{|}}{C} - NH - CH_2 - CH_2 - CH_2 - \underset{\underset{NH_2}{|}}{CH} - COOH$$

Arginin oder Guanidinaminovaleriansäure

... entsteht. Das Arginin spaltet sich unter dem Einfluss eines Enzyms, der Arginase, das im Darm, der Leber, den Nieren und einigen Drüsen gefunden wurde, in Harnstoff und Ornithin oder Diaminovaleriansäure.

$$\underset{\underset{NH_2}{|}}{CH_2} - CH_2 - CH_2 - \underset{\underset{NH_2}{|}}{CH} - COOH$$

Ornithin- oder Diaminovaleriansäure.

Harnstoff kann aber auch durch einen Oxidationsprozess entstehen. Man weiß, dass eine bei der Hydrolyse der Eiweißkörper relativ reichlich auftretende Säure, das Glykokoll, ...

$$NH_2 \, CH_2 \, COOH,$$

... bei der Oxidation in Gegenwart von Ammoniak Harnstoff liefert. Der wesentliche Ort der Harnstoffbildung ist die Leber.

Ein zweites regelmäßiges Endprodukt der Eiweißzersetzung, das sich in geringer Menge normalerweise im Harn findet, ist das Kreatinin (S. 143), dessen Anhydrid, das Kreatin oder die Methylguandininessigsäure in den Muskeln vorkommt. Die Zusammensetzung des Kreatins lässt die Möglichkeit zu, dass auch diese Substanz eine Vorstufe des Harnstoffs ist. Er zersetzt sich nämlich beim Kochen mit Barytwasser in Harnstoff, Sarkosin (Methylglykokoll) und andere Produkte.

Ein weiteres, für den Eiweißstoffwechsel wichtiges Endprodukt ist die Harnsäure, sie ist für den normalen und erkrankten Organismus von größter Bedeutung. Die Harnsäure gehört in die Gruppe der Purine (S. 143). Man unterscheidet im Stoffwechsel diejenige Harnsäure, welche bei purinfreier Kost produziert wird, die also aus dem Material des Organismus selbst stammt, als endogene Harnsäure von der exogenen, die aus dem Nahrungspurin gebildet

Die Stoffwechselendprodukte des tierischen Organismus

wird und ihrer Menge nach von den zugeführten und resorbierten Purinen abhängig ist. Wenn auch diese Teilung in endogene und exogene Harnsäure sich experimentell nicht streng durchführen lässt, so ist doch diese Einteilung für die Klarlegung der bei ihrer Entstehung möglichen Verhältnisse brauchbar. Da auch die endogene Harnsäure ihrer Zusammensetzung nach aus Purinsubstanzen stammen muss, so handelt es sich darum, denjenigen Stoff des Organismus zu erkennen, der bei seiner Spaltung Purine liefert. Es hat sich gezeigt, dass vornehmlich der Zerfall der Zelle selbst und der Abbau ihrer Kernsubstanz Purinbasen liefert, die bei der Oxidation in Harnsäure überführt werden können.

Wenn auch die Harnsäure regelmäßig vom tierischen Organismus ausgeschieden wird, so ist sie doch innerhalb des Organismus eines weiteren Abbaus fähig, und zwar unter der Mitwirkung eines Enzyms. Solche weiteren Zersetzungsprodukte der Harnsäure sind das Glykokoll und die Oxalsäure.

Ein Wort ist noch über die Quelle der Harnsäure im Organismus, die Nucleinsubstanzen, zu sagen. Diese, auch als Nucleoproteide bezeichneten Körper bestehen aus einem Eiweißkomplex in Verbindung mit der nicht eiweißartigen Nucleinsäure. Die Nucleinsäuren enthalten Phosphor und liefern bei ihrer Spaltung Phosphorsäure und Nucleinbasen, außerdem noch eine Kohlenhydratgruppe und andere Verbindungen, die wir hier übergehen müssen. An dem Aufbau der Nucleinsäure sind nun vor allem die Purinbasen beteiligt, welche, wie wir eben erörterten, das Ausgangsmaterial der Harnsäure darstellen. Die Nucleoproteide fehlen jedenfalls in keiner Zelle, und zwar bilden sie einen Bestandteil des Zellkernes. Außer dem Blutfarbstoff, Hämoglobin, sind die Nucleoproteide die Hauptträger des Eisens im Organismus. Aus der Tatsache, dass somit auch die Purinbasen mit dem Zerfall der Zelle, insbesondere mit dem Abbau des Zellkerns in nahem Zusammenhang stehen, geht die große Bedeutung des Harnsäurestoffwechsels für den tierischen Organismus hervor. So sei erwähnt, dass eine Störung des Harnsäurestoffwechsels zu der bekannten schweren Stoffwechselkrankheit, der Gicht, führt.

Über die weiteren Stoffwechselendprodukte, welche durch den Harn zur Ausscheidung gelangen, sei nur kurz das Folgende bemerkt. An anorganischen Bestandteilen findet sich hauptsächlich das

BIOCHEMIE

Kochsalz, welches zu den notwendigen Bestandteilen der menschlichen und tierischen Nahrung gehört, ohne jedoch an dem Stoffausbau des Organismus beteiligt zu sein. Nur zur Erzeugung des geringen Salzsäuregehalts der normalen Magenflüssigkeit ist das Kochsalz innerhalb des Organismus chemisch wirksam. Seine Hauptbedeutung liegt in der Regulation der osmotischen Verhältnisse, die durch seine Konzentration im Blut und den Gewebsflüssigkeiten maßgebend bestimmt werden. Der Gehalt derselben an Kochsalz ist unter normalen Verhältnissen nahezu konstant, während die reichlich mit der Nahrung zugeführte Kochsalzmenge fast quantitativ durch die normalen Nieren wieder zur Ausscheidung gelangt.

Zu den anorganischen Endprodukten des Stoffwechsels gehört auch die Phosphorsäure, die sowohl aus zugeführter Nahrung als aus dem Zerfall der Zellkerne stammen kann. Überhaupt muss erwähnt werden, dass die Ausscheidungsprodukte der Menge und ihrer Zusammensetzung nach wesentlich von der Nahrung abhängen, und nur diejenigen Stoffe als notwendige Stoffwechselendprodukte angesehen werden können, welche den zum Leben erforderlichen Funktionen des Organismus, vornehmlich der Energiegewinnung und der Materialerneuerung, ihre Entstehung verdanken. Es genügt, deshalb die wesentlichen Bestandteile des normalen Harns in der folgenden Tabelle zusammenzustellen:

Normale Bestandteile der menschlichen Harns:

1. Wasser.
2. Anorganische Säuren, meist an Basen gebunden: Salzsäure, Schwefelsäure, Phosphorsäure, Kohlensäure.
3. Anorganische Metalle, meist an Säuren gebunden: Natrium, Kalium, Kalzium, Magnesium, außerdem Ammoniak.
4. Organische Bestandteile: Harnstoff, Kreatinin. Die Harnfarbstoffe: Urobilin, Urochrom und Uroerythrin; Phenolschwefelsäure, Harnindikan, Pepsin, Diastase.

Hierzu ist noch Folgendes zu bemerken. Das Urobilin entsteht durch reduzierende Darmbakterien aus dem Gallenfarbstoff Bilirubin; es wird zum größten Teile durch den Kot ausgeschieden. Ihm nahe steht in seinem chemischen Verhalten das Urochrom.

DIE STOFFWECHSELENDPRODUKTE DES TIERISCHEN ORGANISMUS

Auch die Phenolschwefelsäure bildet sich durch Bakterienwirkung im Darm, und zwar durch Abspaltung von Phenol aus dem Tyrosin (siehe „Die Eiweißkörper", S. 140ff), einem Abbauprodukt des Eiweißes. In der Leber tritt die Verbindung mit Schwefelsäure ein:

$$C_6H_5OH + H_2SO_4 = C_6H_5OSO_3H + H_2O.$$

Das Harnindikan oder die Indoxylschwefelsäure verdankt einem ganz ähnlichen Prozess im Darm seine Entstehung, indem ein anderes Spaltungsprodukt des Eiweißes, das Tryptophan oder die Indolaminopropionsäure, weiter in Indol und seine Methylverbindung, das Skatol, die dann nach ihrer Oxidation mit Schwefelsäure in Bindung treten, zerfällt.

<chemical structures of Indol, Skatol, Tryptophan>

$$NH = C_8H_6 + O \longrightarrow NH = C_8H_5OH$$
$$\text{Indol} \qquad\qquad\qquad \text{Indoxyl}$$

$$NH = C_8H_5OH + H_2SO_4 \longrightarrow NH = C_8H_5OSO_3H + H_2O$$
$$\text{Indoxyl} \qquad\qquad\qquad \text{Indoxylschwefelsäure}$$

Die Indoxylschwefelsäure geht durch Oxidationsmittel, wie Eisenchlorid, in den blauen Farbstoff Indigo über und kann durch diesen im Harn nachgewiesen werden. In analoger Weise entsteht die Skatoxylschwefelsäure. Die Enzyme gelangen durch Resorption aus Magen und Darm in den Harn.

BIOCHEMIE

4.8 Blut und Leber

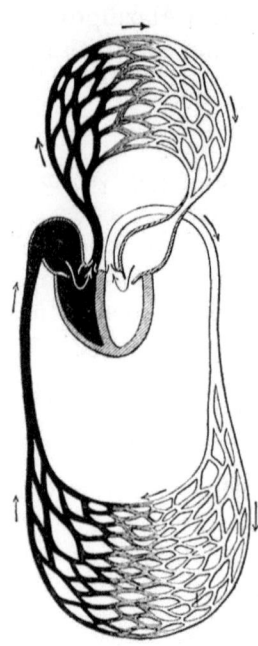

Fig 55: Schema des Blutkreislaufs beim Menschen. Venöse Hälfte schwarz, arterielle hell. Beide verbunden durch das Kapillarnetz der Lungen (oben) u. das Gewebe (unten). In den Kapillaren umspült der Blutstrom alle Gewebe, deren Zellen aus ihm ihre Nahrung nehmen und an ihm ihre unbrauchbaren Stoffe abgeben.

Für die soeben besprochenen Dissimilationsvorgänge im tierischen Organismus spielen die Oxidationsprozesse eine entscheidende Rolle. Der für sie notwendige Sauerstoff wird durch die Lungen eingeatmet, vom Blut aufgenommen und übt nun, im Blut gelöst und infolge des Blutkreislaufs (Fig.55) durch den ganzen Organismus geführt, überall dort seine Tätigkeit aus, wo es die Aufgaben des lebenden Organismus erfordern. Es ist deshalb zum Verständnis der auf Oxidationen beruhenden Dissimilationsvorgänge notwendig, die biochemische Funktion des Blutes im speziellen etwas genauer zu betrachten und im Anschluss daran einige Eigenschaften der für den Stoffwechsel wichtigen Leber zu besprechen.

4.8.1 Das Blut

Das Blut der Säugetiere besitzt, wenn es durch die Lungen mit Sauerstoff versehen ist, eine hellrote Farbe; nach Abgabe des Sauerstoffs im Organismus und Anreicherung mit Kohlensäure, dem Endprodukt der tierischen Verbrennung, eine blaurote. Das sauerstoffhaltige Blut nennt man das arterielle, das kohlensäurehaltige, das zu den Lungen zurückkehrt, dort die Kohlensäure abgibt und aufs Neue Sauerstoff aus der Luft aufnimmt, das venöse. Die rote Farbe des Blutes wird durch die roten Blutkörperchen oder Erythrozyten (Fig.56) bedingt, mikroskopisch kleine Gebilde, die in einer farblosen Flüssigkeit, dem Plasma, schwimmen. Außerdem enthält das Blut in geringerer Anzahl die weißen Blutkörperchen oder Leukozyten, auf deren Bedeutung wir hier nicht entgehen können. Außerhalb des tierischen Körpers gerinnt das Blut; es tritt eine Trennung der Flüssigkeit, des Serums, von dem Gerinnungs- oder

Faserstoff, dem Fibrin, ein (Fig. 57). Nach der Trennung der roten Blutkörperchen und des Serums vom Fibrin lassen sich die ersteren von dem letzteren durch Zentrifugieren scheiden.

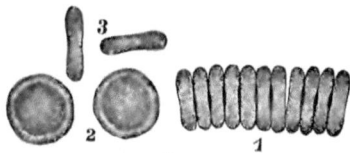

Fig 56: Rote Blutkörperchen aus Menschenblut. 1=Geldrollenform, 2=von der Fläche, 3=von der Kante.

Die Gerinnung beruht auf dem Unlöslichwerden vorher löslicher Eiweißstoffe, speziell des Fibrinogens. Bei dem Gerinnungsprozess geht der lösliche Eiweißstoff Fibrinogen in das unlösliche Fibrin über, das sich durch Schlagen des Blutes in Fasern gewinnen lässt. Das fibrinfreie Blut bezeichnet man als definibriert.

Die Umwandlung des löslichen Fibrinogens in das unlösliche Fibrin geschieht durch die Einwirkung des Gerinnungsenzyms, des Fibrinfermentes oder Thrombins. Das ausgeschiedene Fibrin ist unlöslich, aber quellungsfähig. Die Gerinnung lässt sich durch verschiedene Mittel verhindern, vornehmlich durch Zusatz von Blutegelextrakt (Hirudin) zu Blut, durch eine Reihe von Salzlösungen, insbesondere durch das Kalium- oder Ammoniumoxalat, das durch Ausfällung der Kalksalze des Blutes als unlösliches Kalziumoxalat die Gerinnungsfähigkeit zerstört.

Außer dem Fibrinogen sind an Eiweißstoffen im Blut enthalten: Nucleoproteide, Serumglobuline und Albumine. Den Serumglobulinen steht auch der Blutfarbstoff, das Hämoglobin, nahe. Die Serumglobuline und Albumine sind Eiweißgemische, die gerinnungsfähig und aussalzbar sind; jedoch ist ihre Aussalzbarkeit eine verschiedene. Die Globuline enthalten eine abspaltbare Kohlenhydratgruppe.

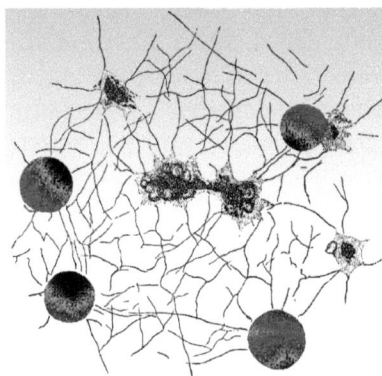

Fig 57: Fibrinisierung mit Erythrocyten aus Menschenblut.

Trennt man durch Zentrifugieren definibrierten Blutes die Blutkörperchen von der Flüssigkeit, so erhält man in dieser, wie eben erwähnt, das Serum, das sich also vom Plasma nur durch das Fehlen des Fibrins unterscheidet. Das Serum enthält außer den Eiweißstoffen Fett, Lezithin und Cholesterin; daneben normalerweise Traubenzucker (ca. 0,1 %) und Verbindungen der Glukuronsäure $COH(CHOH)_4COOH$, ferner eine Reihe von Enzymen, wie Diastase, die Stärke und Glykogen in Maltose überführt, Lipase, Eiweiß spaltende Enzyme und ihre Antizyme, sodann Oxidasen und Katalasen, deren Bedeutung noch besonders gewürdigt werden wird. Schließlich ist noch der Gehalt des Serums an Toxin, Antitoxin und Immunkörpern zu erwähnen; ihre Erforschung ist für die moderne Serumtherapie von großer Bedeutung geworden. Von weiteren organischen Stoffen befindet sich im Blut normalerweise Harnstoff, Harnsäure, Kreatin, Milchsäure und andere Substanzen. An anorganischen Stoffen ist das Chlornatrium vorwiegend, ferner konnten Kalksalze, Natriumkarbonat, Sulfate, Phosphate und Kaliumsalze nachgewiesen werden.

Mit einigen Worten sei auf die Chemie der roten Blutkörperchen eingegangen. Der Inhalt der roten Blutkörperchen besteht hauptsächlich aus einer Lösung des roten Blutfarbstoffs, des Hämoglobins, das in Berührung mit Sauerstoff in den Arterien als Oxyhämoglobin vorhanden ist, während in den Venen das Hämoglobin, seines Sauerstoffs beraubt, mit der durch die Verbrennung erzeugten Kohlensäure in Bindung tritt. Das Hämoglobin kann ebenso wie das Oxyhämoglobin in roten Kristallen dargestellt werden (Fig. 58). Von besonderem Interesse ist die Tatsache, dass durch Einwirkung chemischer Agentien aus dem Hämoglobin Stoffe gewonnen werden können, welche mit den Spaltungsprodukten des Pflanzenfarbstoffes, des Chlorophylls, in naher chemischer Beziehung stehen (s. w. u.). Auf die einzelnen Reaktionen des Hämoglobins gehen wir hier nicht ein. Nur mag seine Fähigkeit, sich mit Kohlenoxid sehr leicht und fest chemisch zu binden, hervorgehoben werden. Nus dieser Tatsache beruht die so gefährliche Leuchtgas- und Kohlenoxidvergiftung.

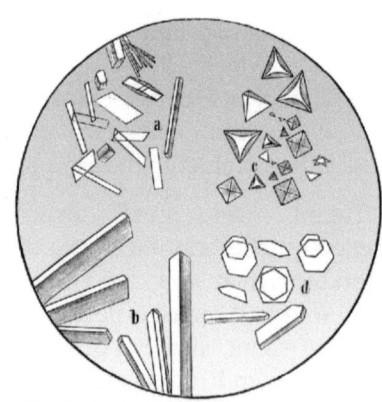

Fig 58: Oxyhämoglobinkristalle. a = Mensch, b = Katze, c = Meerschweinchen, d = Eichhörnchen.

Gegenüber den weißen Blutkörperchen sind die roten ungemein vorwiegend. Im Menschenblut sind normalerweise im mm^3 4—5 Millionen rote und 8—10 Tausend weiße Blutkörperchen vorhanden. Die pathologische Abnahme der Zahl der roten Blutkörperchen führt zu dem Krankheitsbild der Bleichsucht oder Chlorose, eine starke Vermehrung der weißen Blutkörperchen zu der gefürchteten Leukämie. Der Hämoglobingehalt des Blutes schwankt bei den Menschen in Abhängigkeit von dem Alter des Individuums und beträgt im mittleren Lebensalter etwa 15 %. Bei krankhaften Zuständen, die wir hier nur vorübergehend berühren können, finden sich im Blut auch die Spaltungsprodukte der Eiweißkörper, die Aminosäuren.

4.8.2 Hämoglobin und Chlorophyll

Das Hämoglobin besteht aus einem Eiweißkomplex, der eine eisenhaltige Komponente als Träger der Farbe enthält, wenn man den Eiweißkörper des Blutfarbstoffs, das Globin, abspaltet, so bleibt der eisenhaltige Farbstoff, das Hämin zurück, und zwar, da verhältnismäßig energische Reaktionen zur Erzielung dieses Effektes notwendig sind, in einer Form, die von der des Farbstoffs im frischen Blut abweicht. Durch Einwirkung starker, mit Kochsalz versetzter Essigsäure auf Oxyhämoglobin gelingt diese Spaltung, wobei das Globin in Lösung bleibt und das Hämin als salzsäurehaltiges Spaltungsprodukt in glänzenden Kristallen zur Abscheidung gelangt (Teichmannsche Kristalle), die zum Nachweis geringer Blutmengen dienen können. Durch Einwirkung von Alkalien auf Hämin entsteht das Hämatin, welches auch bei der Einwirkung von Magen- und Pankreassaft auf Oxyhämoglobin auftritt. Es ist das Hämatin ein, bei Gegenwart von Sauerstoff, sich leicht bildendes Zersetzungsprodukt des Hämoglobins. Das Hämin kann als Salzsäureester des Hämatins bezeichnet werden.

Wenn die Abspaltung des Farbstoffs unter Ausschluss von Sauerstoff vollzogen wird, so erhält man statt des Hämatins ein Reduktionsprodukt desselben, das Hämochromogen, welches die eigentliche gefärbte Atomgruppe des Hämoglobins ist. Besonders wichtig ist die Tatsache, dass dasselbe oder ein nahe verwandtes Hämopyrrol, welches aus dem Hämoglobin durch energische Reduktion entsteht, auch durch dieselben chemischen Eingriffe aus

BIOCHEMIE

dem Chlorophyll gewonnen werden kann, sodass den Farbstoffen dieser beiden Lebensgebiete die gleiche molekulare Struktur zugrunde liegt. Hämopyrrol ist Methylpropylpyrrol und entspricht der Formel:

$$\begin{array}{c} CH_3 - C - C - CH_2\,CH_2\,CH_3 \\ \parallel \quad \parallel \\ HC \quad CH \\ \diagdown \diagup \\ NH. \end{array}$$

Wie das Hämoglobin, der rote Blutfarbstoff, dem Blut der Säugetiere eine charakteristische Farbe gibt und als wesentlichster Bestandteil im Kreislauf der Säfte des tierischen Organismus eine bedeutsame Rolle erfüllt, so besitzt der grüne Blattfarbstoff, das Chlorophyll, für die Pflanze eine ähnliche Bedeutung. Dem Hämoglobin fällt im Mechanismus der Verbrennung im tierischen Organismus eine unentbehrliche Funktion zu, und zwar nach der Richtung hin, die den Übergang der komplizierten organischen Verbindungen in die anorganischen Endprodukte vermittelt. Eine analoge, aber entgegengesetzt gerichtete Funktion spielt sich in der Pflanze unter der Mitwirkung des Chlorophylls ab, nämlich die bereits besprochene Assimilation der Kohlensäure, die den Aufbau komplizierter organischer Substanzen aus den anorganischen Ausgangsprodukten, Kohlensäure und Wasser, herbeiführt. Es ist deshalb zweckmäßig, über die Chemie des Chlorophylls die wichtigsten Merkmale anzugeben. Die grünen Pigmente besitzen nicht bei allen Pflanzen die gleiche Zusammensetzung, jedoch ist ihnen allen der Gehalt eines anorganischen Bestandteils, und zwar des Magnesiums gemeinsam. Durch Alkohol gelingt es, das Chlorophyll den Pflanzen zu entziehen und durch weitere Maßnahmen von seinen Begleitstoffen, den gelben Farbstoffen Karotin und Xanthophyll, zu trennen. Auch kann man das Chlorophyll in kristallisierter Form gewinnen. Die Fähigkeit der Kohlensäureassimilation hat das isolierte, von den Zellen getrennte Chlorophyll verloren. Man kann aber durch Einwirkung von Säuren und Alkalien Derivate des Chlorophylls erhalten, welche, wie eben hervorgehoben, eine Beziehung zu den Derivaten des Blutfarbstoffs Hämoglobin erkennen lassen.

4.8.3 Oxidationen im Blut

Das Hämoglobin ist imstande, den Sauerstoff aus der Luft, wie er ihm durch die Lungen zugeführt wird, zu addieren und die Verbindung Oxyhämoglobin zu bilden, welche dem arteriellen Blut seine hellrote Farbe verleiht. Der Sauerstoff aber befindet sich in so lockerer chemischer Bindung, dass er ungemein leicht wieder abgegeben wird. So genügt es, arterielles Blut in der Luftpumpe unter sehr geringen Druck zu setzen, um den größten Teil des aufgenommenen Sauerstoffs wieder zu entfernen. Aus dieser Eigenschaft des Hämoglobins, den Sauerstoff leicht aufzunehmen und wieder abzugeben, beruht eine seiner wichtigsten Funktionen im lebenden Organismus, nämlich die, denselben mit dem zur Verbrennung der organischen Substanzen und damit zur Energielieferung nötigen Sauerstoff zu versorgen. An vielen Stellen des Organismus finden Verbrennungen statt, deren Bedeutung für den Energiehaushalt bereits erörtert wurde. Diese Verbrennungen führen die organischen Verbindungen in die Endprodukte der Oxidation, Kohlensäure, Wasser usw. über und geben die dabei auftretende Wärme entweder als solche, oder in einer anderen Energieform ab. Um einen einfachen Fall zu erwähnen, werden die Kohlenhydrate – speziell der Zucker – hauptsächlich in den Muskeln, denen die mechanische Arbeitsleistung obliegt, oxidiert. Der zu dieser Oxidation nötige Sauerstoff wird durch die Tätigkeit des Herzens im Blut als Oxyhämoglobin zu den Muskeln transportiert, dort wird der Sauerstoff zur Verbrennung abgegeben. Das Oxyhämoglobin geht zunächst in das Hämoglobin über und die roten Blutkörperchen nehmen die durch die Verbrennung entstehende Kohlensäure auf. Das mit Kohlensäure bereicherte Blut wird in den Venen, in denen das Blut durch den Kohlensäuregehalt die blaurote Farbe besitzt, wieder zum Lungengewebe transportiert. Dort wird die Kohlensäure abgegeben und ausgeatmet, während der durch die Einatmung zugeführte Sauerstoff wieder Oxyhämoglobin erzeugt. In den Arterien gelangt das nun wieder oxidationsfähige Blut aufs Neue in den Organismus und zu den Muskeln.

Es interessiert uns nun zunächst die Frage, in welcher Weise die Oxidationswirkung des Oxyhämoglobins bewirkt wird. Ist dasselbe direkt ein Oxidationsmittel oder nur ein Sauerstoffüberträger, der gleichsam den Luftsauerstoff in einer gelösten Form zu den Stellen

BIOCHEMIE

führt, wo die Oxidation stattfinden soll? Die letztere Frage muss bejaht werden. Das Oxyhämoglobin, das, wie eben erwähnt, seinen Sauerstoff ungemein leicht wieder abgibt, wirkt nicht anders, wie der Luftsauerstoff, d. h., es besitzt eine ungemein geringe oxidierende Kraft. Ebenso wenig, wie man mittels Durchleiten von Luft durch eine Zuckerlösung den gelösten Zucker zu Kohlensäure und Wasser verbrennen kann, ist es möglich, durch Oxyhämoglobin eine so weitgehende Oxidation herbeizuführen. Es ist zweifellos, dass hier, wie bei den meisten Reaktionen im lebenden Organismus die Mitwirkung von Enzymen erforderlich ist.

Die Untersuchung dieser wichtigen Frage hat Folgendes ergeben: In den roten Blutkörperchen befinden sich Enzyme, welche den Sauerstoff, der an und für sich nur geringe oxidative Eigenschaften besitzt, zu stärkeren Oxidationswirkungen befähigt. Man kann durch einen einfachen Versuch sich von den hier herrschenden Verhältnissen leicht überzeugen. Eine Substanz, welche wie das Oxyhämoglobin nur recht geringe oxidative Eigenschaften besitzt, ist das Wasserstoffperoxid, H_2O_2. Setzt man zu diesem Wasserstoffperoxid einen geeigneten oxidierbaren Körper, so findet keine Oxidation statt. Das Wasserstoffperoxid bleibt ebenso wie der zugesetzte Körper unverändert. Setzt man aber zu einer Wasserstoffperoxidlösung die roten Blutkörperchen selbst oder ihren gesamten Inhalt, so bietet sich ein merkwürdiges Bild. Das Wasserstoffperoxid wird nach der Gleichung $H_2O_2 = H_2O + O$ stürmisch zersetzt. Befindet sich gleichzeitig ein oxidierbarer Stoff in der Lösung, so tritt eine Oxidation ein. Man wählt zur Klarstellung dieser Verhältnisse als oxidablen Stoff einen solchen, der farblos ist und durch die Oxidation in einen Farbstoff übergeht, wie eine alkoholische Lösung von Guajakharz oder Benzidin. Beide liefern durch die Oxidation blaue, natürlich verschiedene Farbstoffe. Es gibt nun eine Anzahl von Enzymen, welche der Mischung von Benzidin oder Guajakharz mit Wasserstoffperoxid zugesetzt, eine stürmische Entwicklung von Sauerstoff veranlassen, ohne aber eine Blaufärbung, d. h. eine Oxidation zu erzeugen. Man bezeichnet solche Enzyme, deren Gegenwart auch im Blut nachgewiesen ist, als Katalasen. Andere Enzyme aber – und das im Blut vorhandene für die Oxidation wichtige – bewirken außer der Sauerstoffentwicklung eine sofortige Oxidation und Blaufärbung der in der Lösung befindlichen Substanzen. Man nennt solche Enzyme wegen ihrer oxidativen Eigenschaften Oxidasen. In Gegenwart der Katalasen, so nimmt man an, wird der Sauerstoff aus dem Wasserstoffperoxid mit derjenigen Eigenschaft abgeschieden, die er in der Luft besitzt, d. h. mit der geringen Oxidationsfähigkeit, der Sauerstoff bleibt inaktiv. Die Katalasen sind also die Antienzyme der Oxidasen. Die Letztgenannten entwickeln den Sauerstoff aktiviert, mit den Eigenschaften eines starken Oxidationsmittels, das imstande ist, die Oxidation von solchen Substanzen herbeizuführen, welche durch den Luftsauerstoff nicht verändert werden.

Man gewinnt über die Oxidationsvorgänge im Blut daher folgendes Bild: Das Oxyhämoglobin ist eine Verbindung, die den Sauerstoff nach allen Teilen des Organismus hintransportiert und ihn so lose gebunden enthält, dass er unter der Einwirkung von Enzymen abgespalten wird. Dort, wo im Organismus das Oxyhämoglobin mit Katalasen zusammentrifft, bleibt der Sauerstoff inaktiv, während an Stellen, wo sich Oxidasen befinden, der Sauerstoff aktiviert als Oxidationsmittel abgespalten wird. Da der Organismus seiner ganzen Zusammensetzung nach aus verbrennbaren Teilen besteht — denn das Material der Zellen selbst sind Eiweißstoffe, Fette usw., die der Oxidation im Stoffwechsel unterliegen können —, so hat das Lebensbedürfnis des Organismus hier zwei Aufgaben zu erfüllen. Einmal müssen die lebenswichtigen, aber sauerstoffempfindlichen Teile von der Wirkung des letzteren geschützt werden, um eine Zerstörung des Organismus selbst zu verhindern, zweitens müssen die in dem Stoffwechsel tätigen Produkte, die vielfach derselben chemischen Klasse angehören, zwecks des Energiegewinns verbrannt werden. Es scheint nun, dass der Organismus dieser doppelten Aufgabe dadurch gerecht wird, dass er die zu schützenden Teile mit Katalasen versieht, die zu oxidierenden mit Oxidasen. Dadurch wird erreicht, dass an den ersteren der Sauerstoff des Oxyhämoglobins nur in der wirkungslosen Form des Luftsauerstoffs abgespalten werden kann, an den letzteren aber mit den Eigenschaften eines Oxidationsmittels.

Die Voraussetzung für die Richtigkeit dieser Anschauung ist die Annahme, dass das Oxyhämoglobin in seinem Verhalten dem Wasserstoffperoxid vergleichbar ist. In der Tat ist es nach dem Verhalten des Oxyhämoglobins so, dass wir in ihm eine Verbindung zu sehen haben, die in ihrem Aufbau dem Wasserstoffperoxid entspricht. Denn die Peroxide sind in ihrer Gesamtheit dadurch gekennzeichnet, dass sie durch die Aufnahme eines Moleküls Sauerstoff entstehen, nach der Gleichung $H_2+O_2=H_2O_2$. So nimmt das Hämoglobin durch die Respirationstätigkeit ein Molekül Sauerstoff auf, kreist als Hämoglobinperoxid im Blut und gibt bei seinem Zerfall in der dem Wasserstoffperoxid vergleichbaren Weise den Sauerstoff ab.

Wie schon mehrfach hervorgehoben, ist die Verwertung der Kohlenhydrate, ihre Assimilation und Dissimilation im tierischen Organismus eine der wichtigsten Funktionen des letzteren. Man weiß, dass speziell der Leber eine maßgebende Aufgabe hierbei zufällt. Es scheint deshalb angebracht, kurz auf die chemische Funktion der Leber selbst einzugehen.

4.8.4 Die Biochemie der Leber

Während die Untersuchung des Stoffwechsels uns im wesentlichen über die Endprodukte unterrichtet, in welche die Nahrungsstoffe auf ihrem Weg durch den Organismus übergehen, vermittelt die Untersuchung einzelner Organe und der Organflüssigkeiten nicht nur ihre Zusammensetzung, sondern gibt gleichzeitig auch Aufklärung über die Produkte, die dauernd in ihnen verarbeitet werden und deshalb dauernd in ihnen enthalten sind. Da, wie wir gesehen haben, die Endprodukte niemals in einem direkten Prozess erreicht werden, sondern sich erst in einzelnen Etappen bilden, und wir ferner wissen, dass die einzelnen Organe mit bestimmten Funktionen versehen sind, die Nahrungsstoffe abzubauen, zu verändern oder aufzubauen, so lehrt uns die Chemie der Organe auch einen Teil ihrer chemischen Funktionen kennen. Man bezeichnet den allmählichen Zerfall in die Endprodukte, der sich innerhalb des Organismus abspielt, sowie den Austausch von Bestandteilen zwischen den einzelnen Organen des Körpers als den intermediären Stoffwechsel. Zu seiner genaueren Erforschung werden auch künstliche Methoden zurate gezogen, indem die durch die Spaltprodukte charakterisierten Reaktionen außerhalb des Organismus mittels chemischer Reagenzien wiederholt werden. Das wichtigste Mittel hierzu bietet die Hydrolyse, d. h. die Aufspaltung komplexer Moleküle mit Hilfe von Säuren oder Alkalien unter gleichzeitiger Wasseraufnahme. Aus den bei solchen Reaktionen, die sich zweifellos im Organismus auch vollziehen, auftretenden Spaltprodukten ist man imstande, die ursprünglichen Substanzen wenn auch nicht ihrer Konstitution nach, so doch in Bezug auf die an ihrem Aufbau beteiligten Moleküle zu charakterisieren. Das ist besonders wichtig für die Eiweißstoffe, die in allen Organen eine große Bedeutung haben. So ist es auch ein Weg, um die verschiedenen, in den einzelnen Organen vorkommenden Eiweißarten voneinander zu unterscheiden, die hydrolytischen Spaltprodukte quantitativ und qualitativ festzustellen (Kapitel „Die Eiweißkörper", S. 140ff).

Bereits in einem früheren Kapitel ist einer der wichtigsten Aufgaben, welche die Leber erfüllt, gedacht worden, der Aufspeicherung der Kohlenhydrate in der Form des Glykogens. Hiermit ist aber die Rolle, welche die Leber im Organismus des Säugetiers spielt, keineswegs abgeschlossen. Sie ist für den Verdauungsprozess nach verschiedenen Richtungen hin von größter Bedeutung. Der von ihr sezernierte Saft, die Gallenflüssigkeit, greift in die Eiweißverdauung, wie schon erwähnt, maßgebend ein. Bei der Sekretion der Galle bilden sich die Gallenfarbstoffe, das rotgelbe Bilirubin und sein Oxidationsprodukt, das grüne Biliverdin, aus dem Blutfarbstoff, wobei der letztere von den Zellen der Leber vernichtet wird und seinen Eisengehalt in der Leber ablagert.

Über die chemische Zusammensetzung der Leber ist folgendes zu sagen. Allgemein sei hier bemerkt, dass bei der Feststellung der chemischen Natur von Körperorganen der Übelstand zu berücksichtigen ist, dass sie nach dem Tod des Organismus sehr schnell eingehenden Veränderungen unterliegen. Insofern besteht über den Zustand der Substanzen im lebenden Organismus selbst eine gewisse Unsicherheit.

In der Leber finden sich reichlich Eiweißstoffe, die zum Teil löslich, zum Teil unlöslich sind, außerdem Fett, Lezithin und ein dem Lezithin ähnlicher Stoff, das Jekorin. Wenn man die Gesamtsubstanz der Leber vorsichtig in den trockenen Zustand überführt und durch Extraktion von den unlöslichen Eiweißstoffen befreit, so erhält man die löslichen Extraktivstoffe der Leber. Zu diesen gehört das Glykogen und relativ reichlich Purinbasen, ferner Harnstoff, Harnsäure und Aminosäuren. Besonders reich ist die Leber, entsprechend der großen Rolle, die sie im Metabolismus (Stoffwechsel) spielt, an Enzymen, und zwar enthält sie Katalasen,

BIOCHEMIE

Oxidasen, Diastasen, Lipasen und Eiweiß spaltende Enzyme. Regelmäßig findet sich Eisen in der Leber, aber in wechselnder Menge. Außerdem kommen mehrere anorganische Substanzen, Kalium, Natrium, Phosphorsäuren, Kalzium und Chlor — natürlich in chemischer Bindung — in der Leber vor. Besonders leicht werden Fremdstoffe, wie fremde Metalle, z. B. Blei, Arsen, von der Leber aufgenommen und gebunden.

Wahrscheinlich liegt in diesem Vermögen der Leber, Fremdstoffe abzulagern, eine Schutzwehr des Organismus gegen Giftschäden, wie denn die Leber überhaupt in mannigfacher Weise als Entgiftungsorgan zu wirken befähigt erscheint. Die größte und am besten erforschte Rolle der Leber ist die im Kohlenhydratstoffwechsel. Man weiß, dass alle Kohlenhydrate, welche das Pfortaderblut der Leber zuführt, in ihr in Glykogen umgewandelt und als solches abgelagert werden, sodass ein Kohlenhydratreservoir entsteht, aus dem durch Einwirkung einer Diastase so viel Traubenzucker abgespalten wird, dass der Zuckergehalt des Blutes innerhalb der normalen Grenzen, d. h. etwa 0,1 % bleibt. Bei dem Schwinden dieser Regulierung der Zuckerabgabe tritt eine Anreicherung von Zucker im Blut ein, die zu einer verbreiteten Stoffwechselkrankheit, der Zuckerkrankheit, führt. Für die Frage der Kohlenhydratverbrennung spielt auch die Pankreasdrüse eine große Rolle. Durch operative Entfernung dieser Drüse entsteht bald darauf Zuckerkrankheit. Überhaupt stehen die Sekrete der einzelnen Organe in ihren Wirkungen in so nahem Zusammenhang und dienen so einheitlich dem einen Zwecke der Erhaltung des Organismus, dass man kaum von der isolierten Funktion eines einzelnen Organs reden kann.

5 Wie Molekülbindungen entstehen

5.1 Der Aufbau der Materie

Alle Materie ist aus Atomen zusammengesetzt, die so klein sind, dass mehr als eine Billion von ihnen auf den Punkt am Ende eines Satzes passt. Jedes Atom besteht aus einem dichten, positiv geladenen Kern, um den herum sich ein oder mehrere negativ geladene Elektronen bewegen. Der Kern enthält ein oder mehrere Protonen und kann ebenso viel oder mehr elektrisch neutrale Neutronen enthalten (siehe Fig. 59).

Die Masse eines Elektrons ist äußerst klein im Vergleich zu der eines Protons oder Neutrons, deshalb wird man den Beitrag der Elektronen zur Masse eines Atoms in Messungen und Berechnungen gewöhnlich vernachlässigen. Es sind allerdings die Elektronen, die bestimmen, wie sich Atome in chemischen Reaktionen verhalten.

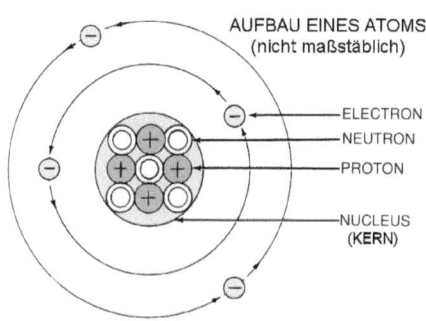

Fig 59: Das Beryllium-Atom. Diese Darstellung eines Beryllium-Atoms wird das Schalenmodell oder Bohrsche Atommodell genannt. Der Raum den der Kern einnimmt, ist übergroß dargestellt. Obwohl der Kern fast alle Atommasse auf sich vereinigt, nimmt er nur 1/10.000 des Atomvolumens ein. Der Durchmesser eines Atoms beträgt etwa 1 Ångström (1Å = 10⁻¹⁰ m).

Jedes Proton besitzt eine positive elektrische Ladung, die als eine +1 Ladungseinheit definiert ist. Ein Elektron hat eine negative Ladung, deren Absolutwert gleich groß ist, wie die des Protons, aber mit entgegengesetztem Vorzeichen, also -1. Das Neutron ist – wie der Name schon sagt – elektrisch neutral. Es hat die Ladung 0. Ungleiche Ladungen (+/-) ziehen einander an; gleiche Ladungen (+ / + oder - / -) stoßen einander ab. Atome sind elektrisch neutral: Die Anzahl der Protonen in einem Atom und die Anzahl der Elektronen sind gleich.

WIE MOLEKÜLBINDUNGEN ENTSTEHEN

5.2 Bestimmung der chemischen Eigenschaften eines Atoms

Die elementspezifische Anzahl Elektronen bestimmt, wie das Atom mit anderen Atomen reagiert und wie chemische Reaktionen ablaufen. Chemische Reaktionen verändern die atomare Zusammensetzung von Substanzen und damit ihre Eigenschaften. Sie gehen in der Regel Hand in Hand mit einer Umverteilung der Elektronen zwischen den Atomen.

Die genaue Position eines bestimmten Elektrons im Atom zu einem bestimmten Zeitpunkt kann nicht genau festgestellt werden. Wir können nur einen Raum innerhalb des Atoms beschreiben, wo das Elektron wahrscheinlich zu finden ist. Der Raum, in dem sich das Elektron mindestens 90 Prozent der Zeit aufhält, wird als das Orbital dieses Elektrons bezeichnet. Ein Orbital hat eine

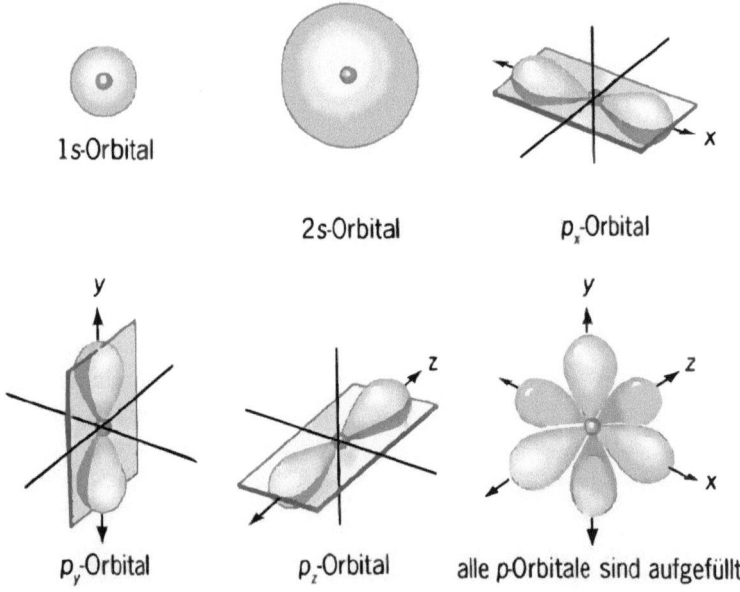

Fig 60: **Elektronenschalen und Orbitale.** Jedes Orbital kann maximal zwei Elektronen enthalten. In der ersten Elektronenschale liegen die beiden Elektronen, die dem Atomkern am nächsten sind. Sie bewegen sich im kugelförmigen **1 s-Orbital**. In der zweiten Elektronenschale besetzen zunächst zwei Elektronen das **2 s-Orbital**. Da ab der zweiten Schale jede acht Elektronen aufnehmen kann, bewegen sich gegebenenfalls weitere Elektronen im p_x-, p_y- oder p_z-Orbital.

charakteristische Form und Ausrichtung im Raum. Ein bestimmtes Orbital in einem Atom kann höchstens zwei Elektronen enthalten. Also muss ein beliebiges Atom, das größer als das Heliumatom (Ordnungszahl 2) ist, zwei oder mehrere Elektronen-Orbitale (Fig. 60) besitzen, um seine Elektronen unterzubringen. Wenn man im Periodensystem der Elemente vom leichteren zum schwereren Element geht, werden die Orbitale in einer bestimmten Reihenfolge mit Elektronen besetzt; die Orbitale bilden eine Reihe von Elektronenschalen oder Energieniveaus um den Kern herum.

- Erste Schale: Die innerste Elektronenhülle besteht nur aus einem Orbital, dem sogenannten 1s-Orbital. Wasserstoff ($_1$H) trägt nur ein Elektron auf dieser ersten Schale, Helium ($_2$He) zwei Elektronen. Alle anderen Elemente haben zwei Elektronen in der ersten Schale und Elektronen in weiteren Schalen.

- Zweite Schale: Die zweite Schale besteht aus vier Orbitalen, einem s-Orbital und drei p-Orbitalen, und kann somit bis zu acht Elektronen aufnehmen. Wie in Fig. 60 gezeigt, weist das s-Orbital eine Kugelform auf, während die p-Orbitale hantelförmig sind und im rechten Winkel zueinanderstehen. Die Orientierung dieser Orbitale im Raum beeinflusst die dreidimensionale Form der Moleküle, in denen das jeweilige Atom gebunden ist.

- Weitere Schalen: Elemente mit mehr als zehn Elektronen haben drei oder mehr Elektronenschalen. Je weiter eine Schale vom Kern entfernt ist, umso höher ist das Energieniveau eines Elektrons dieser Schale.

Zunächst werden die beiden s-Orbitale mit Elektronen gefüllt. Ihre Elektronen sind auf den niedrigsten Energieniveaus. Nachfolgende Schalen haben eine unterschiedliche Anzahl von Orbitalen. Die äußerste Schale enthält in der Regel maximal acht Elektronen. Bei jedem Atom bestimmt aber die äußerste Schale, die **Valenzschale,** wie es auf andere Atome reagiert, d. h., wie es sich chemisch verhält. Wenn eine äußerste Schale, die aus vier Orbitalen besteht, acht Elektronen enthält, sind keine einzelnen, ungepaarten Elektronen vorhanden. Solch ein Atom ist stabil und wird nicht mit anderen Atomen (Fig. 61) reagieren.

WIE MOLEKÜLBINDUNGEN ENTSTEHEN

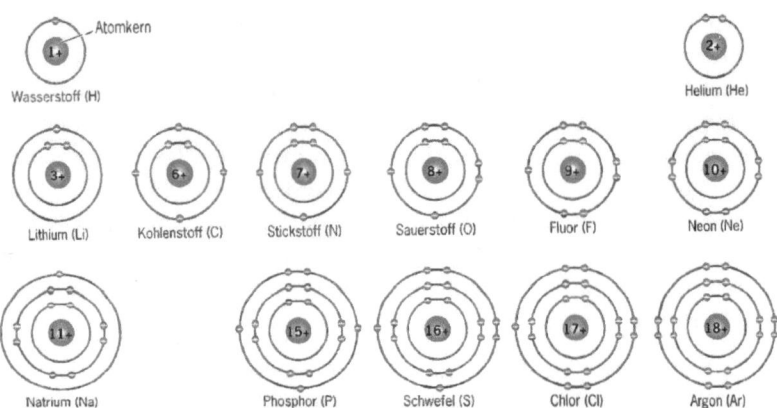

Fig 61: In der ersten Zeile sind Atome mit einer Elektronenschale dargestellt, die zweite Zeile enthält solche mit zwei Schalen und die dritte solche mit drei Schalen. Elektronen, die dasselbe Orbital besetzen sind gepaart dargestellt. Elektronenschalen sind maßgebend für die Reaktivität von Atomen. Jede Schale enthält eine definierte maximale Anzahl von Elektronen. Eine Schale muss zuerst vollständig mit Elektronen gefüllt sein, bevor Elektronen die nächste Schale besetzen können. Das Energieniveau von Elektronen äußerer Schalen, ist höher als bei Schalen, die näher am Kern liegen. Ein Atom mit ungepaarten Elektronen in der äußeren Hülle kann mit anderen Atomen eine Verbindung eingehen. In der letzten Spalte sind Atome dargestellt, deren Außenschalen aufgefüllt sind. In diesem Fall ist das Atom stabil, es reagiert nicht mit anderen Atomen.

Beispiele für chemisch stabile Elemente sind die Edelgase Helium, Neon und Argon. Daher wird dieser Elektronenzustand als Edelgaskonfiguration bezeichnet. Haben im Gegensatz dazu Atome ungepaarte Elektronen in ihrer äußeren Schale, reagieren sie mit anderen Atomen.

Atome mit ungepaarten Elektronen (= nur teilweise gefüllten Orbitalen) auf ihrer äußeren Schale sind instabil und können mit anderen Atomen reagieren, um ihre Außenschale mit Elektronen zu füllen. Atome erreichen einen stabilen Zustand, wenn sie Elektronen mit anderen Atomen teilen, entweder durch Abgabe oder Aufnahme eines oder mehrerer Elektronen. In so einem Fall werden die Atome fest miteinander verbunden und bilden Moleküle. Bei stabilen Molekülen, haben die Atome in der Regel acht Elektronen in ihrer äußeren Schale (Oktett-Regel). Eine Vielzahl von Atomen, wie Kohlenstoff (C), Stickstoff (N) und Sauerstoff (O) folgen dieser Regel. Eine signifikante Ausnahme bildet der Wasserstoff (H), da er mit nur zwei Elektronen in seiner einzigen Schale bereits stabil ist.

5.3 Die kovalente chemische Bindung

Die chemische Bindung ist ein physikalisch-chemisches Phänomen, durch das zwei oder mehrere Atome mehr oder weniger fest aneinander gebunden sind. Dieses beruht darauf, dass es für die meisten Atome energetisch günstiger ist, an geeignete Bindungspartner gebunden zu sein, anstatt als einzelne (ungebundene) Teilchen vorzuliegen. Es gibt mehrere Arten von chemischen Bindungen. Im Zusammenhang mit diesem Buch ist allerdings nur jene Bindung von Interesse, die aus dem gemeinsamen Besitz eines Elektronenpaares hervorgeht (kovalente Bindung).

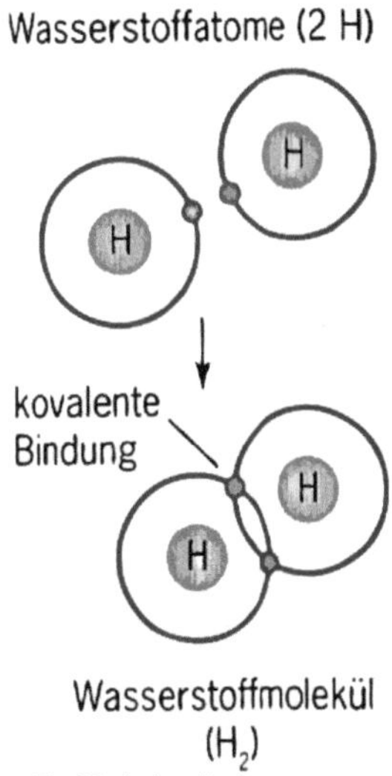

Eine kovalente Bindung entsteht, wenn zwei Atome dadurch Stabilität erreichen, dass ihre äußeren Schalen, ein oder mehrere Paare von Elektronen miteinander teilen. Betrachten wir in Fig. 62 die zwei nah beieinanderstehenden Wasserstoffatome, von denen jedes ein einzelnes ungepaartes Elektron in seiner äußeren Schale hat. Finden sich Elektronen zweier Atome zu einem Paar zusammen, ergibt sich eine stabile kovalente Bindung. Das Ergebnis unseres Beispiels ist ein Wasserstoffmolekül H_2.

Fig 62: In kovalenten Bindungen werden Elektronen miteinander geteilt. Zwei Wasserstoffatome verbinden sich, um ein Wasserstoffmolekül zu bilden. Eine kovalente Bindung entsteht, wenn sich die Elektronenorbitale der beteiligten Atome überschneiden.

Als zweites Beispiel betrachten wir wie die Bildung der kovalenten Bindung eines Methanmoleküls CH_4. Von den sechs Elektronen eines Kohlenstoffatoms füllen zwei Elektronen die Innenschale und vier ungepaarte Elektronen sitzen auf der äußeren Schale. Da auf der äußeren Schale bis zu acht Elektronen Platz finden, kann ein Kohlenstoffatom Elektronen mit vier anderen Atomen teilen. Es kann daher vier kovalente Bindungen eingehen (Fig. 63).

Reagiert ein Kohlenstoffatom mit vier Wasserstoffatomen, so entsteht Methan CH_4. Danach ist die äußere Hülle des Kohlenstoffatoms mit acht Elektronen komplett gefüllt. Es ist eine stabile Edelgas-

WIE MOLEKÜLBINDUNGEN ENTSTEHEN

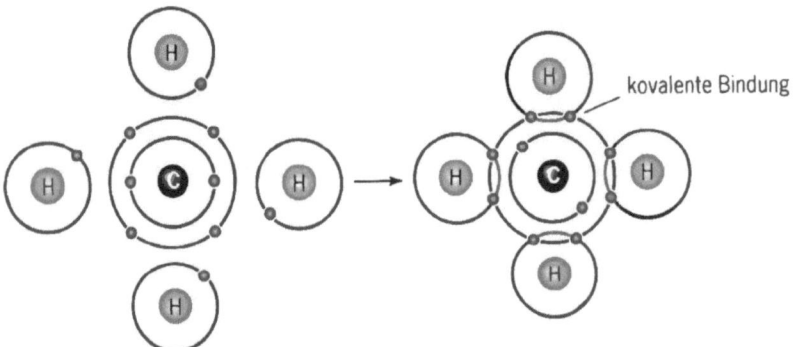

Fig 63: Wie durch kovalente Bindungen Moleküle entstehen. Die bohrschen Atommodelle zeigen die Bildung kovalenter Bindungen in Methan (Molekülformel CH_4). Der Kohlenstoff C kann seine Außenschale von 4 auf 8 Elektronen aufstocken (Oktett-Regel), indem er seine Elektronen mit denen von vier Wasserstoffatomen H paart und so Methan bildet. Die Elektronen sind als Punkte auf den Schalen um den Kern dargestellt.

konfiguration (wie beim Element Neon) entstanden. Und die Außenschale jedes Wasserstoffatoms ist durch zwei Elektronen (Edelgaskonfiguration von Helium) gesättigt. Vier kovalente Bindungen - jeweils bestehend aus einem gemeinsamen Elektronenpaar - halten das Methanmolekül zusammen.

Kovalente Bindungen sind sehr stark und stabil; es sind erhebliche Energiemengen nötig, um sie zu spalten. Bei Temperaturen, um die es beispielsweise bei Lebewesen geht, sind kovalente Bindungen von Biomolekülen auf jeden Fall beständig. Allerdings schließt ihre Beständigkeit keineswegs Änderungen aus.

Zum Abschluss eine Übersicht, wie viel kovalente Bindungen einige wichtige Atome üblicherweise eingehen können:

Element	Übliche Anzahl kovalenter Bindungen
Wasserstoff H	1
Sauerstoff O	2
Schwefel S	2
Stickstoff N	3
Kohlenstoff C	4
Phosphor P	5

6 Stichwortverzeichnis

Acetaldehyd...............115, 171
aerobe Atmung..................166f.
Affinität................................16
Alanin................141, 143, 173
Albumin..................140f., 180, 187
Albumose..................140f., 180
Alchimist...............................92
Aldehyd.....114f., 134ff., 164, 172
Aldol................................171
Aldose..............................134f.
Alkali........17, 49, 59, 86, 88, 117, 139f., 143, 189f., 194
Alkalien........17, 86, 88, 117, 139, 143, 189f., 194
Alkohol....111ff., 116, 123, 134ff., 150, 156, 167, 169ff., 190
alkoholische Gärung...150, 168ff.
Aluminium..................93ff., 99f.
Ameisensäure......................167
Amid...............................142
Aminobernsteinsäure............141
Aminoessigsäure...........141, 144
Aminoglutarsäure.................141
Aminogruppe........................62
Aminoisobutylessigsäure.......141
Aminopropionsäure..............141
Aminosäure.......140ff., 154, 165, 172f., 179f., 182, 189, 195
Ammoniak 38, 55f., 87, 102, 104, 119, 121, 142ff., 154, 164f., 172f., 182, 184
Ammonium...41, 56, 62, 87, 120, 139, 143, 187
anaerobe Atmung................166
Analyse 9, 11ff., 29, 47, 100, 104, 120
Anhydrid...............49, 53, 182
Anilin..................62, 121f., 152
Anilinfarbe...........................62
Antichlor............................53
Antimon..............63, 68ff., 76, 99
Antimonsäureanhydrid...........70
Antitoxin............................188
Antizym............................188
Äquivalenz........................212
Arabinose..........................135
Arginase...........................182
Arginin.............................182
Argon....................37ff., 42, 200

Arsen....48, 53, 63, 68f., 76, 133, 196
Arsensilber..........................69
Asparagin....................141, 172
Asparaginsäure...................141
Assimilation. 7, 129f., 134, 158ff., 172, 174, 177f., 190, 194
Äthylalkohol..................112f., 115
Atmosphäre.....40, 44, 128, 161, 163f., 170
Atmung......129, 166ff., 170, 172, 174
Atom.......21, 25, 29ff., 34, 36, 40, 45f., 48, 51, 66, 71, 81f., 91, 93f., 96ff., 102f., 109, 116, 119ff., 131, 137, 189, 197ff.
Atomgewicht...........30, 34, 96ff.
Ätzkali..................50, 84, 88f.
Ätzkalk..............................88
Ätzmittel............................60
Ätznatron..................50, 88ff.
Ätzung..............................25
Barium............................90ff.
Basen. 17f., 34f., 50, 56, 70, 132, 184
Benzidin...........................192
Benzoesäure..............118, 120ff.
Benzol....................120, 122
Berzelius..........................149
Bessemer....................79f., 83
Bessemerbirne................80, 83
Bewusstsein....................212
Beyer..............................123
Bilirubin....................184, 195
Biose....................134, 138, 60
Blutegelextrakt..................187
Blattfarbstoff.........130, 162, 190
Blausäure............102, 120, 152
Blei...10, 21f., 25, 45, 48, 54, 61, 66, 69, 71, 93, 189, 196
Bleichmittel........................21f.
Bleiglanz...........................45
Blut....37, 53, 72, 77, 128, 130, 132f., 136, 141, 144, 148, 151ff., 159, 163, 176ff., 183f., 186ff.
Blutfarbstoff..130, 141, 163, 183, 187ff., 195
Blutkörperchen.....130, 132, 179, 186f., 191f.
Blutserum........................132

Brandt.................................63
Branntwein.................113, 169
Braunstein..................21ff., 83f.
Brennspiritus......................169
Brom....10, 20, 22ff., 29f., 42, 60, 63, 76
Bromwasserstoff.........22, 26, 29
Bronze..............................84
Buchner..........................169f.
Bunsenbrenner.................107f.
Butan..................103, 109
Buttersäure..116, 166f., 171, 176
Buttersäuregärung......166f., 171
C18H36O2..........................36
Carboxylgruppe.................142
Caventou..........................123
CH4........101f., 110f., 201
Champagner.....................112
Chilisalpeter......................58f.
Chinin..............................123
Chlor......19ff., 29ff., 34, 44, 53ff., 60ff., 75f., 83f., 87, 89f., 94, 100, 102, 110f., 130, 132f., 162f., 188ff., 196
Chlorammonium............55ff., 87
Chlorkalium.......34, 84, 89f., 132
Chlorkalk...................22, 53f.
Chlornatrium.21, 27, 29, 55f., 61, 87, 90, 111, 132, 188
Chlorophyll........130, 162f., 188ff.
Chloroplasten..................162
Chlorose.........................189
Chlorstickstoff...............75, 102
Chlorwasserstoff.21, 24, 26, 29f., 60
CHO.........114f., 134ff., 171, 188
Cholesterin.................139, 169f.
Cholin......................139, 179
Chrom............................95f., 114
Chromsäure....................114
CNH...............................120
CO235f., 71ff., 77, 112, 119, 134, 167
COOH.........115f., 118, 121, 123, 136f., 141f., 182, 188
CuO................................84
Cyanin............................163
Cystin............................142
Davy........................62, 88

203

STICHWORTVERZEICHNIS

Destillation......11, 42, 44, 59, 85, 111, 113, 122
Dextrin............................134, 175
Dextrose..................................135
Diabetes..................................177
Dialysator................................156
Diamant.............................70, 72f.
Diaminocapronsäure............141
Diaminovaleriansäure....141, 182
Diastase 150, 175, 184, 188, 196
Diesel..............105, 150, 158, 175
Diffusion......................152f., 155ff.
Dioxiaceton...............................135
Dioxyaceton..............................171
Disaccharid...............................134
Dissimilation. 7, 129f., 159, 165f., 172ff., 177ff., 186, 194
Dithiodiaminomilchsäure.......142
Doppelsalz.........................50, 74
Düngemittel..............42, 59, 89f.
Edelgas........................40, 200ff.
Edelgaskonfiguration.........200ff.
Eisen...10ff., 16, 19f., 29, 34, 47, 77ff., 85, 93, 99, 133, 140, 148, 150, 183, 185, 195f.
Eisenchlorür................................82
Eisenoxid............16, 34, 77, 80ff.
Eisenoxidul.......................34, 80f.
Eisenoxiduloxid...................34, 80
Eisenspäne..........................16, 19
Eisenvitriol..................................81
Eiweiß.....38, 47, 52f., 55, 58, 64, 104, 130, 133, 140ff., 148, 150f., 153f., 159, 161, 164f., 172ff., 179ff., 185, 187ff., 193, 195f.
Eiweißstoff......52f., 55, 104, 130, 140f., 143, 148, 150f., 154, 159, 164, 172f., 175, 179ff., 187f., 193, 195
Elastin......................................141
Elektrizität........15, 42, 88, 94, 125f.
Elektronen..........................197ff.
Element...9f., 12, 14f., 20f., 24f., 29f., 34, 40f., 44f., 55f., 63, 66, 68, 70, 72, 74ff., 88f., 91ff., 96ff., 109ff., 116, 129, 131, 133, 140, 145, 160, 169, 179, 199f., 202
Emulsin.....................................178
endotherm............126, 128f., 158
Energie.....................................212
Energiequelle 126, 128, 164, 175
Enzym........143, 146, 150ff., 167, 169, 174ff., 180, 182f., 185, 188, 192f., 195f., 212

Erdöl.........................26, 104, 109
Erepsin............................151, 180
Erythronsäure..........................136
Erythrozyten............................186
Erz...45, 47, 63, 69, 77ff., 83, 85, 129, 149, 170, 184, 189
Essig.....17f., 51, 115f., 167, 171, 176, 189
Essigsäure......51, 116, 167, 171, 176, 189
exotherm...125f., 128, 158, 170f.
Fäulnis............47, 58f., 110, 112
Fe2O3.................50, 77, 80
FeCl2.................47, 82
FeO.................80f.
Ferment....................................150
Ferrichlorid................................82
Ferrisulfat..................................82
FeS...............12, 45, 47, 50
Fett..88, 116ff., 132f., 137ff., 154, 159, 163f., 167, 173ff., 177ff., 188, 193, 195
Fettdissimilation......................173
Fettsäure...117, 137ff., 164, 167, 178f., 181
Fibrinferment..........................187
Fleischmilchsäure...................177
Fluor.....20, 24ff., 76, 91, 94, 133
Fluorkalzium.....................24, 133
Fluorwasserstoff.....................24ff.
Flusssäure.........................24f., 51
Flussspat..........................24f., 51
Formaldehyd......102, 134f., 137, 160f., 165, 172
Formamint..............................102
Formol......................................102
Fourcroy..................................123
Fruchtzucker.134, 136, 138, 161, 171, 176
Fruktose..................................136
Galaktose........................138, 176
Galle......132, 151, 179, 184, 195
Gallium....................................100
Gärung.....112f., 137, 150, 166ff., 177
Gasglühlicht............................108
Gelatine...................................141
gelöschten Kalk.............67, 88, 90
Gerbstoff.................................173f.
Gerinnungsvermögen.............140
Germanium..............10, 70, 100
Gesetz.....................................212
Gicht...............................144, 183
Giftmehl....................................69

Gips...............................45, 91
Glas 11, 13, 15, 19, 24f., 40, 42f., 66, 69, 85f., 90, 92, 106, 156, 159
Glaubersalz...............................18
Globin......................................189
Glühen.......................12, 16, 38
Glühstrumpf............................108
Glukase...................................176
Glukonsäure............................136
Glukose...........................135, 176
Glukoside................................173
Glukuronsäure........................188
Glutaminsäure........................141
Glutin.......................................141
Glycerin. 135ff., 164, 171f., 178f., 181
Glycerinaldchyd......................171
Glycerinaldehyd..135, 137f., 164, 171f.
Glycerinphosphorsäure.........179
Glycerinsäure..........................136
Glycin.......................................141
Glycylglycin.............................142
Glykogen........138, 176f., 188, 195f.
Glykokoll........................141ff., 182f.
Glykolaldehyd........135, 137, 172
Glykolsäure.............................136
Glyzerin.................114, 116ff., 171
Glyzerinaldehyd......................171
Gold...........60f., 66, 86, 92, 152
Grafit................................70, 72f.
griechisches Feuer...................58
Guanidinaminovaleriansäure.182
Gusseisen.......................47, 77ff.
H2S47f., 50, 53, 56, 75, 110, 185
H2SO3..50
Halbleiter....................................75
Halbmetall...14, 35, 40, 48, 68ff., 75, 99, 101
Halogen............25, 48, 53, 75f.
Hämase...................................151
Hämatin...................................189
Hämin......................................189
Hämochromogen....................189
Hämoglobin..130, 141, 163, 153, 187ff., 194
Hämopyrrol............................189f.
Harnsäure....144, 180, 182f., 188, 195
Harnstoff.......55, 64, 119f., 143f., 154, 180ff., 184, 188, 195
Hartblei......................................69
Harz................................120, 173

204

STICHWORTVERZEICHNIS

HBr..................................75
HCl.....47, 56, 74f., 83, 101f., 111
Hefepilz................112, 150, 166ff.
Hefepresssaft....................169f.
Helium........39, 44, 92, 199f., 202
Helmont...............................106
Hexose.....134f., 137f., 161, 170, 176
HgO.................................13, 34
HgS..45
Hirschhornsalz....................56f.
Hirudin.................................187
Hochofen...........................78ff.
Höllenstein.....................60, 69
Holz..13f., 16, 37, 50, 54, 58, 63, 71, 86f., 90, 101, 104, 111, 138, 173
Holzkohle.16, 37, 58, 63, 71, 101
Hydrazin.................................57
Hydrolyse…134, 138, 140f., 143, 179, 182, 194
Hydroxyl.......111, 118f., 134, 137
Hypoxanthin........................144
Immunkörper.......................188
Indolaminopropionsäure........185
Indoxylschwefelsäure...........185
Information..........................212
Invertase.............................176
Isobutan.......................103, 109
Isotonie..............................158
Jod.....10, 20, 23ff., 29f., 46, 75f., 99, 133
Kali.....18, 34, 38, 50, 56, 58, 66, 70, 72, 84, 86f., 89f., 117, 133, 184, 187f., 196
Kalilauge..................38, 72, 117
Kalisalpeter...........................58
Kalium 34, 38, 50, 56, 58, 66, 70, 72, 84, 86, 89f., 117, 133, 184, 187f., 196
Kalk..22, 54, 56, 59, 64, 67, 73f., 87f., 90f., 103, 187f.
Kalksalz.............................187f.
Kalzium 24, 45, 50, 57ff., 64f., 68, 73f., 87f., 90f., 103, 116, 133, 184, 187
Kalziumkarbid.................68, 103
Karbonsäure.......................136
Karboxylgruppe.....115, 121, 136
Karotin................................190
Katalase...............188, 192f., 195
Katalysator...............149, 153f.
katalytisch..........52ff., 149f., 152
Kautschuk....................25, 93

KCl...........................34, 84, 89
KClO3......................34, 84, 89
Kekulé................101, 116, 120f.
Keratin.....................141, 143
Kerzen...........35f., 106, 116ff.
Ketogruppe......................136f.
Ketonalkoholgruppe...........134
Ketose............................134ff.
Kieselgur..............................169
Kieselsäure...18, 64, 74, 91, 133
Knallgas................................20
Kochsalz.....18f., 21f., 26, 29, 31, 42, 51, 55, 57, 60f., 70, 87, 90, 94, 132, 184, 189
Kohle…18, 20, 33, 35ff., 43f., 49, 55f., 64f., 70ff., 77ff., 82, 85ff., 93ff., 97, 101ff., 109ff., 116, 119ff., 123, 126, 129, 132ff., 137f., 141, 143f., 147, 150, 154, 158ff., 169ff., 183f., 186ff., 190ff., 194ff., 200ff.
Kohlenhydrat......133f., 138, 141, 147, 154, 159ff., 163ff., 172ff., 183, 187, 191, 194ff.
Kohlensäure....18, 33, 35ff., 43f., 55f., 71ff., 78, 86ff., 90f., 104, 106, 112f., 119, 126, 129, 132, 134, 137, 143f., 150, 154, 158ff., 169ff., 174, 176ff., 181, 184, 186, 188, 190ff.
Kohlensäureassimilation......163, 165, 190
Kohlensäurederivat.............143
Kohlenstoff......35, 37, 70ff., 78ff., 97, 101ff., 106f., 109ff., 114, 116, 120f., 123, 133ff., 160, 165, 167, 176, 200ff.
Kohlenstoffverbindung..........101
Kohlenwasserstoff.......89, 101ff., 109ff., 120
Kollagen..............................141
Komplex..............102, 139, 175
Königswasser.....................60f.
Konstitutionsformel............131
Kontaktverfahren...................52
kovalente Bindung..............201f.
Kreatin............144, 182, 184, 188
Kristall.17f., 22f., 55, 58, 70f., 91, 120, 188f.
Kryolith.................................94
Krypton.................................39
Kupfer........38, 60, 84ff., 88, 110
Lackmus...................17f., 32
Ladungseinheit...................197

Larvenbildung.....................146
Lavoisier...............................32f.
Lävulose.............................136
Leben..................................212
Lebensenergie............169, 171
Leber....32, 136, 144, 151, 176f., 182, 185f., 194ff.
Leblanc................................87
Lecoq.................................100
Lehm....................................93
Leuchtgas…12, 103f., 107ff., 188
Leukämie.............................189
Leukozyten.........................186
Leuzin.................................141
Lezithin........139, 179, 188, 195
Lichtenergie..125, 128, 162, 166, 172
Liebig.................................169
Lipase..139, 151, 178f., 188, 196
Lithium.................................97
Luft.......10, 13, 15f., 19ff., 24, 26, 32f., 37ff., 42ff., 48f., 52ff., 58f., 62, 64, 67, 70ff., 77f., 80, 83, 86, 88f., 91, 106ff., 112f., 115f., 121, 148, 151, 158ff., 166, 186, 191ff.
Lymphe........................132f., 136
Lysin...................................141
Magnesium............133, 184, 190
Magnesiumphosphat...........133
Maltose................138, 175, 188
Malzzucker.........................138
Mangan............................21f., 83f.
Manganchlorür.....................83
Manganochlorid...................83
Mangansäure......................84
Manganuperoxid...............83f.
Margarine.........................117f.
Massenverhältnis..................30
Mauersalpeter......................58
Membran. 140, 145f., 152, 156ff., 168
Mendelejew..................96, 99f.
Messing.............................85
Metall 14, 19, 21, 26, 35, 45, 47f., 50, 60, 69f., 76f., 81ff., 86, 88ff., 92ff., 99, 107f., 133, 151f., 184, 196
Metalllösung....................151f.
Metaphosphorsäure..............65
Meteorstein.........................77
Methan........75, 102ff., 110f., 172, 176, 201f.
Methylalkohol..............111, 113
Methylchlorid.....................111

205

STICHWORTVERZEICHNIS

Methylglykokoll....................182
Methylguandininessigsäure...182
Methylguanidinessigsäure.....144
Methylpropylpyrrol.................190
Milchsäure..118, 167, 170f., 173, 177f., 188
Milchsäuregärung.........118, 167, 170f., 178
Milchzucker............138, 170, 176
Molekül. 9, 21, 25, 29, 31, 34, 41, 45, 48, 50, 65f., 71, 74, 91, 93f., 119, 131, 134, 137f., 155, 157, 170, 174f., 178f., 194f., 197, 199f.
Molekulargewicht.....36, 140, 155
Molekulartheorie..........21, 29, 32
Monokarbonsäure................136
Monosaccharid.....................134
Monose.........................134, 136
Morphium...............................62
Na2SO3..........................50, 53
NaCl............................31, 56, 94
Nahrung......37, 53, 64, 112, 116, 130, 138, 154, 174f., 179f., 182, 184, 194
NaOH....................................50
Natrium......26, 29ff., 35, 50, 53ff., 58, 61, 70, 74, 86f., 89f., 94, 97, 111, 123, 132f., 184, 188, 196
Natriumhydroxid....................35
Natriumkarbonat..................188
Natriumoxid...........................26
Natron..............58, 86f., 90, 117
Natronlauge.........................117
Natronsalpeter................58, 90
Natronzellulose.....................90
Natur....................................212
Naturgesetz........................212
Naturphilosophie.................212
Naturwissenschaft..............212
Neon.....................39, 200, 202
NH3................55f., 102, 165
Nickel............................85f., 99
Nickelkohlenoxid..................85f.
Nitrat...................................165
Nitroglyzerin.......................117
NO2NH4................................41
Norgesalpeter..................42, 59
Nucleinsäure.......................183
Nucleinsubstanz..................183
Nucleoproteide.............183, 187
Nuklein................................144
Nukleoproteid.....................141
Oktett-Regel.......................200

Ölsäure........................116, 139
Orbital..............................198ff.
Organelle............................145
Orientierung..................137, 199
Ornithin........................141, 182
osmotischer Druck........153, 158
Oxalsäure........71f., 136, 167, 183
Oxid 13, 21, 34f., 37, 40, 48f., 53, 57, 61, 65, 67, 69f., 77, 80ff., 90, 93ff., 98, 100, 108, 114f., 120, 135ff., 143, 148, 151, 153, 163, 166f., 170ff., 179ff., 185f., 188, 191ff., 195f.
Oxidase.........151, 188, 193, 196
Oxidation..37, 61, 84, 114f., 120, 135ff., 143, 148, 153, 163, 166f., 170ff., 179ff., 185f., 191ff., 195
Oxyhämoglobin.........188f., 191ff.
Oxyphenylaminopropionsäure
....142
Oxysäure............................118f.
Ozon.....................................45f.
P2O5............40, 65, 68, 99
Palmitinsäure................116, 138
Pankreas..132, 151, 175f., 179f., 189, 196
Papier..............50, 69, 87, 90ff.
Papierfabrikation..............50, 90
Pasteur.........................119, 169
PbO..61
PbS...45
Pechblende............................92
Pelletier...............................123
Pentose........................134f., 137
Pepsin...52f., 150, 153, 180, 184
Peptid................................142f.
Pepton........................140f., 180
periodische System..............96
Pflanzeneiweiß................38, 55
Pflanzenstärke....................138
Pflanzenwuchs................37f., 41
Phenolschwefelsäure..........184f.
Philosophie.........................212
Phlogiston............................33
Phosphat..................139, 188
Phosphatid.........................139
Phosphor. 40f., 51, 63ff., 76, 109, 133, 140f., 183f., 196, 202
Phosphorsäure...41, 51, 64f., 67, 70, 183f., 196
Pilz.........116, 150, 166, 168, 171
Plasma..............................186f.
Platin........24, 53, 86, 149f., 152
Polyose......................134, 138

Polysaccharid......................134
Porzellan........................93, 106
Pottasche..................86, 88ff.
Propionsäure...............116, 118
Propylalkohol......................114
Protisten.............................168
Proton.................................197
Prout....................................96
Ptyalin.................................175
Purin....141, 144, 180, 182f., 195
Purinbase.....141, 144, 180, 183, 195
Pyrophosphorsäure........65, 109
Pyrrolidincarbonsäure............142
Quant..................................212
Quanten..............................212
quantenbiologisch................212
Quarz...........................18, 169
Quecksilber. 12ff., 26, 29, 34, 56, 85, 159
Quecksilberoxid........12ff., 29, 34
Radium..................32, 91ff.
Rayleigh................................38
Reagenzröhre.......................11
Realität...............................212
Reduktion.......65, 77, 82, 85, 95, 134, 137, 160, 164, 177, 189
Regulator............................151
Regulierung....34, 106, 132, 148, 177, 196
Reservematerial.........148, 174ff.
Rest........38, 40, 102f., 110f., 114, 119, 121, 136, 138, 142, 165, 175
Ring.................................121f.
Ringchemie........................122
Roheisen.......................79f., 83
Rohrzucker....134, 138, 161, 176
Röntgenstrahl.....................91f.
Salmiak.............................55ff.
Salpeter........52, 57ff., 117, 165
Salpetersäure..........52, 57ff., 117
Salz....11, 17ff., 21f., 25f., 34, 41, 45, 47, 50f., 53, 55f., 60ff., 69f., 73ff., 81ff., 87, 89, 93f., 101, 116, 129, 132f., 146, 151, 155f., 158, 162ff., 174, 180, 184, 187, 189
Salzkonzentration................156
Salzsäure.....17, 19, 21f., 26, 47, 51, 55, 60f., 69f., 74f., 83, 87, 101, 132, 162, 180, 184, 189
Sand...........18, 58, 63f., 74, 90f.
Sauerstoff......13ff., 20f., 26, 29ff., 40ff., 44ff., 48, 51ff., 57ff., 64, 67,

Stichwortverzeichnis

71ff., 82ff., 89, 94f., 98, 102, 106ff., 114f., 126, 133, 148f., 152f., 155, 159ff., 163, 165ff., 170ff., 178, 186, 188f., 191ff., 200, 202
Sauerstoffabgabe ...163
Säure...16ff., 32, 34f., 38, 40, 43, 47ff., 53f., 56f., 60ff., 65, 67, 69f., 73, 81, 89, 102, 114ff., 121, 132, 134, 136, 138, 140ff., 148f., 154, 158, 165, 167, 172, 178, 182, 184, 190, 194
Sb_2O_5 ...70
Scheidewasser ...60
Schießpulver ...58, 61, 89
Schimmelpilz ...112, 172
Schleich ...212
schleimige Gärung ...172
Schmiedeeisen ...77ff.
Schmierseife ...117
Schnelldrehstahl ...96
Schwefel ...11ff., 26, 29, 34, 42, 44ff., 58f., 61, 65, 69, 71f., 76, 81f., 85, 87, 90, 98, 110, 117, 133, 148ff., 184f., 202
Schwefeldioxid ...34, 48f., 52
Schwefeleisen ...12f., 29, 45, 47, 50, 85
Schwefelsäure...26, 34, 49, 51ff., 59, 61, 65, 69, 71f., 81f., 87, 117, 148ff., 184f.
Schwefelsäureanhydrid 51, 148ff.
Schwefeltrioxid ...49, 51f.
Schwefelwasserstoff 47f., 54, 110
Schwefelzink ...48
Schwefligsäureanhydrid ...49f.
Seife ...88, 90, 116f., 139, 178f.
Seifenbildung ...178f.
Selbstregulierung ...147
Selen ...44, 54, 76
Selensäure ...54
Selters ...73f.
Semipermeabilität ...146
Sensibilisator ...163
Serum ...143, 186ff.
Serumglobuline ...187
Silber 23, 60, 69, 86, 88, 99, 152, 162f.
Silberlösung ...69
Silicium ...75
Siliciumwasserstoff ...75
Silikat ...74
Siliziumoxid ...75
Skandium ...100

Skatol ...185
Skatoxylschwefelsäure ...185
SO_2 ...34, 48ff., 53, 148f.
Soda ...74, 86ff., 90, 132
Solarzelle ...75
Solvay ...87
Sonne ...21f., 129, 159f., 162
Speichel ...150, 175, 178, 180
Spiritus ...16, 82, 113ff.
Stahl ...74, 77ff., 84, 95
Stärke ...60, 68, 134, 138, 151, 160ff., 165ff., 175f., 188
Stearinkerze ...18, 117
Stearinsäure 18, 36, 51, 116, 139
Stickoxid ...57, 59, 62
Stickoxidul ...57, 62
Stickstoff..33, 37f., 40ff., 44, 54f., 57ff., 63, 73, 75f., 102, 104, 123, 129, 142, 158, 164f., 179, 181, 200, 202
Stoffwechsel ...131f., 143f., 146, 168, 172f., 176f., 180ff., 186, 193ff.
Strontium ...90f.
Sublimat ...46, 152
Sublimieren ...23
Sulfat ...188
Sumpfgas ...110, 172
Superoxid ...21, 83
Suspension ...151
Synthese ...11f., 137, 143f., 163, 171f., 175, 177f., 180
Tartronsäure ...136
Teerfarben ...122
Tellur ...44, 54, 76, 99
Tellursäure ...54
Terpen ...139
Tetrose ...134f.
Thermitverfahren ...95
Thrombin ...187
Titan ...95
Toxin ...188
Traubenzucker ...112, 134f., 138, 161, 171, 175ff., 188, 196
Triolein ...139
Trioxyglutarsäure ...136
Tripalmitin ...139
Tristearin ...139
trontium ...90
Trypsin ...151, 180
Tryptophan ...185
Tyrosin ...142f., 185
Unsterblichkeit ...212
Uran ...91f.

Urin ...180
Urobilin ...184
Urochrom ...184
Uroerythrin ...184
Ursache ...212
Valenzschale ...199
Valenzstrichformel ...131
Vanadium ...95
Verbindung. .10, 13, 15, 18, 29ff., 34f., 37f., 40f., 45, 47f., 51, 53ff., 60f., 64, 69ff., 74ff., 80f., 84, 86, 89, 91f., 94f., 98, 100ff., 109, 111, 116, 119f., 126, 128f., 131ff., 139, 142, 148, 154, 160f., 164, 170, 173f., 178, 183, 185, 188, 190f., 193
Verbrennung 13, 20, 32ff., 48, 65, 73, 77, 107, 109, 151, 164, 170, 172f., 177f., 186, 188, 190f.
Verdauung....147, 150, 175, 180, 195
Vereinigungsprozess ...33
Verseifung ...139, 178
Vitriol ...81
Wasser ...10f., 13ff., 19ff., 26f., 29ff., 34ff., 40ff., 47ff., 64f., 67ff., 75f., 81ff., 86ff., 95f., 98f., 101ff., 106, 110f., 113ff., 126, 130, 132ff., 137f., 140ff., 144, 148, 150ff., 154ff., 160ff., 164ff., 172, 174, 177ff., 180f., 184, 190ff., 199ff.
Wasserdampf..11, 16, 36, 38, 43, 52, 126
Wasserstoff..14ff., 19ff., 26, 29ff., 35, 37, 41, 44, 47ff., 50, 54f., 57, 60, 75f., 81ff., 89, 95f., 98f., 101ff., 106, 110f., 114, 118, 120, 133, 137, 140f., 152, 155, 160, 162, 165, 172, 192ff., 199ff.
Wasserstoffperoxid ...152, 192ff.
Weinsäure ...119, 136
Wertigkeit.57, 75f., 80f., 98, 101, 116, 121
Wesen ...212
Wöhler ...119, 143
Wolfram ...95f.
Wolframstahl ...96
Xanthin ...144
Xanthophyll ...190
Xenon ...39
Xylose ...135

207

STICHWORTVERZEICHNIS

Zelle.....7, 129ff., 139, 145f., 148, 153ff., 158, 162, 164, 167ff., 183, 190, 193, 195
Zellmembran......132, 145f., 154, 156, 168f.
Zellulose...50, 54, 130, 134, 138, 172f., 176
Zellulosegärung.....................172
Zerfallsprozess......................33
Zerfallstheorie......................93

Ziegel................................91, 93
Zink........................45, 48, 69, 85
Zinkblende.............................45
Zinn......................45, 70, 84f., 99
Zinnober..............................45
Zitronensäuregärung.............172
ZnO....................................85
ZnS....................................45

Zucker......11, 112f., 134ff., 150f., 160f., 163f., 167ff., 175, 177f., 191f., 196
Zuckerkrankheit............177, 196
Zuckersynthese............134, 163
Zündhölzer....................64ff., 89
Zyanwasserstoffsäure...........120
Zymase......................167, 169f.
Zytoplasma........................145
Zytosol.............................145

BUCHTIPPS

Abrupte Klimaschwankungen seit 2000 Jahren
Lokale und kosmische Ursachen eines Klimawandels. Herausgeber: Sedlacek, Klaus-Dieter (Hrsg.). Innerhalb der letzten zwei Jahrtausende sind verschiedene abrupte Klimaschwankungen nachweisbar. Der fortwährende Wandel des Klimas verzeichnete allein fünf große Klimaepochen und zahlreiche ...

Allgemeine moderne Psychologie
Allgemeine moderne Psychologie Systematische Einführung in die Wissenschaft psychischer Prozesse Autor: Messer, August Man hat mit Recht drei Hauptwurzeln der Psychologie unterschieden: die praktische Menschenkenntnis, den religiösen Seelenglauben und die biologische Lebenserklärung. Psychologie als ...

Anleitung zum Roman-Schreiben
Wie man anfängt, einen Plot entwickelt und eine gute Geschichte erzählt. Autor: Wilde, Oliver J. Sie wollen einen Roman schreiben? Das ist toll! Aber begnügen Sie sich nicht damit, nur einen Roman ...

Äquivalenz von Information und Energie
Die Grundbausteine der Welt – Neuausgabe – Autor: Sedlacek, Klaus-Dieter. „Es stellt sich letztendlich heraus, dass Information ein wesentlicher Grundbaustein der Welt ist", versicherte der durch sein Quantenteleportationsexperiment bekannte Prof. Zeilinger in ...

Besseres Gedächtnis
Wie man es stärkt, trainiert und einsetzt. Autor: Atkinson, Wilhelm Walker. Viele Menschen scheinen zu glauben, dass Erinnerungen einfach kommen und nicht gefördert werden können. Aber der Trugschluss einer solchen Vorstellung wird ...

Der erdgeschichtliche Klimawandel
Den wahren Ursachen von Klimaschwankungen auf der Spur. Autor: Wilhelm Bölsche, Klaus-Dieter Sedlacek (Hrsg.). Der Klimazustand während der letzten Jahrhunderttausende ist im Wesentlichen auf den Einfluss von Sonneneinstrahlung zurückzuführen, die ...

Der verborgene Mechanismus des Weltgeschehens
Der verborgene Mechanismus des Weltgeschehens Neue Erkenntnisse über die Gestalten biotechnischer Systeme der Welt Autoren: Sedlacek, Klaus-Dieter; Francé, Raoul H. Seit Jahrtausenden ist die Menschheit bestrebt, die Welt, in der sie lebt, erkennen ...

Die geheimnisvolle Kultur der alten Kelten
Von Druiden, Fürstensitzen und der Lebensart unserer frühgeschichtlichen Vorfahren. Autor: Grupp, Georg Die Kelten zeichneten sich aus durch hohes handwerkliches Können, Handelsbeziehungen bis in den Süden Europas und tollkühnem Mut, der den ...

Die Kultur der Azteken
Mit einem Anhang Große Landesausstellung Baden-Württemberg „Azteken" im Lindenmuseum. Autor: Prescott, William. „Von dem ganzen ausgedehnten Reich, das einst die Herrschaft Spaniens in der Neuen Welt anerkannte, ist kein Teil an Wichtigkeit ...

Die Lebenskraft
Wie Enzyme, Bewusstsein und quantenbiologische Effekte das Leben regulieren Autoren: Sedlacek, Klaus-Dieter; Wrobel, Norbert Der Begründer der Quantenmechanik und Nobelpreisträger Erwin Schrödinger beschäftigte sich unter anderem mit der Frage: „Was ist Leben?" ...

Die letzten Ursachen
Das Buch der Naturerkenntnis. Hrsg.: Sedlacek, Klaus-Dieter. Die klassischen physikalischen Theorien, zum Beispiel die klassische Mechanik oder die Elektrodynamik, haben eine klare Interpretation. Den Symbolen der Theorie wie Ort, Geschwindigkeit, Kraft beziehungsweise ...

Die verborgene Ordnung des Weltsystems
Neue Erkenntnisse über die schöpferischen Kräfte der Natur. Autor: Francé, Raoul Heinrich. Wie zeigt sich die verborgene Ordnung des Weltsystems? Woher kommt die Erfindungskraft, die den Wohlstand bei uns sichert? Ist sie ...

Durchblick Chemie
Praktische Grundlagen und Einführung in die anorganische, organische und Biochemie Klaus-Dieter Sedlacek, Lassar Cohn, Walther Löb Wollen Sie in unserer modernen Welt mitreden? Dann brauchen Sie den Durchblick! Dazu gehören auch Grundkenntnisse ...

Einfach logisch denken!
Oder die Gesetze des Denkens. Autor: Atkinson, Wilhelm Walker In diesem Buch werden die Methoden und Prinzipien der korrekten Anwendung des Denkvermögens aufgezeigt, und zwar auf eine einfache und klare Weise, ohne ...

Einsteins Relativitätstheorie ganz ohne Mathematik
Spezielle und allgemeine Relativitätstheorie Paul Kirchberger, Klaus-Dieter Sedlacek (Hrsg.) Man wird nicht selten gefragt, ob man eine Schrift wisse, die in die Einsteinsche Theorie für Laien so einführen könne, dass ...

Epigenetik-Experimente
Neuvererbung oder Beweise für die Vererbung erworbener Eigenschaften? Autor: Kammerer, Paul Der Biologe Paul Kammerer wurde durch seine Aufsehen erregenden Experimente zur Epigenetik berühmt. In einer seiner Versuchsserien verwendete er zwei Arten ...

Es begann mit Feuerkraft
Das Werden des Menschen und seiner Kultur. Autor: Neumann, Carl Wilhelm. Seit Anbeginn sei-

ner Tage war der Mensch keineswegs der stolze Beherrscher der Natur, als den er sich heute mit Recht ...

Exotische Reise durch Persien
Abenteuerlicher Bericht aus einer fremdartigen Welt des 19ten Jahrhunderts. Autor: Loti, Pierre. „Wer mit mir kommen und die Zeit der Rosenblüte in Ispahan sehen will, der mache sich gefasst auf die Gefahren ...

Freizeitvergnügen Sternenhimmel mit bloßem Auge
Wie man Sternbilder auffindet ohne Instrumente. Autor: Kirchberger, Paul. Der Anblick des gestirnten Himmels ist das Größte, das uns die Natur zu bieten vermag, und kein empfängliches Gemüt kann sich seinem Eindruck ...

Geld vernünftig ausgeben
Über die richtige Art von Sparsamkeit Autor: Marden, Orison Swett Im Inhalt behandelte Punkte: – Wirtschaft ist keine Schikane, sondern das planvolle Handeln zur Befriedigung von Bedürfnissen. – Kapital ist der kleine Unterschied zwischen ...

Gestalt-Psychologie
Einführung in die neue Psychologie vom Begründer der Gestaltpsychologie Kurt Koffka, Klaus-Dieter Sedlacek (Hrsg.) Kurt Koffka hat als forschender Psychologe für dieses Buch zur Einführung in die Psychologie einen besonderen ...

Homöopathie und Praxis
Naturheilkundliche alternative Medizin für den mündigen Patienten. Autor: Voorhoeve, Jacob. Der Zweck des Buches ist es, den Leser mit der homöopathischen Heilweise näher bekannt zu machen. Unter Wahrung des wissenschaftlichen Charakters gibt ...

Im dunkelsten Afrika
Die legendäre Emin-Pascha Expedition. Autor: Stanley, Henry M. Im Sudan, der ab 1821 unter die Herrschaft der osmanischen Vizekönige von Ägypten gekommen war, brach 1881 der Mahdiaufstand aus. Nach dem Abzug der ...

Jenseits der Erscheinungen
Erkennbarkeit und Realität der Quantennatur. Autor: Schlick, Moritz. Es ist kein Zweifel, dass echte Erkenntnis der transzendenten Welt sehr wohl möglich ist. Die Wendung, zu der die Physik der letzten Jahre bzw. Jahrzehnte ...

Kleines Wörterbuch der Natur-Philosophie
1200 Begriffe, die man kennen sollte, kurz und prägnant. Herausgeber: Sedlacek, Klaus-Dieter. „Ein neues Wörterbuch der Natur-Philosophie? Wozu soll das gut sein? Schließlich gibt es doch ein riesiges, umfangreiches Internetlexikon in aller ...

Klimaänderungen und Klimaschwankungen
Ursachen, historische Fakten und kosmische Einflüsse, sowie ein Anhang „Mittelalterliche Warmzeit" Eduard Brückner, Julius Hann, Klaus-Dieter Sedlacek (Hrsg.) Größere Klimaänderungen und Klimaschwankungen können nicht ohne einen tiefgehenden Einfluss auf das ...

Kultur erleben mit dem Wohnmobil in Frankreich
Vierzig kulturelle Highlights, Park- und Übernachtungsplätze sowie Navigations-Koordinaten Klaus-Dieter Sedlacek (Hrsg.) Dieser Wohnmobilführer ist anders. Er hilft uns, Kulturerlebnisse zu einem Genuss werden zu lassen. Er enthält die Beschreibung von vierzig kulturellen ...

Leben aus Quantenstaub
Leben aus Quantenstaub Elementare Information und reiner Zufall im Nichts als Bausteine einer 4-dimensionalen Quanten-Welt Autoren: Wrobel, Norbert; Sedlacek, Klaus-Dieter Obwohl bereits vor mehr als hundert Jahren die Quantenphysik Gestalt annahm, setzte sich ...

Leben in der Warmzeit der Erde
Aus den Urtagen vor dem heutigen Klimawandel Wilhelm Bölsche, Klaus-Dieter Sedlacek (Hrsg.) Der Weltklimarat schlägt Alarm. Die Lage spitzt sich zu: Die Erde erwärmt sich immer mehr. In diesem Buch geht ...

Leben nach dem Leben
Die Befreiung des Bewusstseins von den Fesseln der Zeit Klaus-Dieter Sedlacek Für uns Menschen hat die Frage nach dem zeitlichen Ende unserer Existenz eine hohe Bedeutung. Die Antwort, die der Glaube sucht, ...

Leonardo da Vinci
Seine naturwissenschaftlichen Studien und genialen Erfindungen Hermann Grothe, Klaus-Dieter Sedlacek (Hrsg.) Leonardo da Vinci versuchte, ein Phänomen zu verstehen, indem er es genau beobachtete und bis ins kleinste Detail beschrieb ...

Liebesbeziehungen und deren Störungen
Lebensführung nach den Grundsätzen der Individualpsychologie. Autor: Alfred Adler, Klaus-Dieter Sedlacek (Hrsg.). Um einen Menschen ganz kennenzulernen, ist es notwendig, ihn auch in seinen Liebesbeziehungen zu verstehen ... Wir müssen ...

Massenpsychologie am Beispiel Jan Bockelsons
Geschichte eines Massenwahns mit einer Einführung von Sigmund Freud Friedrich Reck-Malleczewen, Klaus-Dieter Sedlacek (Hrsg.) Der Begriff Massenhysterie oder auch Massenwahn bezeichnet eine starke emotionale Erregung in großen Menschenmengen. Auch massenhaft ...

Meine erste Weltumsegelung
Tagebuch einer epochalen Expedition James Cook, Klaus-Dieter Sedlacek (Hrsg.) James Cook unternahm seine erste Weltumsegelung im Rahmen einer wissenschaftlichen Expedition, um den Durchgang des Planeten Venus vor der Sonnenscheibe – ...

Mit der Beagle um die Welt
Bericht meiner Forschungsreise zum Galapagos-Archipel Charles Darwin , Klaus-Dieter Sedlacek (Hrsg.) Auszug aus Darwins Reisebericht: Ich habe die Reise mit zu tief empfundenem Entzücken gemacht, als dass ich nicht jedem Naturforscher empfehlen ...

Naturphilosophie
Das Wesen von Naturgesetzen und die Erklärung des Lebens. Neubearbeitung. Autor: Schlick, Moritz. Die Naturphilosophie verhält sich zur Naturwissenschaft wie die Philosophie im Allgemeinen zur Wissenschaft überhaupt. So ist es die Aufgabe ...

Optische Täuschungen
… und Illusionen, sowie ihre Ursachen. Autor: Reuss, August von . Optische Täuschungen bzw. Illusionen können nahezu alle Aspekte des Sehens betreffen. Es gibt Illusionen aller Art, Lichtblitze, Farbreize, Tiefenillusionen, geometrische Illusionen, ...

Peking – Paris im Automobil
Die legendäre 16.000 km – Rallye 1907. Autor: Barzini, Luigi. „Gibt es jemanden, der diesen Sommer eine Fahrt per Automobil von Peking nach Paris unternehmen wird?", fragte die Pariser Zeitung Le Matin ...

Phänomen Naturgesetze
Phänomen Naturgesetze Das Geheimnis hinter den Erscheinungen der Welt Autor: Sedlacek, Klaus-Dieter Was uns an den beinahe mythischen Denkern der antiken Welt so fasziniert, ist die wundervolle, abgeschlossene Einheit ihres Weltbildes. Mit welcher ...

Psychologische Verkaufskunst
Denk- und Handlungsweisen, Vorgangsweise und Abschluss. Autor: Atkinson, Wilhelm Walker. In der Psychologie der Verkaufskunst gibt es zwei wichtige Elemente, nämlich (1) Die Psyche des Verkäufers; und (2) die Psyche des Käufers. Das zu verkaufende ...

Quantenbewusstsein
Quantenbewusstsein Natürliche Grundlagen einer Theorie des evolutiven Quantenbewusstseins Autoren: Wrobel, Norbert; Sedlacek, Klaus-Dieter Seltsam sind die physikalischen Gesetze, die unsere Welt wirklich beherrschen: Es sind die Gesetze einer makroskopischen Quantenwelt, in der alles ...

Supervereinigung
Wie aus nichts alles entsteht. Ansatz einer großen einheitlichen Feldtheorie. – Neuausgabe -. Autor: Sedlacek, Klaus-Dieter. Unter Physikern herrscht allgemein Übereinstimmung darin, dass die fundamentale Wirklichkeit unserer Welt aus Feldern besteht. Bei ...

The great god Pan / Der große Gott Pan – zweisprachig
Horror story English – German / Horror Geschichte Englisch – Deutsch. Autor: Machen, Arthur. The Great God Pan is a horror and fantasy novel by the Welsh writer Arthur Machen. Machen was ...

The nature of the physical world
The Gifford Lectures 1927 Sir Arthur Eddington , Klaus-Dieter Sedlacek (Hrsg.) In these lectures the author Eddington discusses some of the results of modern study of the physical world which give ...

The Philosophy of Physical Science
TARNER LECTURES 1938 – CAMBRIDGE Sir Arthur Eddington , Klaus-Dieter Sedlacek (Hrsg.) It is often said that there is no „philosophy of science", but only the philosophies of certain scientists. But ...

Treibhauseffekt und Klimawandel
Energiewende, ja bitte, aber nicht wegen CO_2. Von Sedlacek, Klaus-Dieter (Hrsg.) Dieses Buch dokumentiert zum Thema Klimawandel und CO_2 teils unbequeme wissenschaftliche Fakten bzw. Meldungen und die dazugehörigen Quellen. Sie sind eingeladen, ...

Unsterbliches Bewusstsein
Raumzeit-Phänomene, Beweise und Visionen – Taschenbuchausgabe Klaus-Dieter Sedlacek In diesem Buch geht es weder um Glauben noch um Esoterik, sondern um Beweise. Glaubwürdige, wissenschaftliche Beweise, die in eine Form gepackt sind, dass ...

Wege zur Physikalischen Erkenntnis
Meine wissenschaftliche Selbstbiographie, Reden und Vorträge Max Planck , Klaus-Dieter Sedlacek (Hrsg.) Diese erweiterte Neuauflage des Buchs „Wege zur physikalischen Erkenntnis" enthält neben der wissenschaftlichen Selbstbiographie folgende Vorträge: Die Einheit des physikalischen ...

Wie intelligent sind Pflanzen?
Sensationelle Einblicke in die geheime Seite des pflanzlichen Wesens Autoren: Wagner, Adolf; Sedlacek, Klaus-Dieter In diesem Buch behandeln die Autoren Fragen zum Thema Intelligenz und Bewusstsein bei Pflanzen und geben Antworten. Der ...

Wie man seinen Verstand benutzt
Und seine Willenskraft stärkt. Ein praktisches Handbuch der Psychologie. Autor: Atkinson, Wilhelm Walker. Der Mechanismus der psychischen Zustände – die geistige Maschinerie, mit deren Hilfe wir fühlen, denken und wollen – ...

Zeichnen für Einsteiger
Achtzehn Lektionen in naturalistischem Zeichnen. Autor: Furniss, Dorothy. Magst du die Malerei? Ist Zeichnen für dich interessant? Hast du einen Bleistift, eine Schachtel Kreide oder einen Malkasten? Denn wenn du auch nur ...

Internet: https://leseproben.net

MIX
Papier aus verantwortungsvollen Quellen
Paper from responsible sources
FSC® C105338